职业技能培训教材　岗位培训教材

涂　装　工

张　煜　主编

中国劳动社会保障出版社

图书在版编目（CIP）数据

涂装工/张煜主编. —北京：中国劳动社会保障出版社，2015
职业技能培训教材　岗位培训教材
ISBN 978-7-5167-1786-8

Ⅰ. ①涂…　Ⅱ. ①张…　Ⅲ. ①涂漆-技术培训-教材　Ⅳ. ①TQ639

中国版本图书馆 CIP 数据核字(2015)第 078313 号

中国劳动社会保障出版社出版发行
（北京市惠新东街 1 号　邮政编码：100029）

*

北京市艺辉印刷有限公司印刷装订　新华书店经销

787 毫米×1092 毫米　16 开本　15.75 印张　372 千字
2015 年 4 月第 1 版　2015 年 4 月第 1 次印刷
定价：**30.00 元**

读者服务部电话：(010) 64929211/64921644/84643933
发行部电话：(010) 64961894
出版社网址：http://www.class.com.cn

内 容 简 介

　　本书内容主要为中级涂装工的相关理论知识、操作技能和大容量的题库。具体包括：中级工应知的涂装基础知识、涂装前表面预处理、涂料的调配及配色、常用涂装技艺的掌握、涂膜的缺陷与防治措施、涂装的质量检测等。

　　本书注重理论联系实际，图文并茂，知识讲解深入浅出，突出针对性和实用性。同时，附有大量题库，便于学员复习或企业开展对员工技能鉴定与培训时使用。其中，技能考核试题内容以轨道交通装备产品涂装为主，这主要基于国家"十二五"期间和"十三五"规划中，以高铁、动车组、电力机车等产品为代表的轨道交通制造业发展的整体向好态势。

　　本书的编写得到南车株洲电力机车有限公司工会技师协会的大力支持和帮助，在此表示感谢。

　　本书由张煜主编，李琼、罗峰、苏权、周春梁参编，秦天峰主审，尹子文、周培植参审。

目　　录

第一章　涂装基础知识

§1—1　基础理论知识

一、金属材料与非金属材料常用知识

从事涂装工作的人员，在工作中经常要接触各种金属材料、非金属材料，了解并掌握这些材料的性能、分类等基本知识，对提高涂装技能和分析解决生产中的问题有极大的帮助。

1. 金属材料基本知识

（1）金属材料的性能。金属材料的性能决定着材料的适用范围及应用的合理性，通常包括物理性能、化学性能、力学性能和工艺性能等。

1）金属材料的物理性能

①密度。物质单位体积所具有的质量称为密度，用符号 ρ 表示，单位为 g/cm^3 或 kg/m^3。常用金属材料的密度如下：铸钢为 $7.8\ g/cm^3$，灰铸铁为 $7.2\ g/cm^3$，钢为 $8.9\ g/cm^3$，黄铜为 $8.63\ g/cm^3$。

②导电性。金属传导电流的能力叫作导电性。各种金属的导电性各不相同，通常银的导电性最好，其次是铜和金。

③导热性。金属材料传导热量的能力称为导热性。一般用热导率（导热系数）λ 表示金属材料导热性能的优劣。通常导电性好的材料，其导热性也好。

④热膨胀性。金属材料受热时体积增大，冷却时收缩，这种现象称为热膨胀性。例如，被焊的工件由于受热不均匀而产生不均匀的热膨胀，就会导致焊件的变形和产生焊接应力。

2）金属材料的化学性能

①抗氧化性。金属材料在高温时抵抗氧化性气体腐蚀作用的能力称为抗氧化性。

②耐腐蚀性。金属材料抵抗各种介质（大气、酸、碱、盐等）侵蚀的能力称为耐腐蚀性。一般化工、热力设备中许多部件选材时须考虑钢材的耐腐蚀性。

3）金属材料的力学性能。金属材料受外部负荷时，从开始受力直至材料破坏的全部过程中所呈现的力学特征，称为力学性能。它是衡量金属材料使用性能的重要指标。力学性能主要包括弹性、塑性、刚度、强度、硬度、冲击韧性、疲劳强度和断裂韧性等。

其中常用的硬度有布氏硬度 HB、洛氏硬度 HR、维氏硬度 HV 三种。

（2）金属材料的分类。根据金属材料颜色的不同，把金属材料分为黑色金属与有色金属两大类。黑色金属包括铁、铬、锰；有色金属指黑色金属以外的所有金属。

1）黑色金属的分类。工业上使用的钢铁实际上是利用自然界存在的铁矿石经过冶炼而得到的铁碳合金，含碳量（质量分数）在 2.11% 以上的铁碳合金为生铁，小于 2.11% 的铁碳合金为钢，含碳量小于 0.04% 的为工业纯铁。

①生铁。生铁是含碳量为 $2.11\%\sim6.67\%$，并含有非铁杂质较多的铁碳合金。工业生铁含碳量一般为 $2.5\%\sim4.0\%$，并含 Si、Mn、S、P 等元素，是用铁矿石经高炉冶炼后的

产品，如白口铁、灰口铁等。

②钢。钢是用生铁（炼钢生铁）或生铁加一部分废钢炼成的，钢中含碳量低于 2.11%，并使其杂质（主要指 S、P）含量降低到规定标准的铁碳合金。钢的主要元素除 Fe、C 外，还有 Si、Mn、S、P 等。如碳素钢、合金钢等。

③不锈钢。在空气中或化学腐蚀介质中能够抵抗腐蚀的一种高合金钢，具有美观的表面和优良的耐腐蚀性能。因为不锈钢含有铬而使表面形成很薄的铬膜，这个膜隔离开侵入钢内的氧气而具有耐腐蚀的作用。为了保持不锈钢所固有的耐腐蚀性，钢必须含有 12% 以上的铬。

2）有色金属的分类。有色金属又称非铁金属，指除黑色金属以外的金属和合金。其中除少数为不同颜色（铜为紫红色、金为黄色），大多数为银白色，有色金属有 60 多种。

有色金属按照性能和特点可分为：轻金属、易熔金属、难熔金属、贵重金属、稀土金属和碱土金属。工业上常用的有铝合金、铜合金、镍合金、钛合金、铅合金和镁合金等。

①铝及铝合金。铝是一种轻金属，密度是 2.79 g/cm³，铝合金强度比较高（接近或超过优质钢），塑性好，可加工成各种型材，具有优良的导电性、导热性和抗蚀性。在工业上得到广泛使用，纯铝可制作电线、电缆、器皿及配制合金，铝合金可制造承受较大载荷的机器零件和构件。

②铜及铜合金。铜的应用以纯铜为主，其合金具有较高的强度、塑性、弹性极限、疲劳极限，同时还具有较好的抗碱性及优良的减摩性和耐磨性。工业上常将铜和铜合金分为纯铜、黄铜、青铜和白铜。

2. 非金属材料基本知识

金属材料以外的材料统称为非金属材料。按其化学特征，一般分为有机高分子材料和无机非金属材料两大类。

（1）有机高分子材料。有机高分子材料具有较高的强度，良好的塑性，较强的耐腐蚀性能，很好的绝缘性和质量轻等优良性能。高分子材料一般分天然和人工合成两大类。

1）有机高分子材料的特点。高分子是指相对分子质量很大，可达几千乃至几百万的一类有机化合物。它们在结构上是由许多简单的、相同的称为链节（单体）的结构单元，通过化学键重复连接而成。高分子也常被称为高聚物或聚合物。有机高分子材料是以高分子化合物为主要成分，与各种添加剂（或配合剂）配合，经过适当的加工而成。材料的基本性能主要取决于高分子化合物。

有机高分子材料具有密度小，优良的电（绝缘）性能，优良的减摩、耐磨及自润滑性能，优良的耐蚀性能，富于黏结力，易于合金化，富有弹性，优良的透光性，易老化和耐热性差，可燃等特点。

2）有机高分子材料的分类

①塑料。塑料制品是以合成树脂为基本材料，按一定比例加入填充料、增塑剂、着色剂和稳定剂等材料，经混炼、塑化，并在一定压力和温度下制成的生活用品、工业用品的统称。按照应用范围，塑料分为通用塑料、工程塑料、特种塑料。

通用塑料主要包括聚乙烯（PE）、聚氯乙烯（PVC）、聚苯乙烯（PS）、聚丙烯（PP）、酚醛塑料和氨基塑料六大品种。这一类塑料的特点是产量大、用途广、价格低，它们占塑料总产量的 3/4 以上，主要用于日常生活用品。其中，以聚乙烯、聚氯乙烯、聚苯乙烯、聚丙烯这四大品种用途最广泛。

工程塑料是指能作为结构材料在机械设备和工程结构中使用的塑料。它们的机械性能较好，耐热性和耐腐蚀性也比较好，是当前大力发展的塑料品种。这类塑料主要有：聚酰胺（PA）、聚甲醛（POM）、聚甲基丙烯酸甲酯（PMMA，俗称有机玻璃）、聚碳酸酯、ABS塑料、聚苯醚、聚砜（PSF）、氟塑料等。

特种塑料是具有某些特殊性能，满足某些特殊要求的塑料，如医用塑料等。

②橡胶。橡胶是一种具有优良的伸缩性，良好的储能能力和耐磨、耐酸、耐碱、隔音、绝缘等良好性能的高分子防腐蚀材料，它们在很宽的温度范围内处于高弹态。橡胶分天然橡胶和合成橡胶两大类。

天然橡胶是一种以聚异戊二烯为主要成分的天然高分子化合物，可制成氧化橡胶和氯化橡胶，其中氯化橡胶用来制造耐火涂料。合成橡胶是以煤、石油、天然气为主要原料经人工合成的高弹性聚合物，主要有丁苯橡胶（SBR）、丁腈橡胶（NBR）、氯磺化聚乙烯橡胶（CSM）、丁基橡胶（IIR）、氯丁橡胶（CR）氟硅橡胶（MFQ），广泛用于制作密封件、减振件、传动件、轮胎和电线等。

③合成纤维。凡能保持长度比本身直径大100倍的均匀条状或丝状的高分子材料称为纤维，包括天然纤维和化学纤维。其中化学纤维又分为人造纤维和合成纤维。人造纤维是用自然界的纤维加工制成，如称为"人造丝""人造棉"的粘胶纤维和硝化纤维、醋酸纤维等。合成纤维以石油、煤、天然气为原料制成，目前国内外大量发展的主要有聚酰胺纤维、聚酯纤维及聚丙烯腈纤维三大类。合成纤维具有强度高、比重小、耐磨和不霉、不腐等特点，广泛用于制作衣料。

④复合材料。复合材料是由两种或两种以上不同的化合物组成，通过人工合成的材料。具有优良的减摩性、耐磨性、自润滑性和耐蚀性，耐疲劳性高，抗断裂能力强，减振性能好，高温性能好，抗蠕变能力强等特点，而且复合材料构件制造工艺简单，具有良好的工艺性能，适合整体成型。

玻璃纤维增强塑料通常称为"玻璃钢"。由于其成本低，工艺简单，因此是目前应用最广泛的复合材料。它的基体可以是热塑性塑料，如尼龙、聚碳酸酯、聚丙烯等；也可以是热固性塑料，如环氧树脂、酚醛树脂、有机硅树脂等。

⑤胶粘剂。胶粘剂统称为胶，它是以黏性物质为基础，并加入各种添加剂组成的一种复合材料。它可将各种零件、构件牢固地胶结在一起，有时可部分代替铆接或焊接等工艺。由于胶粘工艺操作简便，接头处应力分布均匀，接头的密封性、绝缘性和耐蚀性较好，且可连接各种材料，所以在工程中应用日益广泛。胶粘剂分为天然胶粘剂和合成胶粘剂两种。糨糊、虫胶和骨胶等属于天然胶粘剂，而环氧树脂、氯丁橡胶等则属于合成胶粘剂。通常，人工合成树脂型胶粘剂由粘剂（如酚醛树脂、聚苯乙烯等）、固化剂、填料及各种附加剂（增韧剂、抗氧剂）等组成。

（2）无机非金属材料。无机非金属材料包括耐火材料、耐火隔热材料、耐蚀（酸）非金属材料和陶瓷材料等。

耐火材料是指能承受高温且不易损坏的材料。常用的有耐火砌体材料、耐火水泥及耐火混凝土。

耐火隔热材料又称为耐热保温材料。常用的有硅藻土、硅石、玻璃纤维（又称矿渣棉）、石棉以及它们的制品，如板、管、砖等。

耐蚀（酸）非金属材料的组成主要是金属氧化物、氧化硅和硅酸盐等，在某些情况下它们是不锈钢和耐蚀合金的理想代用品。常用的有铸石、石墨、耐酸水泥、天然耐酸石材和玻璃等。

二、金属腐蚀及其防护

1. 金属的腐蚀

金属表面和周围介质接触，由于发生化学作用或电化学作用而引起的破坏叫作金属的腐蚀。

（1）金属腐蚀的分类。根据腐蚀的环境，可分为大气腐蚀、土壤腐蚀、海水腐蚀、高温气体腐蚀、化工介质腐蚀。

根据腐蚀的形态，可分为均匀（全面）腐蚀和局部腐蚀两类。前者较均匀地发生在全部表面，后者只发生在局部，如孔蚀、缝隙腐蚀、晶间腐蚀、应力腐蚀破裂、腐蚀疲劳、氢腐蚀破裂、选择腐蚀、磨损腐蚀、脱层腐蚀等。一般局部腐蚀比全面腐蚀的危害严重得多，有一些局部腐蚀往往是突发性和灾难性的。如设备和管道穿孔破裂造成可燃可爆或有毒流体泄漏。均匀腐蚀虽然危险性小，但大量金属暴露在产生均匀腐蚀的气体和水中，其经济损失非常大。

根据腐蚀的作用原理，可分为化学腐蚀和电化学腐蚀。两者的区别是当电化学腐蚀发生时，金属表面存在隔离的阴极与阳极，有微小的电流存在于两极之间。

（2）金属腐蚀的原因。金属腐蚀的本质是金属原子失去电子被氧化的过程。

1）化学腐蚀。化学腐蚀是指金属表面与非电解质直接发生纯化学反应而引起的破坏。化学腐蚀是根据化学的多相反应机理，金属表面的原子直接与反应物（如氧、水、酸）的分子相互作用。在化学腐蚀过程中，电子的传递是在金属与氧化剂之间直接进行的，因此没有电流产生。

化学腐蚀最主要的形式是气体腐蚀，也就是金属的氧化过程（与氧的化学反应），或者是金属与活性气态介质在高温下的化学作用。例如，在一定的温度下，金属与干燥气体（如二氧化硫、硫化氢、卤素等）相接触时，在金属的表面生成相应的化合物（氧化物、硫化物、氯化物等）。这种腐蚀在低温下不显著，甚至不发生，但在高温下情况很严重。如碳钢在常温和干燥的空气里并不能被腐蚀，但在高温下就容易被氧化，生成一层氧化皮（由 FeO、Fe_2O_3、Fe_3O_4 组成），同时还会发生脱碳现象，使钢铁表面的硬度下降，疲劳极限降低。

此外，金属与某些非电解质（如石油、苯）的接触过程中，如在非电解质溶液中含有硫和硫化物时，它们能与金属反应生成硫化物，从而加快金属的腐蚀速度。

知识链接：

氧化还原反应

物质与氧化合的反应叫氧化反应，含氧化合物里的氧被夺去的反应叫还原反应，氧化反应和还原反应必定是同时发生的。但是，如果根据物质在化学反应中得氧或失氧来判断氧化还原反应是有局限性的。事实上，在很多氧化还原反应中，不一定有氧元素参加，例如钠和氯气反应生成氯化钠。从氧化还原的电子理论来看，物质失去电子是被氧化，获得电子是被还原。氧化还原反应是电子得失或传递的反应。以氢气与氧化铜的反应为例来说明：

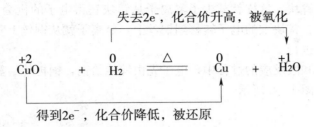

在上述反应中，发生了电子的转移，氢原子实质是失去了电子，氢的化合价从 0 价升高到 +1 价，得氧被氧化，而 Cu^{2+} 离子实质是得到了电子，铜的化合价从 +2 价降低到 0 价，失氧被还原。其中 H_2 为 CuO 的还原提供了电子，CuO 为 H_2 的氧化得到了电子，从而使双方完成氧化还原反应，在这里 H_2 起还原作用称为还原剂，CuO 起氧化作用称为氧化剂。

再来分析金属铁和氯化铜的置换反应：

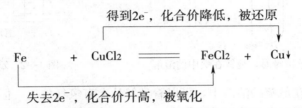

在此反应中，铁原子失去 2 个电子，被氧化。Cu^{2+} 离子得到电子，被还原。这个反应虽然没有氧参加，但是由于有电子的得失，所以仍然是氧化还原反应。

因此，可以给氧化还原反应下一个更确切的定义：凡是有电子转移（得失或偏移）的反应叫作氧化还原反应。

在反应里，原子（或离子）失去电子或电子对偏离的变化称为氧化，失去电子或电子对偏离的物质叫作还原剂，其化合价升高。还原剂具有还原性，在反应中失去电子后被氧化形成的生成物称为氧化产物。相反，原子（或离子）得到电子或电子对偏向的变化称为还原，得到电子或电子对偏向的物质叫作氧化剂，其化合价降低。氧化剂具有氧化性，在反应中得到电子后被还原形成的生成物称为还原产物。氧化剂和还原剂在习惯上是指参加反应的一种物质来说的，而实际上发生电子得失的往往是其中的一部分原子或离子。

氧化还原反应是一种很重要的化学反应，如工业生产中的金属冶炼。在涂装作业中如金属腐蚀及防护、电泳涂装等都涉及氧化还原反应。

2）电化学腐蚀。电化学腐蚀是指金属表面与有离子导电的介质（电解质）发生电化学反应而产生的破坏。它与化学腐蚀的不同，是由于形成了原电池而引起的。在电化学腐蚀过程中，电子的传递是通过金属从阳极区流向阴极区的，其结果导致电流产生。

金属腐蚀中的绝大部分属于电化学腐蚀。如在自然条件下（如海水、土壤、地下水、潮湿大气、酸雨等）对金属的腐蚀通常是电化学腐蚀。为了了解电化学腐蚀的本质，先做下面的试验：

在一支试管里，加入 5 mL 稀硫酸溶液，放入一块纯锌，这时几乎看不到氢气产生，如果用一根铜丝接触锌块，便会看到铜丝表面剧烈地放出氢气，如图1—1所示。当纯锌放入稀硫酸溶液时，锌失去电子成为锌离子进入溶液，锌块附近的锌离子浓度逐渐增大，阻止了溶液中的氢离子移向锌块。这样就减少了氢离子从锌块获得电子的机会，反应进行得很慢。当铜丝和锌块接触后，锌块上的电子转移到铜丝上，氢离子就从铜丝上获得电子而生成氢气放出，因此反应继续进行。

与铜接触的锌在和酸反应的过程中，电子先由锌传给铜，铜再传给氢离子，这可以由铜锌原电池来证实，如图1—2所示。

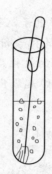

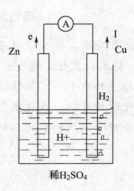

图1—1 与铜丝接触时，纯锌在酸中的溶解   图1—2 Zn—Cu原电池

将铜片和锌片浸在稀硫酸溶液中，可以看到锌片上有氢气放出，但反应很慢，而铜片上没有什么现象发生。用导线连接铜片和锌片后，可以看到铜片上有较多的氢气产生，如在导线中间串联一个电流表，此时可以看到电流表上有一定量的电流通过，电流的方向是从铜极流向锌极，即电子从锌极流向铜极。锌的电位比铜低，锌在硫酸溶液中发生化学反应，逐渐地以正离子状态进入溶液，使锌电极失去正离子，这样自由电子过剩而通过导线流向电位较高的铜极，在铜极上发生还原反应而产生氢气。由此可见，铜片上放出氢气，不是铜片与稀硫酸发生化学反应导致的，而是溶液中的氢离子在铜片上获得了从锌原子放出的电子，从而变成氢分子的结果。

由化学能转变为电能的装置叫作原电池。在原电池中，电子流入的一极是正极（较不活泼金属），电子流出的一极是负极（较活泼金属）。因为较活泼的金属发生氧化反应，电子从较活泼的金属（负极）流向较不活泼的金属（正极）。

锌片和铜片上的化学反应式是：

负极（锌片）$Zn-2e=Zn^{2+}$ （氧化反应）

正极（铜片）$2H^{+}+2e=H_2\uparrow$ （还原反应）

结果是电极电位比铜低的锌片被不断地消耗或腐蚀。

原电池反应：$Zn+2H^{+}=Zn^{2+}+H_2\uparrow$

电化学腐蚀产生的过程是由阳极发生氧化反应、电子流动、离子迁移和阴极发生还原反应造成的。

金属的电化学腐蚀过程和原电池的工作原理相同，下面以钢铁为例说明钢铁在空气中的电化学腐蚀。工业用的钢铁有许多细小的杂质分布在其中，这些杂质比较不易失去电子，但是都能导电，它们与铁可以构成原电池的两极。

当钢铁暴露在潮湿的空气中时，表面吸附空气中的水分，形成一层水膜。水可以微弱地电离出 H^+ 和 OH^-，水膜中的 H^+ 可因空气中的 CO_2 溶解在水里而增加。

$$H_2O+CO_2 \rightleftharpoons H_2CO_3 \rightleftharpoons H^+ + HCO_3$$

这样钢铁表面就形成了无数个微小的原电池，钢铁就如放在含 H^+、OH^-、HCO_3^- 离子的溶液中，称其为微电池。在这些微电池中，铁为负极，杂质为正极，使钢铁很快被腐蚀，如图 1—3 所示。

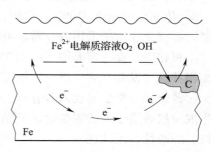

图 1—3　钢铁的电化学腐蚀示意图

在负极上，铁表面的铁原子失去电子，形成 Fe^{2+} 离子进入水膜，同时铁上多余的电子转移到杂质上：

负极（铁）　　$Fe-2e=Fe^{2+}$（被氧化）

进入水膜中的 Fe^{2+} 离子和 OH^- 离子结合成 $Fe(OH)_2$，附着在铁表面上：

$$Fe^{2+}+2OH^-=Fe(OH)_2\downarrow$$

在正极上，H^+ 从杂质上获得电子，生成氢气放出：

正极（碳）　　$2H^++2e=H_2\uparrow$（被还原）

生成的 $Fe(OH)_2$ 被空气中的 O_2 氧化成 $Fe(OH)_3$（铁锈的主要成分）：

$$4Fe(OH)_2+O_2+2H_2O=4Fe(OH)_3\downarrow$$

上述腐蚀过程中由于有氢气放出，所以称之为析氢腐蚀。析氢腐蚀实际上是在酸性较强的情况下进行的。

一般情况下，如果铁表面吸附的水膜酸性很弱或是中性溶液，则在负极上铁被氧化成 Fe^{2+} 离子：

$$2Fe-4e=2Fe^{2+}$（被氧化）$$

在正极上，主要是溶解于水中的 O_2 获得电子：

$$2H_2O+O_2+4e=4OH^-$（被还原）$$

腐蚀总反应：

$$2Fe+O_2+2H_2O=2Fe(OH)_2$$

这种腐蚀叫作吸氧腐蚀，析氢腐蚀和吸氧腐蚀往往同时发生，实际上钢铁腐蚀主要是吸氧腐蚀。

2.　防止金属腐蚀的方法

（1）正确选用金属材料和改变金属的组成。根据金属材料的内在耐蚀性能，选用金属材料。例如碳钢对浓碱和浓酸有相对的耐腐蚀性，但不耐稀酸，因此可以用碳钢制造盛放浓碱和浓酸的贮槽。

改变金属的组织，提高耐蚀性能。例如不锈钢，就是在钢中加入一定量的铬、镍、钛等元素起到不锈的作用；也可用化学热处理方法来改变金属制品的表面性能，例如把普通钢进行渗氮，就可以提高耐磨性和耐蚀性。

（2）保护层法。在金属表面上覆盖保护层，借以隔开金属与腐蚀介质的接触，从而减少腐蚀。工业应用最普遍的覆盖层有非金属保护层、金属保护层、化学保护层等。

1）非金属保护层。把有机和无机化合物涂覆在金属表面，如涂料、塑料、玻璃钢、橡胶、沥青、搪瓷、混凝土、珐琅、防锈油等。在金属表面涂覆非金属保护层，用得最广泛的是使用涂料对金属进行防腐。

2）金属保护层。在金属表面镀上一层不易被腐蚀的其他金属或合金，如锌、锡、铝、镍、铬等。例如，白铁皮就是在铁的表面镀了一层锌，马口铁就是在铁的表面镀了一层锡。

3）化学保护层也称化学转化膜。采用化学或电化学方法使金属表面形成稳定的化合物膜层。根据成膜时所采用的介质，可将化学转化膜分为氧化物膜、磷酸盐膜、铬酸盐膜等。

①氧化膜。在一定温度下把钢铁件放入含有氧化剂的溶液中，处理形成致密的氧化膜。例如钢铁的"发蓝"或"发黑"处理。

②磷化膜。把金属放入含有锌、锰、铁等的磷酸盐溶液中进行化学处理，可以在金属表面生成一层难溶于水的磷酸盐保护膜。磷化膜呈微孔结构，与基体结合牢固，具有良好的吸附性、润滑性、耐蚀性。

③铬酸盐钝化膜。把金属或金属镀层放入含有某些添加剂的铬酸或铬酸盐溶液中，可以生成铬酸盐钝化膜，铬酸盐膜与基体结合牢固，结构比较紧密，具有良好的化学稳定性、耐蚀性，对基体金属有较好的保护作用。

（3）缓蚀剂法。在腐蚀介质中加入少量能降低腐蚀速度的物质来防止腐蚀的方法叫缓蚀剂法，此种物质称缓蚀剂或腐蚀抑制剂。

缓蚀剂可分为无机缓蚀剂和有机缓蚀剂两大类。对钢铁来说，常用的无机缓蚀剂有铬酸钾、重铬酸钾、硝酸盐、亚硝酸钠等。这些缓蚀剂大多为氧化剂，由于它们能使金属表面形成致密的氧化膜，因而可达到缓蚀的目的。无机缓蚀剂适用于中性或碱性溶液，而在酸性溶液中效率较低，一般在酸性溶液中都使用有机缓蚀剂，例如琼脂、糊精、尿素等。由于它们吸附在金属表面，使金属与腐蚀介质隔离而减慢了腐蚀速度。例如在自来水系统中加入一定的苛性钠或石灰，以去除水中过多的 CO_2，防止水管腐蚀。

（4）电化学保护法。用直流电改变被保护的金属电位，从而使腐蚀减缓或停止的保护法叫作电化学保护法，电化学保护法是根据金属电化学腐蚀的原理而采取的一种方法。这类保护方法主要有阴极保护法、保护器保护法和阳极保护法三种。

1）阴极保护法就是把被保护的金属设备接到直流电源的负极上，进行阴极极化，从而达到保护金属的目的。例如，地下石油管道和船舶的外壳，均可采用此种保护法。

2）保护器保护法（又叫牺牲阳极阴极保护法）就是把低于被保护金属电极电位的金属材料作为阳极（牺牲阳极），从而对被保护金属进行阴极极化。例如，采用电极电位较低的锌合金或铝镁合金连接于钢铁制品上，前者作为阳极而不断遭受腐蚀，后者得到保护。

3）利用直流电对保护金属进行阳极极化，使金属处于阳极钝化状态，从而达到保护目的的方法，叫作阳极保护法。

总之，金属的腐蚀过程很复杂，防腐的方法也是多种多样的，在不同的条件下，腐蚀的情况不同，采取的防腐措施也不同，应具体情况具体分析。所采用的防腐方法既要行之有效，又要尽可能简便易行。

三、识图基本知识

1．比例与图线

（1）比例。图形的线型尺寸与实际机件相应的线型尺寸之比称为比例。绘图时应尽量采用 1∶1 的原比例，但若图形过小或过大不便绘制时可采用放大比例或缩小比例，选择比例应考虑表 1—1 中所列的图纸幅面尺寸。

表 1—1 　　　　　　　　　　　　　　　　**图纸幅面尺寸** 　　　　　　　　　　　　　　　　　　mm

幅面代号	A0	A1	A2	A3	A4	A5
$B \times L$	841×1 189	594×841	420×594	297×420	21×297	14×210
a			25			
c		10			5	
e		20			10	

注：表 1—1 中各项参数的含义如下：

(1) B、L：图纸的总宽度和长度。

(2) a：留给装订的一边的空余宽度。

(3) c：其他 3 条边的空余宽度。

(4) e：无装订边时的各边空余宽度。

(2) 图线。机械图样中的图形是用各种不同粗细和型式的图线画成的，不同的图线在图样中表示不同的含义。图线分为粗、细两种。粗线的宽度 d 应按图的大小和复杂程度，在 0.5～2 mm 之间选择（一般取 0.7 mm），细线的宽度约为 $d/3$。图线宽度的推荐系列为：0.18 mm、0.25 mm、0.35 mm、0.5 mm、0.7 mm、1 mm、1.4 mm、2 mm。绘制图样时，应采用表 1—2 中规定的图线型式来绘图。

表 1—2 　　　　　　　　　　　　　　**图线的表示方法和用途**

图线名称	图线型式及代号	线宽	一般应用
细实线	————————	$d/3$	1. 过渡线 2. 尺寸线及尺寸界线 3. 弯折线及辅助线 4. 指引线和基准线 5. 剖面线
波浪线	～～～～～	$d/3$	1. 断裂处的边界线 2. 视图与剖视图的分界线
双折线	─/─/─/─	$d/3$	断裂处的边界线
粗实线	━━━━━ d	d	1. 可见棱边线 2. 可见轮廓线 3. 相贯线 4. 螺纹牙顶线
细虚线	4～6 ┊ 1	$d/3$	1. 不可见棱边线 2. 不可见轮廓线
粗虚线	4～6 ┊ 1	d	允许表面处理的表示线

图线名称	图线型式及代号	线宽	一般应用
细点画线	15~30　　3	$d/3$	1. 轴线 2. 对称中心线
粗点画线	15~30　　3	d	有特殊要求的线或表面的表示线
双点画线	~20　　5	$d/3$	1. 相邻辅助零件的轮廓线 2. 可动零件极限位置的轮廓线

2. 投影原理

（1）投影的基本知识。从物体与影子之间的对应关系规律中，创造出一种在平面上表达空间物体的方法，叫投影法。要获得物体的投影图，必须具备光源、被投影对象和投影面。调整这三个条件可得到不同种类的投影图。

1）中心投影。如果将三角板放在电灯泡和桌面之间，桌面上就有一个放大了的三角形的影子，这种现象叫作投影。因为光源是从投射中心发出的，所以这种投影称为中心投影，如图 1—4 所示。用中心投影得到的图形不能反映物体的真实大小，机械图样中一般不采用。

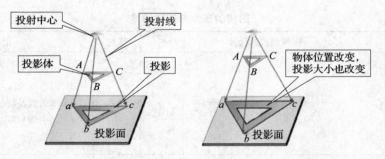

图 1—4　中心投影

2）平行投影。如果把中心投影法的投射中心移至无穷远处，则各投射线成为相互平行的直线，这种投影法称为平行投影法。可分为斜投影法（投射线与投影面相倾斜的平行投影法，如图 1—5 所示）、正投影法（投射线与投影面相垂直的平行投影法，如图 1—6 所示）。

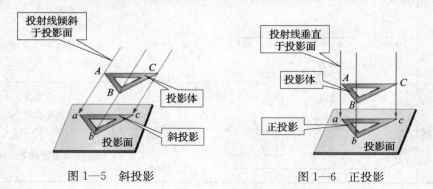

图 1—5　斜投影　　　　　　　　图 1—6　正投影

(2) 正投影的投影特点

1) 被观察的物体在观察者与投影面之间，观察者是"正对着"物体去看的，因此能准确、完整地表达出形体的形状和结构。

2) 投影的大小不受观察者与物体以及物体与投影面之间距离大小的影响。

3) 投射线与投影面垂直，各投射线互相平行，但图形立体感较差。

正投影具有真实性、积聚性、类似性的特性。

3. 三视图的形成

一般只用一个方向的投影来表达形体是不确定的，如图 1—7 所示，通常须将形体向几个方向投影，才能完整清晰地表达出形体的形状和结构。

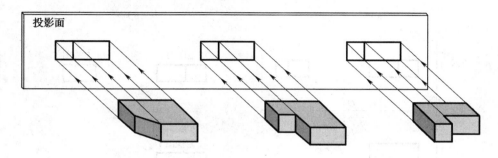

图 1—7 一个投影不能确定空间物体的情况

(1) 三面投影体系。选用三个互相垂直的投影面，建立三投影面体系。如图 1—8 所示。在三投影面体系中，三个投影面分别用 V（正面）、H（水平面）、W（侧面）来表示。三个投影面的交线 OX、OY、OZ 称为投影轴，三个投影轴的交点称为原点。

(2) 三视图的形成。如图 1—9a 所示，将 L 形块放在三投影面中间，分别向正面、水平面、侧面投影。在正面的投影叫主视图，在水平面上的投影叫俯视图，在侧面上的投影叫左视图。

为了把三视图画在同一平面上，如图 1—9b 所示，规定正面不动，水平面绕 OX 轴向下转动 90°，侧面绕 OZ 轴向右转 90°，使三个互相垂直的投影面展开在一个平面上，如图 1—9c 所示。为了画图方便，把投影面的边框去掉，得到图 1—9d 所示的三视图。

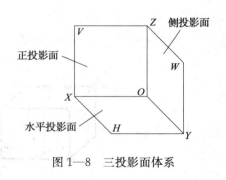

图 1—8 三投影面体系

(3) 三视图的投影关系。如图 1—9 所示，三视图的投影关系为：

V 面、H 面（主、俯视图）——长对正；

V 面、W 面（主、左视图）——高平齐；

H 面、W 面（俯、左视图）——宽相等。

4. 点、线、面的投影

(1) 点的投影。在三投影面体系中，用正投影法将空间点 A 向三投影面投射，结果和制图中有关符号表达如图 1—10 所示。

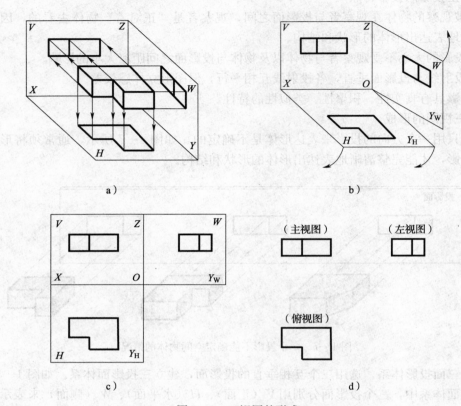

a)

b)

c)

（主视图）　（左视图）

（俯视图）

d)

图1—9　三视图的形成

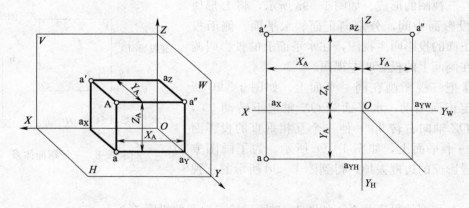

图1—10　点A在三投影面的投影

　　A点在水平投影面上的投影是一个点，记作a，在正投影面上的投影也是一个点，记作a′，在侧投影面上的投影也是一个点，记作a″。从图1—10中可以看到，无论从哪一个方向对点A进行投影，其投影总是一个点。点A在三个投影面上的投影，应保持如下的投影关系：

　　1）点A的正面投影和侧面投影必须位于同一条垂直于Z轴的直线上（a′a″⊥OZ轴）；

　　2）点A的正面投影和水平投影必须位于同一条垂直于X轴的直线上（a′a⊥OX轴）；

3）点 A 的水平投影到 OX 轴的距离等于该点的侧面投影到 OZ 轴的距离（$aa_x = a''a_z$）。

已知某点的两个投影，就可根据"长对正、高平齐、宽相等"的投影规律求出该点的第三投影。

（2）直线的投影。从正投影法得知，投射线必须垂直于投影面，但这里并没有指出直线必须垂直于投影面，直线与投影面的相对位置关系有：直线与投影面垂直；直线与投影面平行；直线与投影面倾斜。下面主要讨论它们的投影特性，如图 1—11 所示。

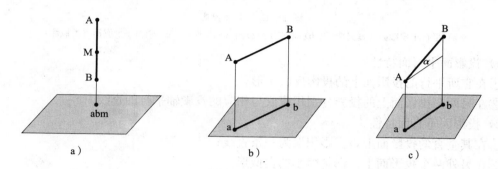

图 1—11　直线投影
a）垂直直线（积聚性）　b）平行直线（真实性）　c）倾斜直线（类似性）

1）直线与投影面垂直的投影。如图 1—11a 所示，AB 代表一条直线且垂直于投影面放置，从它的正上方并通过它向下投影，只能见到该直线的上端点，即得到的投影为一点，由此可见直线垂直于投影面的投影是一个点。

直线垂直于投影面的投影特性：

①在其垂直的投影面上，投影有积聚性；

②另外两个投影面上，投影为水平线段或垂直线段，并反映实长。

2）直线与投影面平行的投影。如图 1—11b 所示，AB 代表一条直线且平行于投影面放置，所得到的水平投影为线段 ab，由于投射线垂直于投影面，即 Aa、Bb 垂直于投影面。从几何知识可知 AabB 为一矩形，所以 AB＝ab。由此可见直线平行于投影面，其投影反映它的实长。

直线平行于投影面的投影特性：

①在其平行的那个投影面上的投影反映实长，并反映直线与另两投影面倾角；

②另两个投影面上的投影为水平线段或垂直线段，并小于实长。

3）直线与投影面倾斜的投影。如图 1—11c 所示，AB 代表一条直线且倾斜于投影面放置，从它的正上方并通过它向下投影，所得到的投影线 ab 线段长度比实际线段 AB 的长度缩短了，由此可见直线与投影面倾斜的投影是一条比实长缩短了的直线。

直线倾斜于投影面的投影特性：三个投影都缩短了，即都不反映空间线段的实长及与三个投影面夹角，且与三个投影轴都倾斜。

（3）平面的投影。不在一条直线上的三点、一条直线和该直线外一点、两条平行直线、两条相交直线可决定一个平面。由点、线与投影面的相对位置，同样可以找到平面与投影面的相对位置。平面与单个投影面的相对位置有三种：平面平行于投影面、平面垂直于投影面、平面倾斜于投影面，如图 1—12 所示。

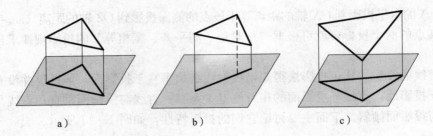

图 1—12　平面投影

a) 平行于投影面（真实性）　 b) 垂直于投影面（积聚性）　 c) 倾斜于投影面（类似性）

1）投影面平行面特性

①在它所平行的投影面上的投影反映实形；

②在另两个投影面上的投影分别积聚成与相应的投影轴平行的直线。

2）投影面垂直面特性

①在其垂直的投影面上，投影积聚为一条直线；

②在另外两个投影面上，都是缩小的类似形。

3）投影面倾斜面特性：三个投影都是缩小的类似形。

5．组合体三视图的识读

任何复杂的物体，都是由一些基本的几何体组成的，而基本几何体有平面体、曲面体两种。

（1）平面体的投影。表面由平面组成的几何体称为平面体。基本的平面体有正方体、长方体（统称为长方体）、棱柱（四棱柱除外）、棱锥、棱台（统称为斜面体）等，如图 1—13 所示。

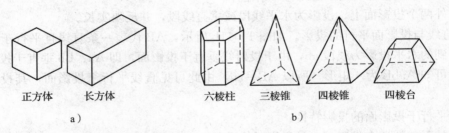

正方体　长方体　　　　　六棱柱　三棱锥　四棱锥　四棱台

a)　　　　　　　　　　　　　　b)

图 1—13　平面体

a) 长方体　b) 斜面体

1）正方体、长方体的投影。这类平面体是由互相平行的上下底面和前后左右四个互相垂直的侧面所围成。如图 1—14 所示，把长方体放在三投影面体系中，使长方体的各个面分别和各投影面平行或垂直，如使长方体的前、后面与 V 面平行；左、右面与 W 面平行；上、下面与 H 面平行。凡平行于一个投影面的平面，必定在该投影面上反映出其实际形状和大小，而对另外两个投影面是垂直关系，它们的投影都积聚成一条直线。这样所得到的长方体的三面正投影，就反映了长方体的三个方向的实际形状和大小。

2）棱锥体的投影。棱锥体是一个由多边形底面和若干个具有公共顶点的三角形所围成。若底面为正多边形，顶点位于底面中心的正上方，称为正棱锥，它以底面的正多边形而命名，如底面为正三角形的棱锥称为正三棱锥。

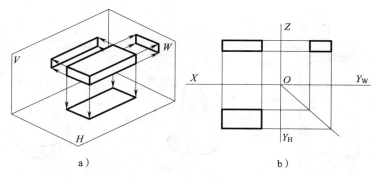

a)   b)

图 1—14　长方体的投影

a）长方体在空间的投影　b）长方体展开的三视图

如图 1—15a 所示，将正三棱锥置于三投影体系中，使其底面平行于水平面而垂直于其他两个投影面，对其进行三面投影，得到如图 1—15b 所示的正三棱锥的三面投影。其俯视图为正三角形，主、左视图均积聚为一直线段，棱面 SAC 垂直于侧面，倾斜于其他投影面，所以左视图积聚为一条直线段，而主、俯视图均为类似形；棱面 SAB 和 SBC 均与三个投影面倾斜，它们的三个视图均为比原棱面小的三角形（类似形）。

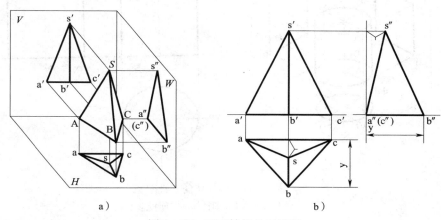

a)   b)

图 1—15　正三棱锥的三视图

a）正三棱锥　b）正三棱锥的三面投影

（2）曲面体的投影。表面由曲面或由平面和曲面围成的形体称为曲面体。曲面体主要有圆柱体、圆锥体、圆台、球体等，如图 1—16 所示。

1）圆柱体的投影。将圆柱体置于三投影体系中，使其轴线垂直于水平面，并对其进行投影，所得三面投影如图 1—17 所示。圆柱轴线垂直于水平面，则上下两圆平面平行于水平面，俯视图反映实形，主、左视图各积聚为一条直线段，其长度等于圆的直径。圆柱面垂直于水平面，俯视图积聚为一个圆，与上、下圆平面的投影重合。圆柱面的另外两个视图，要画出决定投影范围的转向轮廓线（即圆柱面对该投影面可见与不可见的分界线）。

2）圆锥体的投影。将圆锥体置于三投影体系中，使其轴线垂直于水平面，对其进行投影，所得圆锥体的三视图如图 1—18 所示。直立圆锥的轴线为铅垂线，底平面平行于水平面，所以底面的俯视图反映实形（圆），其余两个视图均为直线段，长度等于圆的直径。圆锥面在俯视图上的投影重合在底面投影的圆形内，其他两个视图均为等腰三角形。

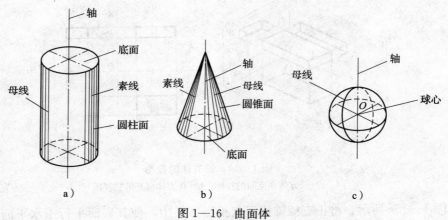

图 1—16 曲面体

a）圆柱体　b）圆锥体　c）球体

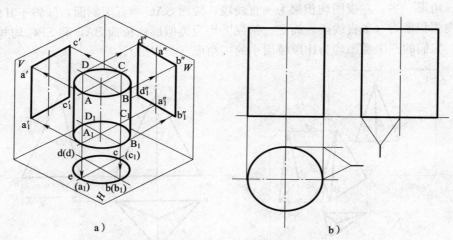

图 1—17 圆柱体的三视图

a）圆柱体　b）圆柱体的三面投影

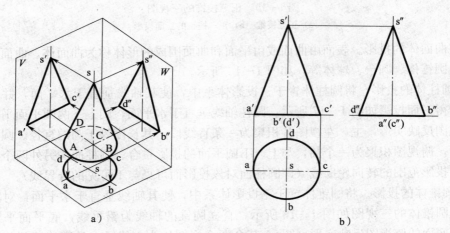

图 1—18 圆锥的三视图

a）圆锥体　b）圆锥体的三面投影

3）球体的投影。将球体置于三投影体系中并对其进行投影，如图1—19所示，圆球的三个视图均为圆，圆的直径等于球的直径。球的主视图表示了前、后半球的转向轮廓线（即A圆的投影），俯视图表示了上、下半球的转向轮廓线（即B圆的投影）。左视图即为左、右半球的转向轮廓线（即C圆的投影）。

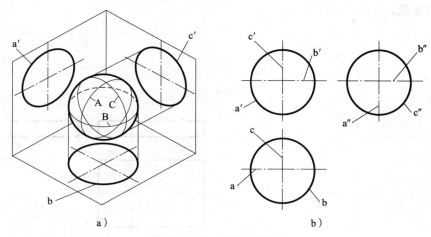

图1—19　球的三视图
a）球体　b）球体的三面投影

（3）组合体的投影。组合体是由若干个基本几何体组成的形体，所以组合体的投影就是基本几何体的投影叠加。

首先进行形体分析，把组合体分解为若干个基本体，弄清各部分的形状、相对位置、组合方式及表面连接关系。

以如图1—20所示的轴承座为例。轴承座可分为底板、圆筒和加强肋三大部分。圆筒叠加在底板的右上方，加强肋与底板及圆筒相交，底板上切去三个圆孔（一个大孔和两个小孔，大孔与圆筒内径相同），圆筒前部横切一个小圆孔。

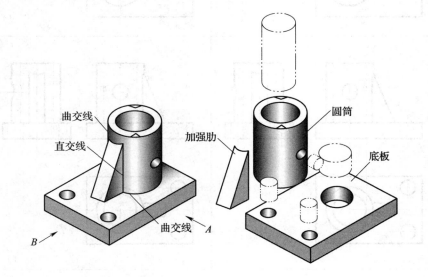

图1—20　轴承座

1）选择主视图。主视图是最主要的视图，一般选取组合体最能反映各部分形状特征和自然位置的一面画主视图。图 1—20 所示 A 向作为主视图的方向，它能反映轴承座三大部分的相对位置及形状，若选 B 向作主视图方向，则不能反映加强肋的位置和形状，圆筒上的小孔形状也看不见。两者相比较，采用 A 向作主视图投影方向较好。

2）画图步骤，如图 1—21 所示。

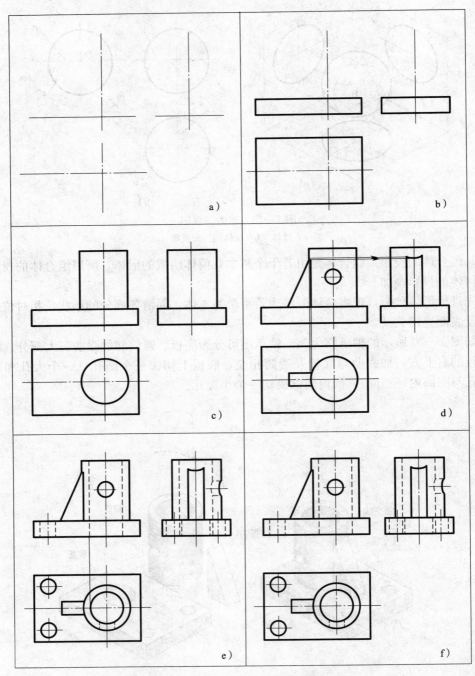

图 1—21　轴承座的画法步骤

①布置视图，画出视图的定位线（图1—21a的轴线及主、左视图中的底线）。

②画底板的轮廓（图1—21b）。

③画圆筒的外部轮廓（图1—21c）。

④画加强肋的轮廓（图1—21d）。

⑤画出各部分细部结构（图1—21e）。

⑥检查、描深图线（图1—21f）。

四、电工常识

电力是现代工业生产的主要动力，它的应用也越来越广泛。如果缺乏基本电工知识，就容易导致设备和人身事故，造成一些不必要的损失。

1. 电流的种类

电流分为直流电和交流电。直流电是电流的方向和大小不发生变化的电能；交流电是电流的方向和大小做周期性变化的电能。

2. 安全用电与电气防爆

电能按电压高低可分为高压电和低压电两类。电压在 250 V 以上为高压电，电压在 250 V 以下为低压电。在涂装生产中，一般采用低压电源，其电压为 220 V/380 V 的三相四线供电系统。照明电多采用 220 V，动力多采用 380 V。

安全用电的内容包括供电系统的安全、用电设备的安全、人身安全三个方面，它们之间是紧密联系的。供电系统的故障可能导致用电设备的损坏、人身伤亡事故或一定范围内的停电。下面重点介绍人身安全。

（1）触电。外部的电流经过人体，造成人体器官组织损伤，甚至死亡，称为触电。

1）电流对人体的伤害。触电依据伤害的性质可分为电击和电伤两种。电击是指电流通过人体内部，使人体内脏及神经系统受到伤害的现象。当通过人体内的工频电流超过 50 mA、时间超过 1 s 时，就可能有生命危险。电伤是指电流通过人体外部表皮造成局部伤害。电伤可分为电烧伤、皮肤金属化、电烙印、机械性损伤、电光眼等。在触电事故中，电击和电伤常会同时发生，其中电击是最常见也是最危险的一种伤害。

电流通过人体内部，能使肌肉突然收缩，产生针刺感、压迫感、打击感、痉挛、疼痛、血压升高、昏迷、心律不齐、心室颤动等症状，这不仅可使触电者无法摆脱带电体，而且还会造成机械性损伤。更为严重的是，流过人体的电流还会产生热效应和化学效应，从而引起一系列急骤、严重的病理变化。电流对人体的作用见表1—3。

表1—3 电流对人体的作用

电流/mA	作用的特征	
	50～80 Hz 交流电（有效值）	直流电
0.6～1.5	开始有感觉，手轻微颤抖	没有感觉
2～3	手指强烈颤抖	没有感觉
5～7	手指痉挛	感觉痒和热
8～10	手已较难摆脱带电体，手指尖至手腕均感剧痛	热感觉较强，上肢肌肉收缩
50～80	呼吸麻痹，心室开始颤动	强烈的灼热感，上肢肌肉强烈收缩痉挛，呼吸困难

电流/mA	作用的特征	
	50～80 Hz 交流电（有效值）	直流电
90～100	呼吸麻痹，持续时间 3 s 以上则心脏麻痹，心室颤动	呼吸麻痹
300	持续 0.1 s 以上可致心跳、呼吸停止，机体组织可因电流的热效应而破坏	

　　为了保障人的生命安全，各国都规定了安全操作电压。我国规定的安全电压：对 50～500 Hz 的交流电压安全额定值分为 42、36、24、12、6 V 五个等级，供不同场合选用。42 V 用于有触电危险的场所使用的手持式电动工具等；36 V 用于在矿井、多导电粉尘等场所使用的行灯等；24、12、6 V 则可供某些具有人体可能偶然触及的带电的设备选用。还规定安全电压在任何情况下不得超过 50 V 有效值。当电器设备采用大于 24 V 的安全电压时，必须有防止人体直接触及带电体的保护措施。

　　2）触电的种类

　　①单相触电。人站在地上或其他接地体上，而人的某一部位触及一相带电体，称为单相触电。对于高压带电体，人体虽未直接接触，但由于超过了安全距离，高电压对人体放电，造成单相接地而引起的触电，也属于单相触电。如图 1—22 所示是人体单相触电的示意图。

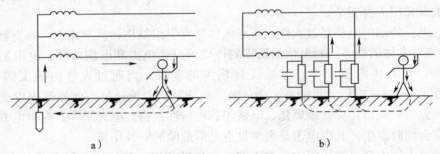

图 1—22　单相触电示意图

a) 中性点直接接地触电　b) 中性点不直接接地触电

　　②两相触电。指人体两处同时触及两相带电体，称为两相触电，如图 1—23 所示是人体两相触电的示意图。两相触电加在人体上的电压为电源的线电压，所以两相触电的危险性最大。

　　一旦发生触电，应立即原地急救。人体触电后，常出现心跳停止、呼吸中断等死亡的假象，救护人员切勿放弃抢救。这时应首先切断电源，立即进行人工呼吸和胸外心脏按压，使触电者恢复心跳和呼吸，同时请医生抢救。

　　（2）防止触电事故的措施。电气设备在正常情况下，其外壳是不带电的。如果出现绝缘损坏或安装错误等原因，则金属外壳带电，俗称漏电，这时若有人触及外壳，

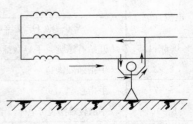

图 1—23　两相触电示意图

就会发生触电事故。为了防止触电，电气设备的金属外壳必须采取保护接地或保护接零措施。

1）保护接地。保护接地是指将电气设备（如电动机、变压器等）平时不带电的金属外壳用专门设置的接地装置实行良好的金属性连接，其接地电阻不能超过 4 Ω。保护接地的作用是当设备金属外壳意外带电时，将其对地电压限制在规定的安全范围内，消除或减小触电的危险。

2）保护接零。将电气设备在正常情况下不带电的金属外壳与变压器中性点引出的工作零线或保护零线相连接，这种方式称为保护接零。当某相带电部分碰触电气设备的金属外壳时，通过设备外壳形成该相线对零线的单相短路回路，该短路电流较大，足以保证在最短的时间内使熔丝熔断、保护装置或自动开关跳闸，从而切断电流，保障人身安全。对于单相用电设备的保护接零措施是使用三脚插头和三眼插座。应把用电设备的外壳用导线接在稍长的插脚上，并通过插座与中线连接。

低压供电系统中电源中性点大多都进行工作接地，所以一般用电设备的金属外壳都采用保护接零。

（3）安全用电知识

1）严格遵守操作规程，禁止一般人员带电操作。更换熔丝时，应先切断电源，如确有必要带电操作，则必须采取安全措施。

2）所有电气设备的金属外壳，都应采取保护接地或保护接零措施，并保证完好。

3）防止电气设备的绝缘受损、受潮，定期检查电气设备的绝缘电阻。

4）裸露的带电金属体，必须及时用绝缘物包扎好。

5）在生产现场一般只允许使用 36 V 行灯。

6）一旦发生触电事故，应立即切断电源，并及时抢救。

（4）静电现象的产生与消除

1）静电的产生。同类或不同类物质，通过紧密接触和迅速分离的过程，使一些物质失去电子，另一些物质得到电子。得到电子的物质带负电荷，这些电荷不易移动，不断堆积形成集团电荷而产生静电，在涂装生产中，溶剂在管道中的快速流动，各种物料在搅拌机中的高速运动和摩擦都会产生静电。

2）消除静电的方法。由于静电的影响，使易燃物质产生燃烧和爆炸，为了安全生产，就要设法抑制静电的产生和消除静电，消除的方法有以下几种：

①接地。一般接地电阻在 4 Ω 以下，即已与大地做了良好的连接，静电荷已不可能产生。

②泄漏法。用增温法及抗静电剂等办法，降低物质电阻来消除静电电荷。

③工艺控制法。从生产工艺中采取措施，限制电荷的产生和控制电荷的积聚。

（5）电气防爆知识

1）燃烧、爆炸的产生。由于涂装生产中使用的原料大多数是易燃易爆的物质，它们燃点低，极易挥发，加上生产方式多为非密封式，因而生产场所的空间，必然会有一定浓度的混合性气体。如果生产场所通风装置不好，那么这类气体就极易达到燃烧和爆炸的极限。如果遇到震动、冲击、过热或微小火花，就可能引起燃烧和爆炸。

2）防爆措施。一般来说，防爆场所的照明灯具、电动机控制按钮、指示信号均采用防爆型。导线应尽量采用电缆和铁管敷设，电路的电气元件应尽量采用封闭式，同时应将电气设备布置在相对于该场地隔离的场所内（如车间配电室）。

§1—2　涂料基础知识

一、涂料的作用

涂料是可以用不同施工工艺涂覆在物体表面，经过物理变化或化学反应，形成具有保护、装饰或特殊性能的固态涂膜的一类液体或固体材料的总称。早期涂料大多是以植物油和天然树脂为主要成膜原料熬炼而成的，因此被称为"油漆"。随着技术不断发展，以合成树脂作为主要成膜物质已大部分或全部取代了植物油，因此被称为"涂料"。把涂料继续称为"油漆"已名不副实，"涂料"才是科学的叫法。早期的天然涂料产品和现代的合成涂料产品都是有机高分子材料，所形成的涂膜属于高分子化合物类型。涂料作为一种工程材料，其主要功能有保护、装饰、标志、绝缘及伪装等作用。

1. 保护作用

未经防护（涂装）处理的物体暴露在大气中，受到氧气、水分、微生物等的侵蚀，造成金属腐蚀、木材腐朽、水泥风化、塑料制品老化等毁损现象。在物体表面涂上涂料，能够隔绝外界的侵蚀物质，有效地阻止或延迟这些破坏现象的发生和发展，大大延长各种材料的使用寿命。例如，防腐蚀涂料能保护化工、炼油、冶金等工业部门的机器、设备、管道、构筑物等，减轻化学介质的侵蚀。"三防"涂料能使仪器、仪表和贵重设备在热带、亚热带地区的湿热气候下，保证正常使用，并防止霉烂。

2. 装饰作用

涂料表面可以根据人们的实际需要，制成各种色彩或呈现无光、亚光、高光的表面，还可以制成能形成各种花纹的表面。通过涂料涂装，可以改变物体表面原来的颜色，使色彩得以调和，形成美丽的外观，从而起到装饰物品、美化环境等作用。例如机房、工厂和机器表面上涂以平光浅色漆，不仅有利于保护视力、安静神经、修养精神，同时还可以让人心情愉悦。

3. 标志作用

由于涂料可使物体带上明显的颜色，因此具有标志的作用。例如工厂的各种管道、设备、容器、槽车等，涂上各种不同的颜色后，可使操作工人容易识别，提高操作的准确度，避免事故的发生；化学品、危险品等可以利用涂料的颜色作标志，使人们提高警惕、小心使用。

4. 特殊作用

涂料还具有很多特殊功能。例如，电动机、电缆上的绝缘漆、漆包线漆，能保证这些机器运转正常；在军事上用的抗红外线漆，可以干扰敌人利用红外线拍照，起到隐蔽、伪装的作用；好的防污漆，可以长期使船底光洁，可保证舰艇速度；迷彩涂料被广泛应用于飞机、坦克等军事装备上，它可以起到伪装，保护自己的作用。某些涂料还有防滑、耐油、防碎、抗辐射、示温、可剥、导电、隔音、防潮、绝热等特殊作用。

二、涂料的分类

目前各种涂料多达上千种，新品种还在不断出现。我国于 1981 年颁布国家标准

GB 2705—1981《涂料产品分类和命名》，1992 年进行了修订和增补 GB 2705—1992，制定了以涂料基料中主要成膜物质为基础的分类方法。按照这种分类方式，涂料品种根据成膜物质分为 17 大类，另将稀释剂等辅助材料定为一大类，所以涂料产品共分为 18 大类。修订后的标准虽然有了很大的进步，但仍然无法适应涂料工业高速发展的需要。因此，2003 年对标准再次进行了修订，修订后的标准编号为 GB/T 2705—2003《涂料产品分类、命名和型号》，将涂料分为三大类，每个大类中又分为若干小类。

1. 以涂料产品用途为主线分类

新标准以涂料产品用途为主线，将涂料产品划分为三大主要类别：建筑涂料、工业涂料、通用涂料及辅助材料。

建筑涂料的主要产品类型见表 1—4。工业涂料的主要产品类型见表 1—5。通用涂料及辅助材料见表 1—6。

表 1—4　　　　　　　　　　　　　　　建筑涂料

	主要产品类型	主要成膜物质类型
墙面涂料	合成树脂乳液内墙涂料 合成树脂乳液外墙涂料 溶剂型外墙涂料 其他墙面涂料	丙烯酸酯类及其改性共聚乳液；醋酸乙烯及其改性共聚乳液；聚氨酯、氟碳等树脂，无机黏合剂等
防水涂料	溶剂型树脂防水涂料 聚合物乳液防水涂料 其他防水涂料	EVA、丙烯酸酯类乳液；聚氨酯、沥青、PVC 胶泥或油膏、聚丁二烯等树脂
地坪涂料	水泥基等非木质地面用涂料	聚氨酯、环氧等树脂
功能性建筑涂料	防火涂料 防霉（藻）涂料 保温隔热涂料 其他功能性建筑涂料	聚氨酯、环氧、丙烯酸酯类、乙烯类、氟碳等树脂

表 1—5　　　　　　　　　　　　　　　工业涂料

	主要产品类型	主要成膜物质类型
汽车涂料 （含摩托车涂料）	汽车底漆（电泳漆） 汽车中涂漆 汽车面漆 汽车罩光漆 汽车修补漆 其他汽车专用漆	丙烯酸酯类、聚酯、聚氨酯、醇酸、环氧、氨基、硝基，PVC 等树脂
木器涂料	溶剂型木器涂料 水性木器涂料 光固化木器涂料 其他木器涂料	聚酯、聚氨酯、丙烯酸酯类、醇酸、硝基、氨基、酚醛、虫胶等树脂

主要产品类型		主要成膜物质类型
铁路、公路涂料	铁路车辆涂料 道路标志涂料 其他铁路、公路设施用涂料	丙烯酸酯类、聚氨酯、环氧、醇酸、乙烯类等树脂
轻工涂料	自行车涂料 家用电器涂料 仪器、仪表涂料 塑料涂料 纸张涂料 其他轻工专用涂料	聚氨酯、聚酯、醇酸、丙烯酸酯类、环氧、酚醛、氨基、乙烯类等树脂
船舶涂料	船壳及上层建筑物漆 船底防锈漆 船底防污漆 水线漆 甲板漆 其他船舶漆	聚氨酯、醇酸、丙烯酸酯类、环氧、乙烯类、酚醛、氯化橡胶、沥青等树脂
防腐涂料	桥梁涂料 集装箱涂料 专用埋地管道及设施涂料 耐高温涂料 其他防腐涂料	聚氨酯、丙烯酸酯类、醇酸、环氧、乙烯类、酚醛、氯化橡胶、沥青、有机硅、氟碳等树脂
其他专用涂料	卷材涂料 绝缘涂料 机床、农机、工程机械等涂料 航空、航天涂料 军用器械涂料 电子元器件涂料 以上未涵盖的其他专用涂料	聚酯、聚氨酯、环氧、丙烯酸酯类、醇酸、乙烯类、氨基、有机硅、氟碳、酚醛、硝基等树脂

表1—6 通用涂料及辅助材料

主要产品类型		主要成膜物质类型
调和漆 清漆 磁漆 底漆 腻子 稀释剂 防潮剂 催干剂 脱漆剂 固化剂 其他通用涂料及辅助材料	建筑涂料和工业涂料未涵盖的无明确应用领域的涂料产品	改性油脂；天然树脂；酚醛、沥青、醇酸等树脂

2. 以涂料产品的主要成膜物为主线分类

以涂料产品的主要成膜物为主线，将涂料产品分为建筑涂料、其他涂料及辅助材料两大主要类型。建筑涂料的主要产品类型同表1—4。其他涂料的主要产品类型即按成膜物分类的涂料产品共17大类，见表1—7。

表1—7　　　　　　　　　　　　　其他涂料分类

序号	代号	成膜物质类别	主要成膜物质①
1	Y	油脂	天然植物油、动物油（脂）、合成油等
2	T	天然树脂②	松香及其衍生物、虫胶、乳酪素、动物胶、大漆及其衍生物等
3	F	酚醛树脂	酚醛树脂、改性酚醛树脂、二甲苯树脂等
4	L	沥青	天然沥青、（煤）焦油沥青、石油沥青等
5	C	醇酸树脂	甘油醇酸树脂、季戊四醇醇酸树脂、其他醇类的醇酸树脂、改性醇酸树脂等
6	A	氨基树脂	脲（甲）醛树脂、三聚氰胺甲醛树脂、聚酰亚胺树脂等
7	Q	硝基纤维（素）	硝基纤维素、改性硝基纤维素
8	M	纤维素漆	乙烯纤维、苯基纤维、乙酸丁酯纤维等
9	G	过氯乙烯树脂漆	过氯乙烯树脂、改性过氯乙烯树脂等
10	X	烯类树脂漆	聚二乙烯基乙炔树脂、氯乙烯树脂、聚醋酸乙烯类及其共聚物、聚乙烯醇缩醛树脂、含氟树脂、氯化聚丙烯、石油树脂等
11	B	丙烯酸树脂漆	丙烯酸树脂、丙烯酸共聚物及其改性树脂等
12	Z	聚酯树脂漆	饱和聚酯树脂、不饱和聚酯树脂等
13	H	环氧树脂漆	环氧树脂、环氧酯、改性环氧酯等
14	S	聚氨基甲酸树脂漆	聚氨基甲酸酯树脂等
15	W	元素有机硅漆	有机硅树脂、有机钛树脂、有机铝树脂等
16	J	橡胶漆	天然橡胶及其衍生物、合成橡胶及其衍生物等
17	E	其他成膜物类涂料	无机高分子材料（如无机富锌）、聚酰亚胺树脂、二甲苯树脂等

注：①主要成膜物类型中树脂类型包括水性、溶剂型、无溶剂型、固体粉末等。

②包括直接来自天然资源的物质及其加工处理后的物质。

三、涂料命名

我国对涂料产品的命名和命名注意事项在相应的国家标准（GB/T 2705—2003）做了明文规定。

（1）命名原则。涂料名称＝颜色或颜料名称＋成膜物质名称＋基本名称

（2）涂料命名原则说明

1）涂料的颜色名称位于涂料全名的最前面。颜色名称主要是红、黄、蓝、白、黑、绿、紫、棕、灰等颜色，有时加上深、中、浅等词。若颜料对涂膜性能起显著作用，则可用颜料的命名代替颜色的名称，仍置于涂料名称的最前面。如红丹油性防锈漆。

2）涂料名称中的成膜物质名称均做适当简化。如聚氨基甲酸酯简化为聚氨酯、硝酸纤

维素（酯）简化为硝基等。

3）漆基中含有多种成膜物质时，选取起主要作用的一种成膜物质命名，必要时也可选取两种成膜物质命名，主要成膜物质名称在前，次要成膜物质名称在后。例如，红环氧硝基磁漆。

4）基本名称仍采用我国已有习惯名称。例如，清漆、磁漆、罐头漆、甲板漆等。涂料基本名称及编号见表1—8。

表 1—8　　　　　　　　　　　　涂料基本名称及编号

编号	基本名称	编号	基本名称	编号	基本名称
00	清油	32	抗弧（磁）漆、互感器漆	65	卷材涂料
01	清漆	33	（黏合）绝缘漆	66	光固化涂料
02	厚漆	34	漆包线漆	67	隔热涂料
03	调和漆	35	硅钢片漆	70	机床漆
04	磁漆	36	电容器漆	71	工程机械用漆
05	粉末涂料	37	电阻器、电位器漆	72	农机用漆
06	底漆	38	半导体漆	73	发电、输配电设备用漆
07	腻子	39	电缆漆、其他电工漆	77	内墙涂料
09	大漆	40	防污漆	78	外墙涂料
11	电泳漆	41	防腐漆	79	屋面防水涂料
12	乳胶漆	42	甲板漆、甲板防滑漆	80	地板漆、地坪漆
13	水溶（性）漆	43	船壳漆	82	锅炉漆
14	透明漆	44	船底漆	83	烟囱漆
15	斑纹漆、裂纹漆、橘纹漆	45	饮水舱漆	84	黑板漆
16	锤纹漆	46	油舱漆	86	标志漆、路标漆、马路划线漆
17	皱纹漆	47	车间（预涂）底漆		
18	金属（效应）漆、闪光漆	50	耐酸漆、耐碱漆	87	汽车漆
20	铅笔漆	52	防腐漆	88	汽车漆（底盘）
22	木器漆	53	防锈漆	89	其他汽车漆
23	罐头漆	54	耐油漆	90	汽车修补漆
24	家用电器漆	55	耐水漆	94	铁路车辆用漆
26	自行车漆	60	耐火漆	95	桥梁漆、输电塔漆及其他（大型露天）钢结构漆
27	玩具漆	61	耐热漆		
28	塑料用漆	62	示温漆	96	航空航天用漆
30	（浸渍）绝缘漆	63	涂布漆	98	胶液
31	（覆盖）绝缘漆	64	可剥漆	99	其他

注：涂料的基本名称有编号区别。其编号的划分原则是：

00～13代表涂料的基本品种；14～18代表美术漆；20～28代表轻工产品用漆；30～39代表绝缘漆；40～48代表船舶漆；50～55代表防腐漆；60～67代表特殊功能涂料；70～73代表机电设备用漆；77～83代表建筑涂料；87～90代表汽车产品用涂料；00～99之间尚有很多空号，留给将要开发并生产的新品种涂料作为编号用。

5）对于某些有专业用途、特性的产品，必要时可在成膜物质和基本名称之间标明其专业用途、特性等，但航空涂料、汽车涂料、铁路用涂料等均不标明。

6）凡需要烘烤干燥的涂料，名称中都会有"烘干"或"烘"字样。如名称中没有上述字样，即表明该涂料品种即可常温干燥（自干），又可烘烤干燥。

7）凡双（多）组分的涂料，在名称后应增加"（双组分）"或"（三组分）"等字样，例如聚氨酯木器漆（双组分）。

注：除稀释剂外，混合后产生化学反应或不产生化学反应的独立包装的产品，都可认为是涂料组分之一。

（3）涂料命名注意事项

1）涂料中含有松香改性酚醛树脂和甘油酯时，按其含量比来划分为酯胶或酚醛漆类。如松香改性酚醛树脂占树脂总质量分数的50％或以上，则归入酚醛漆类，反之则归入酯胶漆类（天然树脂漆类）。

2）在油基类中，树脂与油的比例在1：2以下为短油度。比例在1：2～1：3为中油度；比例在1：3以上为长油度。

3）在醇酸类中，油占树脂的总质量分数的50％以下为短油度；占50％～60％为中油度；占60％以上为长油度。

4）在氨基类中，氨基树脂与醇酸树脂的比例在1：1～1：2.5为高氨基；比例在1：2.5～1：5为中氨基；比例在1：5～1：7.5为低氨基。

5）在特殊情况下，在涂料名称的最后部分出现"烘漆""底漆"字样，并没有按规定给出"04""06"代号，如灰环氧醇酸绝缘烘漆、乙烯防腐底漆的型号分别为H31－5、X52－6，此种情形或者是由于该涂料具有较强的专业用途，或者符合一般习惯，在给定型号名称时，必须注意。

四、涂料型号

为了区别同一类型的各种涂料，必须在涂料名称之前编上型号。涂料型号由一个汉语拼音字母和几个阿拉伯数字组成。涂料型号组成原则如下：

涂料类别代号＋涂料基本名称代号＋涂料产品序号代号

涂料产品包括三部分内容：第一部分是成膜物质的类别代号，用汉语拼音字母表示（见表1—7）；第二部分是涂料的基本名称，用一、二位数字表示（见表1—8）；第三部分是序号（见表1—9），用三、四位数字表示，用以区分同一类型产品在工艺、配方、性能与用途方面的区别。第二位数字与第三位数字之间加一字线（读作"至"），把基本名称与序号分开。

表 1—9 涂料产品序号代号

涂料品种		代号	
		自干	烘干
清漆、底漆、腻子		1～29	30 以上
磁漆	有光	1～49	50～59
	半光	60～69	70～79
	无光	80～89	90～99

涂料品种		代号	
		自干	烘干
专业用漆	清漆	1～9	10～29
	有光磁漆	30～49	50～59
	半光磁漆	60～64	65～69
	无光磁漆	70～74	75～79
	底漆	80～89	90～99

例如：Q04—36 白硝基球台磁漆。

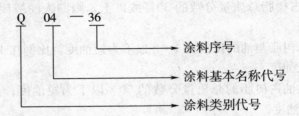

从上述的涂料型号中可以清楚地表达出某种涂料的成膜物质、涂料名称以及品种和用途。

五、辅助材料的名称及型号

辅助材料型号由一个汉语拼音字母和1～2位阿拉伯数字组成。字母与数字之间有一短线，读作"至"。字母表示辅助材料的类别，数字为序号，用以区别同一类型的不同品种。辅助材料型号及其代号见表1—10。

表1—10   **辅助材料的代号**

代号	辅助材料名称	代号	辅助材料名称
X	稀释剂	T	脱漆剂
F	防潮剂	H	固化剂
G	催干剂		其他辅助材料

辅助材料的名称序号举例：H—1 环氧固化剂。

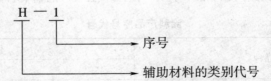

六、涂料的组成

1. 涂料的组成及各组分的名称

涂料由油料、树脂、颜料、溶剂、辅助材料等五大类材料组成。

（1）油料。油料可分为干性油、半干性油、不干性油等，油料是涂料的主要成膜物质。

（2）树脂。树脂有天然树脂、合成树脂、改性树脂等，树脂也是涂料的主要成膜物质。

（3）颜料。颜料有着色颜料、防锈颜料、体质颜料。颜料在涂料的组分中是涂料的次要成膜物质。

（4）溶剂。溶剂包括助溶剂、稀释剂两种。溶剂在涂料的组分中是次要成膜物质。

（5）辅助材料。辅助材料有催干剂、固化剂、增韧剂、防潮剂、脱漆剂、润湿剂、防结皮剂、防霉剂、防沉淀剂、悬浮剂、退光剂、稳定剂、乳胶漆助剂等，是涂料的次要成膜物质，也称为成膜添加物。

涂料的组成及作用见表1—11。

表 1—11　　　　　　　　　　涂料的组成及作用

组成	组成分类		成分	作用
主要成膜物质	油料	干性油	桐油、亚麻仁油、梓油等	形成涂膜的物质，决定涂膜主要性能的成分
		半干性油	豆油、葵花籽油、玉蜀油等	
		不干性油	蓖麻油、椰子油等	
	树脂	天然树脂	虫胶、沥青、松香等	
		人造树脂	硝基纤维、甘油松香等	
		合成树脂	酚醛、丙烯酸、环氧等	
次要成膜物质	颜料	着色颜料	钛白粉、偶氮类等	具有颜色和遮盖力，能提高涂层的机械性能和耐久性，还能使涂料具有防锈、导电等功能
		体质颜料	碳酸钙、滑石粉等	
		功能颜料	防锈颜料、导电颜料、磁粉、防滑剂等	
辅助成膜物质	溶剂	助溶剂	二甲苯、乙醇、松节油等	溶剂可将涂料溶解或稀释成液体，对涂装及固化过程起重要作用。不会残留在涂膜中，是帮助成膜的成分
		稀释剂	石油溶剂，酯、酮、醇的混合溶剂	
	辅助材料（助剂）	填料	防固化剂、乳化剂、分散剂、引发剂、沉淀剂、流变剂、防结皮剂、防流挂剂、催干剂、流平剂、增塑剂等	可对涂料或涂膜的某一特定方面的性能起改进作用。有用于涂料干燥、固化的；有提高涂膜性能的；有提高涂料储存稳定性的；有提高装饰性能或保护性能的

2. 涂料中成膜物质的作用

（1）主要成膜物质。油料和树脂是形成涂膜的主要物质，是决定涂膜性质的主要因素。采用桐油、豆油、亚麻油等油料做主要成膜物质的涂料习惯上叫油性漆；用树脂为主要成膜物质的涂料，叫树脂漆；用油料和一些天然树脂合用作为主要成膜物质的涂料叫作油基漆。主要成膜物质能将次要成膜物质及辅助成膜物质黏结成膜，从而起到涂料的保护、装饰作用。

（2）次要成膜物质。涂料中所使用的颜料和增塑剂，是次要成膜物质。次要成膜物质不能离开主要成膜物质单独构成涂膜。虽然涂料中没有次要成膜物质照样可以形成涂膜，但有了它，涂料可显著地增加很多特殊的性能，使涂料品种增多，以满足各种需要。

（3）辅助成膜物质。溶剂、催干剂和其他涂料助剂等是辅助成膜物质，不能单独构成涂膜，它们在涂料中一般用量很少，但所起的作用很大，能改善涂料的加工、成膜及使用等性能。

在涂料的组成中，没有颜料或体质颜料的透明体，称为清漆；加有颜料或体质颜料的有色体或不透明体，称为色漆（磁漆、调和漆、底漆）；加有大量体质颜料的稠厚浆状体，称为腻子。涂料中不含有挥发性稀释剂的称为无溶剂涂料，且又呈粉末状的则称为粉末涂料；以一般有机溶剂为稀释剂的称为溶剂型涂料；以水作为溶剂的称为水溶性漆。

七、涂料的性能

涂料按主要成膜物质分类，可分为 17 大类，辅助材料另分一类，现简要介绍各种涂料的性能。

1. 油脂类

油脂类涂料是主要以干性油为成膜物质，加入催干剂和其他辅助材料经过熬炼、调配等加工而成的一类涂料。其优点是原材料来源广泛，成本低，施工方便，具有良好的涂刷性、渗透性及耐候性，涂膜柔韧，附着力好，不易粉化和龟裂。其缺点是干燥缓慢，力学性能较差，不耐酸碱和有机溶剂，不适宜流水作业，不能打磨和抛光，硬度和光泽都不够满意。如在制造时加入一些颜料，可显著提高涂膜强度和耐候性。

2. 天然树脂类

天然树脂类涂料是以干性油与天然树脂为基本原料经过熬炼后制得漆料，再加入颜填料、催干剂、溶剂等制成的一类涂料。此类涂料原料来源广泛，价格低廉，制造工艺简单，施工简便，气味和毒性小，干燥性快，光泽、硬度、附着力较油脂漆有所提高，具有良好的装饰性和一定的防护作用，但耐久性较差，特别是直接暴露在大气条件下在短期内即会产生分化、龟裂等弊病。大漆和桐油的优点是涂层坚硬光亮，色泽纯正，具有优良的耐水性、耐油性、耐酸性、耐腐蚀和耐潮湿性、装饰性高。

3. 酚醛树脂漆类

酚醛树脂类涂料是以酚醛树脂和改性酚醛树脂为主要成膜物质，加入桐油和其他干性油经混溶后，再加入颜料、溶剂、催干剂、其他辅助材料等混合调制而成的一类涂料。根据酚醛树脂的种类不同，可分为油溶性纯酚醛树脂涂料、松香改性酚醛树脂涂料和醇溶性酚醛树脂涂料等。此类涂料的主要特点是：干燥快，硬度高，耐水和耐潮性好，良好的耐化学腐蚀性及良好的电气绝缘性能，但性能脆，易泛黄，自然干燥的品种耐水性和机械性能较差，不宜制作白漆。

（1）油溶性纯酚醛树脂涂料。油溶性纯酚醛树脂涂料又名 100％油溶性纯酚醛树脂漆，其涂膜坚固耐久，具有突出的防潮性、耐碱性、抗海水性，并有良好的耐候性和绝缘性。它主要用于抵抗严酷气候变化的船用漆、桥梁漆、航空用漆以及绝缘漆、耐碱漆等，特别是油溶性纯酚醛底漆，是目前金属底漆中综合性能比较优良的品种之一。其铁红酚醛底漆适用于黑色金属，锌黄酚醛底漆适用于有色金属。

（2）松香改性酚醛树脂涂料。松香改性酚醛树脂涂料涂膜坚硬，干燥性良好，光泽好，附着力强，并具有一定的耐水、耐久性，有耐酸碱和绝缘性能，但涂膜易变黄是其缺点，适用于室内外各种金属和木材的装饰和保护。

（3）醇溶性酚醛树脂涂料。醇溶性酚醛树脂涂料分热塑性和热固性两种，现多采用热固性，经烘烤后涂膜坚硬，附着力好，具有耐水、耐热、耐酸碱、耐溶剂等性能，而且还有良好的绝缘性和较好的黏结强度。

以上三种酚醛涂料中，油溶性纯酚醛树脂涂料性能最好，但树脂来源缺乏，成本较高，未大量使用；松香改性酚醛树脂涂料来源充足，成本低廉，且性能也较好，故在酚醛漆中占比重最大；醇溶性酚醛树脂涂料目前使用不够广泛。

4. 沥青类

沥青类涂料是将天然沥青、煤焦沥青等溶于有机溶剂中，加入干性油或与有机合成树脂混合，再加入溶剂和其他辅助材料制成的一类涂料。此类涂料的优点是：原材料来源丰富，价格低廉；涂料使用方便；干燥成膜后涂膜平整光滑，丰满度好，色泽纯正黑亮，具有极好的耐水性，良好的耐酸、耐碱、耐化学腐蚀性；电绝缘性能较高；在储存保管的过程中表面不结皮；涂膜不起皱、耐油、耐光、耐久性良好。其不足之处是涂膜耐溶剂较差，有渗色性，不能制造浅色品种，也不能作为底层涂装使用。

5. 醇酸树脂类

醇酸树脂类涂料是以多元醇、多元酸经缩聚而成的醇酸树脂或改性醇酸树脂与颜料（清漆不加颜料）经研磨后，加入适量催干剂并溶于有机溶剂调配、稀释而成的一类涂料。该涂料涂膜坚硬，附着力强，力学性能好，具有良好的光泽、耐久性，干燥快、耐水、耐磨、耐矿物油、耐醇类溶剂性好，可室温自干，也可烘干，且来源充足，价格便宜，但不耐水、不耐碱。其中以中油度醇酸树脂类涂料的性能为最佳，生产量与用量最多。

6. 氨基树脂类

氨基树脂类涂料是以氨基树脂和醇酸树脂为主要成膜物质，再加入颜料、辅助材料和有机溶剂而制成的一类涂料。此类涂料中的氨基树脂由脲醛树脂或三聚氰胺与甲醛用丁醇改性缩合而成。用单纯的氨基树脂制成的油漆，其涂膜硬而脆，附着力差，因此，氨基树脂必须与其他树脂（主要是醇酸树脂）合用，组成氨基醇酸类涂料。氨基醇酸烘漆与铁红环氧底漆配套使用，是目前优良的"三防"（防湿热、防盐雾、防霉菌）涂料品种之一。该涂料经涂装烘烤后形成的涂膜具有很强的附着力，涂膜色泽鲜艳，坚韧丰满，机械强度高，有优良的保光保色性，具有耐油、耐水、耐碱、耐溶剂、耐热、耐候性、抗老化、防污染、耐磨等优良性能，并具有良好的电绝缘性。该类涂料的大多数品种色彩艳丽，是一类装饰性高和保护性能强的涂料，但必须经烘干才能形成涂膜，如烘烤温度过高，涂膜易变脆变色，温度过低，涂膜返黏不干，性能降低。

7. 硝基漆类

硝基漆类涂料是以硝酸纤维素为主体，再配以其他树脂、增塑剂、颜料（清漆不加颜料），溶于有机溶剂而成的一类涂料。硝基漆根据其性质和用途不同，一般可分为外用和内用两大类。外用硝基漆是一种质量较高的品种，涂膜光亮平整，并具有良好的耐候性、耐水性、耐汽油性和保光性能，遇日光不易分解，不泛黄，且机械强度好，可打磨抛光。内用硝基漆的耐水性、耐油性及附着力等与外用硝基涂料基本相同，但耐候性、耐水性、耐磨性差，若用于室外，则易粉化、龟裂。

（1）硝基漆的优点

1）干燥迅速。这是其他油漆所不及的。由于干燥迅速，因而不需要烘烤设备，并能大大节省施工时间，提高工作效率。同时由于涂膜干燥快，表面不易黏结灰尘，对表面的装饰质量也有保证。

2）具有很好的机械强度，涂膜坚硬、耐磨，可打蜡抛光。

3）具有较好的光泽，以及耐久、耐水、耐油、不变色、耐化学品等性能。

（2）硝基漆的缺点

1）涂膜易发白（相对湿度超过80％时），特别是在潮湿环境下施工更为显著。

2）固体含量低，干燥结膜后没有其他涂膜丰满厚实，所以一般施工要喷3～4层，精细的工程甚至要喷8～9层。

3）由于硝基漆的溶剂挥发快，故硝基漆流平性差，不易涂刷。

4）施工时有大量的溶剂挥发，对环境污染严重。

8. 纤维素类

纤维素类涂料是以天然纤维素经化学处理产生的纤维脂、纤维醚等聚合物为主要成膜物质，加入有机溶剂和其他辅助材料混合调制而成的一类涂料。纤维素类涂料通常以醋酸丁酯纤维素、乙基纤维素为重要品种。其优点是成膜干燥迅速；涂膜坚硬耐磨、耐水性好；良好的耐候性及耐久性，一定的保光保色性；对光和热有较好的稳定性，涂膜不易泛黄、不易变色、附着力强；同一树脂可互溶，互溶后产生的膜层具有一定的耐候性、耐碱性及良好的耐化学品性，吸水性低等。不足之处是溶剂挥发量大、固体分低、溶剂含有一定毒性。如与其他树脂合用，可明显提高涂膜的硬度、耐候性、耐久性、柔韧性及干燥速度。

9. 过氯乙烯树脂类

过氯乙烯树脂类涂料是以过氯乙烯树脂和改性过氯乙烯树脂为主要成膜物质（有些品种加入改性醇酸树脂以改善其性能），加入颜料、增塑剂、稳定剂、有机溶剂等混合调制成单组分或双组分的一类涂料。具有常温下干燥快；涂膜光亮、耐候性好；对机油、酸、碱等化学品稳定性好；独特的不燃性；耐候性和"三防"等优点。根据需要，调整涂料的组分配比，即调整各组分的性能和作用，可提高品种的耐大气稳定性、耐水、耐盐水、耐乙醇、耐臭氧等性能。其不足之处是涂装条件要比其他类涂料的严格（如底漆、中间层、面层涂料和稀释剂等必须严格配套使用）；不耐热（90℃即开始缓慢分解，放出氯化氢气体）；涂料固体分低、涂装时溶剂挥发量较大；涂膜光泽度不高；打磨性不如硝基涂料的好；涂膜较软，力学性能不高等。

10. 烯类树脂类

烯类树脂类涂料是指用烯类单体聚合或共聚制成的高分子量树脂所制成的涂料。可分为氯乙烯-偏二氯乙烯、氯乙烯-乙酸乙烯、乙酸乙烯共聚、聚乙烯缩丁醛、含氟树脂、高氯乙烯、聚丙烯树脂等多种涂料，五十多个品种。

（1）烯类树脂涂料的优点。耐冲击、耐汽油、耐化学腐蚀性优良，耐磨，色浅，不泛黄，柔韧性好。干燥快，有些品种可与其他树脂拼用制成高性能涂料。含氟树脂涂料耐候性能优异。

（2）烯类树脂涂料的缺点。固体分低，需强溶剂、污染环境，高温时易碳化，清漆不耐晒，附着力不佳。干燥后，需较长时间才能形成坚硬的涂膜。

（3）烯类树脂涂料的主要用途。用于防腐、包装、纸张、织物及建筑工程等。广泛用于各种化工防腐、仪器仪表的内外表面。

11. 丙烯酸树脂类

丙烯酸树脂类涂料是以各种丙烯酸树脂为主要成膜物质，加入颜料、有机溶剂、其他辅助材料等混合调制而成的一种比较新型的涂料品种。

丙烯酸树脂是由丙烯酸酯、甲基丙烯酸酯及以苯乙烯为主的乙烯系单体的聚合物组成的。通过选用不同的树脂结构、不同的配方、生产工艺及溶剂组成，可合成不同类型、不同性能和不同应用场合的丙烯酸树脂，根据结构和成膜机理的差异可分为热塑性丙烯酸树脂和热固性丙烯酸树脂。

（1）丙烯酸树脂涂料的性能

1）优点

①色泽优良，透明度极好。涂膜干燥迅速，其实际干燥速度与硝基漆相似而快于过氯乙烯漆。

②有极好的耐候性、耐光性，由于分子结构不含有双键，在紫外线照射下不易断键而"泛黄"，保光、保色、经久不变。

③耐腐蚀性能优异，可耐一般酸、碱、醇和油脂等。

④"三防"性能优异，比一般涂料好，其防霉能耐 4 周。适用于湿热地区和做航空用漆。有良好的附着力（尤其对锌、铝等金属）。

⑤具有优良的抗化学品性能，并耐水，耐高温（可在 180℃以下使用），耐紫外线等。

⑥长期储存性好。

2）缺点

①耐汽油、耐煤油性差。

②固体含量少，若黏度过大，喷涂时易产生"拉丝"和表面粗糙现象。

（2）丙烯酸树脂涂料的种类。丙烯酸树脂涂料可分为热塑性和热固性两大类。

热塑性丙烯酸树脂涂料干燥迅速，一般常温干燥即可，是一种优良的挥发性涂料，若经100℃左右烘烤 1～2 h，其性能可进一步提高。

热固性丙烯酸树脂涂料，由于经高温固化，其基本性能均优于热塑性丙烯酸树脂涂料，但它也有涂膜脆性较大、需要烘烤温度高等缺点。

12. 聚酯树脂类

聚酯树脂类涂料是以聚酯为主要成膜物质的涂料，包括饱和聚酯和不饱和聚酯两大类。

（1）聚酯树脂涂料的优点。固体分高，漆膜光泽，柔韧性好，硬度高，耐磨、耐热、耐化学品性能强。

（2）聚酯树脂涂料的缺点。不饱和聚酯涂料多组分包装，使用不方便。漆膜需打磨、打蜡、抛光等保养，施工方法复杂，附着力不佳。

（3）聚酯树脂涂料的主要用途。饱和聚酯主要用作漆包线涂料；不饱和聚酯，用于涂装高级木器、电视机、收音机外壳。

13. 环氧树脂类

环氧树脂类涂料是以环氧树脂和改性环氧树脂为主要成膜物质，加入颜料、溶剂及其他辅助材料等混合调制而成的一类涂料。

（1）环氧树脂涂料的性能

1）优点

①附着力强。特别适用于金属（铝、钢）、陶瓷、玻璃、混凝土、木材等极性底材。

②硬度高，韧性好，耐屈挠、耐冲击，硬而不脆。

③耐化学品性能优良，对水、酸、碱及许多有机溶剂都有极好的抵抗力，特别以耐碱更为突出。

④良好的电绝缘性。

⑤耐热性好。一般为 80～100℃，有的高达 200℃，甚至更高。

2）缺点

①耐候性差，易粉化，失光，涂膜丰满度差，不宜作户外涂料。

②低温固化性差，一般不宜在 10℃以下环境施工。

③溶剂选择范围小。

④胺固化型环氧树脂涂料的固化剂胺类有毒，对人体和皮肤有刺激性。

（2）环氧树脂涂料的种类及其用途。目前生产和使用的环氧树脂涂料，大致可分为冷固型环氧树脂涂料、酯化型环氧树脂涂料和热固型环氧树脂涂料三大类：

1）冷固型环氧树脂涂料。该涂料的最大优点是能在常温下干燥，并且有良好的耐化学品性能、耐水性能和极好的附着力。冷固型环氧树脂涂料广泛用于受潮湿、水浸的场所及化学工厂的机械设备、石油部门的储油罐等。

2）酯化型环氧树脂涂料。酯化型环氧树脂涂料其耐水性和耐化学品性都不如其他环氧树脂涂料，但涂膜坚固，具有极好的附着力和耐久性，并具有一定程度的耐水性和耐化学性能，可以作为受海水或海洋雾气侵蚀的钢铁、铝、镁等金属表面的底漆和面漆涂层以及化工厂中不受严重腐蚀的保护用漆，使用时不需加任何固化剂，可自干和烘干。

3）热固型环氧树脂涂料。热固型环氧树脂涂料用各种树脂（如酚醛、氨基、醇酸）来固化，其反应必须在高温下进行。

①环氧酚醛树脂涂料具有环氧树脂和酚醛树脂两方面的优点，既有环氧树脂优良的附着力、力学性能和耐碱性，又有酚醛树脂的耐酸、耐溶剂性。

环氧酚醛树脂涂料是环氧树脂涂料中耐腐蚀最好的一种，多用于可烘烤的各种化工管道、桶罐内壁、酸碱储槽等，也用于电器绝缘方面的涂装。

②环氧氨基树脂涂料性能与环氧酚醛树脂涂料相似，其耐化学腐蚀性略差，但经高温烘烤不变黄等性能都优于环氧酚醛树脂涂料，它适用于可烘烤的各种需要装饰防腐层。

③环氧氨基醇酸树脂涂料是在环氧氨基树脂涂料的基础上加入醇酸树脂，其涂膜具有高度的弹性，优良的防水、防腐蚀能力，附着力好，耐冲击等，可用于各种车辆、金属箱柜、小五金制品，农业机械的装饰保护层，并特别适于用作玩具漆。

以上为环氧树脂涂料的几种主要类型，此外还有线形环氧漆、无溶剂环氧漆等，但用途不是很广泛。

14．聚氨酯树脂类

聚氨酯是聚氨基甲酸酯的简称，聚氨酯树脂类涂料是以聚氨酯树脂为成膜物质的涂料。聚氨酯树脂涂料结构中含一定数量的氨基甲酸酯链节（—NHCOO—）。通常是由异氰酸酯（单体）与羟基化合物聚合而成。由于含强极性的氨基甲酸酯，不溶于非极性基团，具有良好的耐油性、韧性、耐磨性和黏合性。

（1）聚氨酯树脂涂料的分类。根据聚氨酯树脂成分不同，分为以下五类。

1）油改性型氨酯油涂料：是由甲苯二异氰酸酯代替邻苯二甲酸酐或间苯二甲酸酐与干性油的单甘油酯及双甘油酯反应而成。所制成的涂料干燥快，耐磨、耐碱、耐油性好，但涂膜的流平性差，易于泛黄，色漆易粉化。主要用于室内木材、水泥表面的涂装及维修和防腐等。

2）湿固化型聚氨酯树脂涂料：是由多异氰酸酯与羟化合物如多羟聚酯、聚醚、蓖麻油等制成的一类涂料。其最大特点是能在湿度较大的环境中施工并固化成膜，为优良的湿固化自干性涂料，而且干后的涂膜坚硬强韧、致密，耐磨、耐化学腐蚀性好，有良好的抗污染性及耐特种润滑油性等。可用于原子反应堆临界区域的地面、墙壁及机器设备，作保护层。品种有清漆及色漆。

3）封闭型聚氨酯树脂涂料：是将二异氰酸酯或其加成物用苯酚等暂时封闭起来，然后与带有羟基的聚酯或聚醚等配合，两组分混合后，在室温下不起反应，在150℃高温下才能固化成膜，所以能包装在同一容器内。这类涂料的特点是具有良好的物理机械性能及电绝缘性。同时涂膜耐磨、耐水、耐溶剂性好，缺点是施工后必须烘干。

4）催化固化型聚氨酯树脂涂料：是由两组分分别包装的材料。其中一组分为二异氰酸酯的预聚物，一般多是甲苯二异氰酸酯与蓖麻油与甘油的醇解物。为了改善漆膜性能，有时加入醇酸树脂。另一组分是催化剂，一般为胺、有机锡类。

5）羟基固化型聚氨酯树脂涂料：是由两组分分别包装的材料。其中一组分是二元或三元异氰酯加成物。另一组分是含有游离羟基的聚酯或聚醚等多羟基化合物。使用时，按一定比例混合。

（2）聚氨酯树脂涂料的性能

1）优点

①固体含量高，涂膜丰满、光亮。

②涂膜坚韧耐磨，其耐磨性几乎是各类涂料中最突出的一种，因而广泛用作地板漆、甲板漆、纱管漆及超音飞机等表面的涂料。

③具有较全面的耐化学品性，能耐酸、碱、盐液等介质的侵蚀，可用作化工设备中管道的防腐，或用作高温高湿及海洋性气候条件下的结构物、机械设备、仪器仪表的涂装。

④具有优良的耐油、耐溶剂性，可用作溶剂储槽、石油管道、油罐的涂装。

⑤具有良好的耐热性和附着力，它的耐热性仅次于有机硅漆，附着力接近于环氧树脂涂料。

⑥能低温固化，也能烘干。

2）缺点

①用芳香族多异氰酸酯为原料的聚氨酯树脂涂料，易泛黄，保光保色性差，不宜室外用，也不宜作浅色漆。

②异氰酸酯对人体呼吸系统刺激性大，对人体有害。

③异氰酸酯极为活泼，对水分及醇类溶剂的敏感性极强，遇水遇醇就会产生反应，在制造和储存过程中容易胶凝，使用时容易产生气泡、针孔等。选用溶剂时，必须保持溶剂中无水、无醇。

④涂料品种多是双组分，施工应用较麻烦。

15. 元素有机漆类

元素有机涂料是以各种元素有机化合物为主要成膜物质的涂料。主要指有机硅树脂涂料，已有近四十个品种。需高温烘烤成膜。

（1）元素有机涂料的优点。很好的耐高温、抗氧化，绝缘和耐化学药品的性能，耐候性强，耐潮。

（2）元素有机涂料的缺点。固化温度高、时间长，耐汽油性差，个别品种涂膜较脆，附着力较差，价格贵。

（3）元素有机涂料的主要用途。制造耐高温涂料，耐候材料。

16. 橡胶类

橡胶涂料是以天然橡胶衍生物或合成橡胶为主要成膜物质的涂料。主要类别有：氯化橡胶、环化橡胶、氯丁橡胶、聚硫橡胶、氯磺化聚乙烯橡胶、丁基橡胶、丁腈橡胶涂料等品种。其中有单组分溶剂挥发涂料类型，也有双组分固化型涂料。

（1）橡胶涂料的优点。施工方便、干燥快、耐酸、碱腐蚀，韧性、耐磨性、耐老化性、耐水性能好。聚硫橡胶，耐溶剂和耐油性能极佳。耐各种氧化剂、漆膜柔软，如氯磺化聚乙烯。橡胶涂料的品种不同，性能优点各异。

（2）橡胶涂料的缺点。氯化橡胶等单组分溶剂挥发性涂料，固体含量低、光泽不佳，清漆不耐曝晒，易变色，耐溶剂性差，不耐油。双组分涂料，储存稳定性差，制造工艺复杂，有的需要炼胶。

（3）橡胶涂料的主要用途。用于船舶、水闸和耐化学药品涂料。如氯磺化聚乙烯涂料，用于篷布、内燃机发火线圈和水泥、织物、塑料等的涂装。丁基橡胶可做化学切割的不锈钢的防腐蚀涂层。丁腈橡胶用于涂覆食品包装纸防水、防油等。

17. 其他类（如无机富锌类）

其他涂料指上述 16 类成膜物质以外的其他成膜物形成的涂料。主要品种有：无机富锌涂料、聚酰亚胺涂料、无机硅酸盐涂料、环烷酸铜防虫涂料等。有些可自干，有些需要烘干。

（1）其他涂料（如无机富锌类）的优点。无机富锌涂料，涂膜坚固耐磨、耐久性好，耐水、耐油、耐溶剂，耐高温，耐候性能好。无机硅酸盐涂料，耐高温、防火性能好。环烷酸铜防虫涂料，防止木材生霉和海生物附着。

（2）其他涂料（如无机富锌类）的缺点。价格贵，多组分包装，使用不便，施工要求高。形成膜厚较薄，需多次涂装，柔韧性差，不能在寒冷及潮湿的条件下施工。属特种涂料，对底材要求高。

（3）其他涂料（如无机富锌类）的主要用途。无机富锌涂料，广泛用于各种钢结构防腐，特别是作钢材的底漆等。

§1—3　安全文明生产与环境保护知识

一、涂装工安全卫生、防毒知识

为了保护身心健康，避免发生人身安全和中毒事件，涂装工必须做好个人的防护工作。

涂装生产中所使用的涂料及溶剂等绝大部分都是有毒物质，在工作中形成漆雾、有机溶剂蒸气和粉尘等，操作者若缺乏防范意识，长期接触并吸入体内，易使操作者患急性和慢性中毒、职业病和皮肤病等。因此，必须做好场地的环境卫生、劳动安全防护、操作者个人的健康保护工作。

1. 涂料的毒性

涂料的毒性主要是由所含的溶剂、颜料和部分基料等有毒物质所造成的。毒性的大小与溶剂种类、浓度以及作用时间长短等因素有关。各种有毒物质在空气中的最高允许浓度见表1—12。有机溶剂一般都具有溶脂性（对油脂具有良好的溶解作用），造成皮肤干燥、开裂、发红并引起皮肤病。当溶剂被吸入人身体后，将对神经组织产生麻痹作用，引起行动和语言的障碍，造成失神状态。有机溶剂对神经系统的毒性是共性，但因化学结构不同，各种有机溶剂还有其个性，毒性也不一，如苯、甲苯、二甲苯，其蒸气能破坏血液循环和血液的正常组成。苯中毒现象如下：

表 1—12　　　　　车间空气中的有机溶剂最高允许浓度

物质名称	最高允许浓度/（mg/m³）	物质名称	最高允许浓度/（mg/m³）
苯	50	丙酮	400
甲苯	100	松香水	300
二甲苯	100	二氯乙烷	50
三氯乙烯	30	松节油	300
甲醇	50	氯苯	50
乙醇	1 500	乙酸甲酯	100
丙醇	200	乙酸乙酯	200
丁醇	200	乙酸丁酯	200

轻度苯中毒：可造成头痛、头晕、全身无力、疲劳嗜睡、心悸及食欲不振等，偶尔有鼻血和牙龈出血等现象。

中度苯中毒：白细胞下降到 3 000 以下，红细胞和血小板减少，鼻、牙龈出血频繁，皮下可出现瘀血、紫斑，妇女经期延长，抵抗力下降。

重度苯中毒：白细胞下降到 2 000 以下，红细胞和血小板大量减少，口腔黏膜及皮下出血，视网膜广泛出血，肝脏肿大，骨骼组织显著改变，多发性神经炎，再生障碍性贫血等。

另外，有些颜料（如含铅颜料和锑、镉、汞等化合物）及防霉涂料使用的防霉剂（如有机汞、八羟基喹啉铜盐）等均为有害物质，若吸入体内则可引起中毒反应。有些基料的毒性也很大，如聚氨酯涂料中含有游离异氰酯，能使呼吸系统过敏；环树脂涂料中含有的有机胺类固化剂可能导致皮炎等。大漆中的漆酚，对人体的刺激性较厉害，接触后会发生红疹肿胀、皮肤呈水痘状或感染而溃烂。因此，在使用这些涂料时必须采取预防措施，严防吸入或接触。

2. 预防中毒的安全措施

为保障涂装操作者的身体健康，涂装车间应制定切实的安全卫生措施，并对操作者进行安全卫生教育和培训。预防中毒措施主要如下：

（1）涂装车间内温度应保持不低于15℃，相对湿度为50％～70％，空气清洁，无灰尘。

（2）涂装作业前，应穿戴好各种防护用具，如专用工作服、手套、面具、口罩、眼镜和鞋帽等。施工中应尽量避免有害物质触及皮肤，在裸露的皮肤、手上搽医用凡士林或涂抹防护油膏进行保护，其配方见表1—13，防护油在10 min内即可形成一层保护膜。施工完毕后，此薄膜可在温水中用肥皂洗掉。如皮肤上沾有涂料时，不要用苯类稀释剂擦洗，要用肥皂蘸热水反复摩擦去污；万一有腐蚀性的化学品接触皮肤，应立即用流动的水进行冲洗，必要时应到医院处理。

表 1—13 常用防护油的配方

配方一		配方二		配方三	
物质名称	质量分	物质名称	质量分	物质名称	质量分
乳酪素	10	淀粉	1	水杨酸	0.3
水	30	白陶土	35	酒精	1.7
碳酸钠	1	滑石粉	1	凡士林	7.5
酒精	28	白明胶	1	肥皂粉	1
甘油	7.5	甘油	12	水	14.1

（3）在产生有害蒸气、气体和粉尘的工位，应设置排风装置，以使有害气体（或粉尘）的浓度低于最高允许浓度，一般最高允许浓度是毒性下限值的1/2～1/10。

（4）对于毒性大，有害物质含量较高的涂料不宜采用喷涂、淋涂、浸涂等方法涂装。喷涂时，被漆雾污染的空气在排出前应过滤，排风管应超过屋顶1 m以上。吸收新鲜空气点和排出废气点之间的距离，在水平方向应不少于10 m。

（5）在喷涂室内作业时，应先开风机，后启动喷涂设备；作业结束时，应先关闭喷涂设备，后关风机。全面排风系统排出有害气体及蒸气时，其吸入风口应设在有害物质浓度最大区域，全面排风系统气流组织的流向应避免有害物质操作者的呼吸带。

（6）清洗喷枪、漆刷等涂装工具时，应在带盖溶剂桶内进行，不使用时可自动密闭。操作酸和碱时作业人员应穿戴专用工作服（橡胶手套、橡胶套袖、围裙和防护眼镜等）。

（7）在涂装现场严禁吃东西，更不要用未洗过的手接触食物，以免发生食物中毒。涂装作业后不准饮酒，因为饮酒会促进人体对毒性的吸收。

（8）涂装车间的生产和生活用水要充足，而且水质要好。每天在涂装作业完后最好进行淋浴。

（9）一旦出现事故，应将中毒人员迅速抬离涂装现场，加大通风，平卧在空气流通的地方。严重者施行人工呼吸，急救后送医院诊治。

（10）禁止未成年人和怀孕期、哺乳期妇女从事密闭空间作业和含有机溶剂、含铅等成分涂料的涂装作业。对从事涂装施工的人员，应每年进行一次职业健康检查。

3. 涂料中毒防治的主要措施

涂料中毒防治的主要措施见表1—14。

表 1—14 　　　　　　　　　　　　　　　　　涂料中毒防治主要措施

引起中毒的途径	引起中毒的物质	主要防治措施
呼吸道吸入	成膜物质中挥发的有毒单体、溶剂蒸气、粉尘	作业场所良好通风； 人员佩戴防护用品； 遵守安全操作规程； 设置中毒急救措施
皮肤、黏膜接触	涂料成品、涂料漆雾、溶剂	作业场所良好通风； 人员佩戴防护用品； 及时用清水、肥皂水清洗； 及时用药物治疗
经口误服	涂料成品	遵守安全操作规程； 人员佩戴防护用品； 及时用药物洗胃治疗

3 种中毒急救治疗的一般原则：

（1）呼吸道中毒。如果操作人员在涂料施工中吸入有毒有害气体，首先应保持呼吸道的通畅。第一要防止声门痉挛，喉头水肿的发生，将 2％的碳酸氢钠、10％异丙肾上腺素、1％麻黄素雾化吸入，对呼吸困难严重者及早将其气管切开。应绝对卧床休息给予激素，并适当限制输液量。对作用于神经系统的毒物，要限制液体输入量，采用 20％甘露醇或 25％静脉注射或快滴。氰化物中毒应迅速吸入亚硝酸异戊酯或 3％亚硝酸钠 10 mol 注射，再注射硫代硫酸钠。一氧化碳中毒可用高压氧或吸氧。

（2）急性皮肤吸收的中毒。经皮肤吸收毒物或腐蚀造成皮肤灼伤的毒物，应立即脱去受污染的衣服，用大量的清水冲洗，也可用温水，严禁用热水。冲洗时间至少 15 min，冲洗越早、越彻底越好。中毒的过程有一段时间，要注意观察清洗是否彻底，不能认为已经清洗便不再有中毒的发生。

（3）误服吞咽中毒。误服吞咽应及时反复漱口、除去口腔毒物外，还应当采用催吐、洗胃、清泻及使用解毒、排毒药物治疗等措施。

二、涂装工安全防火、防爆知识

涂料及稀释剂所用的溶剂绝大部分都是易燃和有毒物质，在涂装过程中形成的漆雾、有机溶剂蒸气、粉尘等，当与空气混合、积聚到一定的浓度范围时，一旦接触到火源，就很容易引起火灾或爆炸事故。因此，涂装作业人员必须高度重视和具备防火、防爆安全知识。为了做好防火、防爆工作，必须了解火灾、爆炸产生的原因和预防措施，了解火灾的类型和灭火的方法，做到有备无患。

1. 防火知识

（1）涂装生产中火灾发生的原因。在涂装生产过程中，涂料中有机溶剂的挥发和涂料粉尘的飞散是难以避免的。当这些有机溶剂蒸气和粉尘与空气混合并积聚到一定含量范围时，一旦接触明火（火花、火星），就容易引起火灾和爆炸。

涂料中常用溶剂的燃烧程度,通常是按照溶剂的闪点和自燃点来划分的。

1) 闪点。易燃和可燃液体表面以及易燃固体表面,都有一定的可燃气体与空气形成的混合物,此种混合物遇火源会发生燃烧。如果可燃气体挥发速度低,一经燃烧,新的蒸气来不及补充,则此种燃烧一闪即灭,称为闪燃。能引起闪燃的温度叫闪点。闪点越低,危险性越大。闪点是可能引起火灾的最低温度。通常根据涂料的闪点来划分涂装作业的火灾危险性,见表1—15。

表1—15 涂装作业的火灾危险分类

涂料及有机溶剂闪点	火灾危险等级	情况说明
闪点在28℃以下的涂料及有机溶剂	甲	极易燃烧
闪点在28~45℃的涂料及有机溶剂、粉末涂料	乙	一般
闪点在45℃以上的涂料	丙	难燃

凡是闪点低于室温的有机溶剂,在涂装作业中必须严格控制这些有机溶剂的敞口操作。涂装前处理除油中常用的汽油,其闪点为-20℃。操作中应严禁用来洗手、洗工作服、擦地板,因为这是造成火灾事故的常见原因。

2) 燃点和自燃点。可燃液体在空气中达到某一温度时,接触火源即发生燃烧,若移去火源仍能继续燃烧,这种现象叫着火。能引起着火的最低温度叫作燃点或着火点。

在燃点温度下能形成连续燃烧,因为此时的液体蒸发速度比闪点温度时稍快,蒸气量足以供给连续不断的燃烧。在连续燃烧的最初瞬间,火焰周围的液体温度可能刚刚达到燃点;但随后温度会不断升高,促使液体蒸发进一步加快,火势逐渐扩大,形成稳定的连续燃烧。

自燃,是指可燃烧物质在没有明火作用的情况下发生的燃烧,发生自燃的最低温度叫作自燃点。在生产过程中,任何装置内的可燃物质的温度必须远低于其自燃点。

(2) 涂装生产中火灾发生的条件。火灾发生必须同时具备助燃物质(氧气)、可燃物质、着火源三个基本条件,缺少其中任何一个条件都不能燃烧。

1) 有可燃物质存在,并达到一定浓度。涂装生产中产生的可燃物质包括:有机溶剂在存放、清洗、稀释、加热、涂覆、干燥固化及排风时挥发、蒸发的易燃、易爆蒸气;涂料施工中清洁除油时沾染有机溶剂及涂料的废布、砂头、棉球;员工喷漆防护服、手套等以及漆垢、漆尘;涂料中的固体组分、粉末涂料、轻金属粉。

2) 有助燃物质(氧气)存在,助燃物质数量不够也不会发生燃烧。正常空气中含氧量在21%左右。若空气中含氧量低于14%时,可燃物质一般会停止燃烧。

3) 有着火源存在,即有引起可燃物质燃烧的热能源。着火源必须具有足够的温度和热量。涂装车间常见的火种如下:

①自燃火种。浸有清油、油性漆或松节油的废布、棉纱,若不及时清理而任其自然堆积,会导致热量的积聚产生化学反应,当温度达到了自燃点,就会"自动着火"。

②明火。如火焰、火星、灼热。

③摩擦冲击火花。如用铁器敲打或开启金属桶,铁器互相敲击或穿有铁钉的鞋子撞击铁器都容易发生冲击火花。

④电器火花。电气设备开关在开、关时,接触瞬间会产生火花;电线短路或过载时会产生火花。

⑤静电放电（静电积累、静电喷枪与工件间距离过近等）。在生产中，两个良好的绝缘体之间的摩擦是产生静电的主要原因，也是火灾和爆炸事故的根源之一。涂装车间静电的来源主要有电动机的皮带和皮带轮、打磨和抛光设备、各种喷涂设备以及作业人员所穿的化纤衣服等，甚至在调配涂料中倾倒溶剂也能产生静电等。

（3）涂装生产中的防火措施

1）严格遵守防火规则，在涂装现场严禁使用明火或吸烟，不准携带火柴、打火机和其他火种进入工作场地。如必须生火，使用喷灯、烙铁焊接时，必须在规定的区域内进行。

2）涂装车间需要焊接检修时，必须先办理动火审批手续，并指派专门防火人员到现场监视和防范。焊接前，应先将作业场地 30 m 以内的漆垢以及各种可燃物质清扫干净，同时根据动火量的大小配备足够的灭火器材。

3）涂装车间应有良好的送排风装置，对喷涂室、调漆室及烘干室，除应设置通风装置外，还应随时测定混合气体的含量，并配有可燃气体报警装置，其报警浓度下限值应控制在所检测可燃气体爆炸下限的 25％，以防止火灾事故发生。

4）涂装车间的所有电气设备和照明装置必须采用防爆产品，定期检查电路及设备的绝缘有无破损、电动机是否超负荷、电气设备的接地是否牢固可靠等。插头必须是三线结构，凡能产生火花而导致火灾危险的电气设备和仪器均严禁使用。在使用溶剂的场所，禁止安装刀开关、配电箱、断路器及普通电机。

5）在涂装作业过程中，应避免敲打、碰撞、冲击、摩擦等动作，以免产生火花或静电放电引起火灾。在开启金属桶时，应使用铜制工具或专用工具。

6）涂装过程中，清洁除油时沾染有机溶剂、涂料的废布、砂头、棉球和员工喷漆防护服、手套等应集中并妥善保存，特别是沾染有机溶剂、涂料的废布、砂头、棉球必须存放在专用的有水的金属桶内，不能放置在灼热的火炉边或暖气管、烘房附近，避免引起火灾。

7）涂装生产中使用的涂料和溶剂，必须存放在有防火设施的库房内保管。

8）防止静电放电引起的火花。静电喷枪不能与工件的距离过近，消除设备、容器和管道内的静电积累，在有限空间生产和涂装时，要穿防静电的服装。

（4）灭火方法。火灾的类型很多，灭火的方法也多种多样，其基本方法有如下三种：

1）窒息法。即隔绝空气，使可燃物无法获得氧气而停止燃烧。

2）冷却法。即降低已燃物质温度，使之降低到燃点以下而停止燃烧。

3）隔离法。将正在燃烧的物质与未燃烧物质隔开，中断可燃物质的供给，使火源孤立，火势不致蔓延。

为了迅速扑灭火灾，以上三种方法可同时使用。对灭火剂的要求是效能高、使用方便、成本低、对人体和生物基本无害。

常用的灭火剂有水、泡沫液、惰性气体、阻燃不燃性挥发液、化学干粉、固态物质等。火灾的类型及灭火的方法见表 1—16。

表 1—16 火灾的类型及灭火的方法

序号	燃烧物	火灾初起时的灭火法	灭火原理
1	有机纤维类普通燃烧材料（例如擦漆用的废纱头和破布）	①用黄沙灭火 ②用水或酸碱式灭火装置灭火	冷却降温、隔绝空气作用

序号	燃烧物	火灾初起时的灭火法	灭火原理
2	有机溶剂、涂料类不溶于水的燃烧性液体（例如稀释剂、清油、清漆、色漆等）	①用二氧化碳灭火装置灭火 ②用泡沫式灭火装置和石棉毯灭火	隔绝空气
3	有机溶剂（醇和醚类可溶于水的燃烧性液体，如酒精、丁醇、乙醇等）	用水灭火	冲淡溶液灭火，或将容器盖严，隔绝空气
4	电气设备、仪器设备（如空气压缩机、输漆泵、静电设备等）	用四氯化碳、溴甲烷、二氧化碳灭火装置灭火	蒸气比空气重，可在物体上形成隔绝空气的气体及冲淡氧气作用，但只能用于通风之处，因蒸气有毒
5	电动机（如各种开口或封闭式电动机）		

涂装从业人员应熟悉防火安全技术知识、火灾类型及其扑灭方法，因此应熟悉各种消防工具的使用方法。例如，电器设备着火时，应立即切断电源，以防火灾蔓延和产生电击事故。当工作服着火时，切勿惊慌奔跑，而应就地打滚熄火。当粉尘类材料（如粉末涂料、铝粉颜料等）着火时，不能使用喷水灭火，以免扩大火灾面积。

2. 防爆知识

目前，涂料仍以溶剂型涂料和粉末涂料为主。涂料中的有机溶剂及涂料稀释剂均易燃、易爆、闪点很低。粉末涂料虽然闪点很高，但无法抵挡静电打火时的高温。水溶性涂料虽消除了火灾的危险，但在应用方面还不是很广泛。

（1）涂装生产中引发爆炸的因素

1）溶剂型涂料引发爆炸的因素：一是涂料中的有机溶剂闪点低，且涂料的组成大部分是易燃物品。二是涂料施工中有机溶剂含量超标，在涂装作业区域内，由于溶剂的大量挥发，以及含有溶剂和不含溶剂的涂料粉尘同空气一起组成混合气体，当其浓度达到爆炸极限时，遇火即可引发燃烧爆炸。产生爆炸的最低浓度叫作爆炸下限，产生爆炸的最高浓度叫作爆炸上限。由于浓度在爆炸下限以下或爆炸上限以上，或点火能量不足，或氧气（助燃物质）量不够，都不能发生燃烧和爆炸。只有在爆炸下限和爆炸上限这个浓度区间可以发生爆炸，这个区间称为爆炸范围。当可燃气体超过爆炸上限时混合气体内含氧量不足，不会引起爆炸，但极为有害，可用爆炸界限作为衡量爆炸危险等级的尺度。可燃气和可燃蒸气的爆炸极限常以体积分数表示，也可以用质量表示，单位是 mg/m^3。

闪点、爆炸界限与涂料及溶剂的沸点、挥发速度有关。沸点越低，挥发速度越快，闪点就低，在同样的条件下也易于达到爆炸界限。常用有机溶剂和稀释剂的闪点、爆炸界限、沸点及挥发速度见表1—17。

表1—17　　　常用有机溶剂和稀释剂的闪点和爆炸界限等参数

有机物名称	闪点/℃（闭杯法）	爆炸界限/%（体积）	沸点/℃	自燃点	相对挥发速率（醋酸丁酯＝1）
甲苯	4.1	1.27～7.0	111.0	552	1.95
二甲苯	25.29	1.0～5.3	135	530	0.68

有机物名称	闪点/℃ （闭杯法）	爆炸界限/% （体积）	沸点/℃	自燃点	相对挥发速率 （醋酸丁酯＝1）
乙醇	14	4.3～19.0	78.3	390.4	2.6
异丙醇	11.7	2.02～7.99	82.5	460	2.05
正丁醇	27～34	1.45～11.25	117.3	340～420	0.45
乙酸乙酯	−4.0	2.18～11.4	77.0	425.5	5.25
环己酮	44	1.1～8.1	155.0	420	0.25
乙酸丁酯	27	1.4～8.0	126.5	421	1.0
200 号溶剂汽油	33	6.2～10	14～200	—	0.18
石油醚	<0	1.4～5.9	30～120	—	—
丙酮	−17.8	2.55～12.8	56.1	561	7.2
苯	−11.1	1.4～21	79.6	562.2	5.0
松节油	35	0.8 以上	150～170	253.3	0.45
甲醇	12	6～36.5	64.65	470	6.0
甲乙酮	−4	1.8～11.5	79.6	505	4.65

2）粉末涂料引发爆炸的因素：粉末涂料在涂装生产中引发燃烧爆炸的因素主要有以下三点。

①粉尘浓度超标：如果静电喷粉室和回收装置设计不合理，造成了粉尘积聚严重，当粉尘浓度超过粉末涂料的爆炸下限浓度时，而温度达到粉末涂料的闪点，就会引起燃烧爆炸。各种粉末涂料的爆炸浓度及闪点温度见表1—18。

表1—18 　　　　　　　　　各种粉末涂料的爆炸浓度及闪点温度

涂膜涂料名称	爆炸浓度下限/（g/m³）	闪点温度/℃
环氧树脂涂料	30	450
聚酰胺涂料	20	500
带有铅粉的环氧树脂涂料	36	505
聚酯树脂涂料	67	470
丙烯酸树脂涂料	50	435

②电气设备防爆设施不符合技术要求和预热温度过高：在静电喷涂区域内，若电气设备防爆设施不合格，出现电打火现象；涂装前工件预热温度过高，超过了该粉末涂料的闪点温度，这时如果粉尘浓度又很高，就可引发粉末涂料的燃烧爆炸。

③静电喷涂设备使用不当：高压静电发生器的电源插头无专用插座，使用过程中高压调整不当或操作出现过失，如静电喷枪喷粉量过大、喷枪与工件距离过近、回收设备使用效率太低、进风量不合理、设备接地不符合要求等，都会造成静电喷涂时粉末涂料的爆炸。

（2）涂装生产中的防爆措施

1）对于溶剂型涂料的涂装作业，可根据现场实际测定的涂料及稀释剂的闪点、爆炸极限、自燃点的数据分为各种等级，分别采取不同的防范措施。

2）使用易燃有机溶剂脱脂的操作区域，必须设置良好的槽边通风和区域总通风装置，及时将区域内挥发的溶剂气体浓度降至爆炸极限的下限以下。

3）处理各种涂装前表面预处理槽液时，应尽量采取封闭式作业，最大限度地降低溶剂的挥发量，以防止自燃或人为过失引发的燃烧爆炸。

4）涂装车间无论是那一级的爆炸危险场区，都应严禁明火，防止机械碰撞产生火花，以杜绝除自燃外的一切人为过失引发的燃烧爆炸。

5）涂装车间应设置专用喷涂室作为溶剂型涂料的操作区，喷涂室内有良好的送排风装置，将飞散的涂料和溶剂蒸气浓度控制在尽量小的范围内，使之不超过标准极限的下限值，从而避免燃烧爆炸。

6）涂装车间所使用的所有电气设备和照明装置必须采用防爆产品，定期检查电路及设备的绝缘有无破损、电动机是否超负荷、电气设备的接地是否牢固可靠等，其接地电阻不应大于 10 Ω。插头必须是三线结构，凡能产生火花而导致火灾危险的电气设备和仪器严禁使用。在使用溶剂的场所，禁止安装刀开关、配电箱、断路器及普通电机。

7）粉末、静电涂装都应在专用的涂装室内进行。粉末喷涂室内应有良好的粉末回收装置，可使喷粉室内的粉尘浓度降至爆炸极限下限以下；静电喷涂室的结构及所有设备均应符合防火、防爆要求。

8）每班次作业完后，应将操作现场清理干净，同时将剩余的涂料及溶剂（配套稀释剂）送回专用库房妥善保管。废弃物应集中处理，做到安全文明生产。

三、涂装作业安全措施

涂装作业中的安全措施，一般可以分为以下几种：涂装前表面预处理操作的安全措施，各种涂装设备和工具的安全使用措施，特殊环境下涂装作业的安全措施，涂膜烘干过程中的安全措施，涂料储存和保管的安全措施。

1. 涂装前表面预处理操作的安全措施

涂装前表面预处理工序包括脱脂、除锈、除漆、酸洗、磷化、钝化、阳极氧化等。其处理方法有手工方法、机修方法和化学方法等。采用手工方法或机修方法除锈、除旧漆时，应遵守设备安全操作规程操作设备和工具。在厂房内处理时，应有良好的通风排尘装置。厂房内的温度、采光、照明、有毒物质的气体挥发、粉尘的飞散等不得超过国家规定的标准。操作区内的温度不低于15℃，相对湿度不高于80%以上。采光以自然光为主，照明、电器开关必须设置防爆型并有足够的亮度，即能够穿越稀薄烟雾和蒸汽的光线。粉尘要及时排放、妥善处理及回收。喷砂、喷丸、抛丸设施要有专用设备，均应在专用的喷砂（丸），抛丸室内进行，并无粉尘泄露。如有泄露，则不应超过国家标准规定。操作者在施工时，应穿好工作服，戴好防尘口罩及其防尘用具。

采用化学法脱脂时，应单独进行并推荐使用水性表面活性金属清洗剂。若采用有机溶剂或碱液脱脂时，应配槽进行。操作时，操作者要戴好（耐酸、耐碱、耐溶剂）手套、防护眼镜、围裙。采用三氯乙烯等有机蒸气脱脂时，必须在密闭的装置中进行，操作者应戴好防毒面具。

采用酸洗法清除氧化膜和铁锈时，使用硫酸、盐酸、硝酸、磷酸、氢氟酸等均需按工艺规定进行配槽处理，操作者应围橡胶围裙，戴耐酸橡胶手套，严格按工艺流程作业。酸洗处理时，使用电葫芦、桥式起重机起吊被处理工件，出入酸槽时操作要缓慢，勿使酸液溅出伤人。特别应注意的是，在配制含有硫酸的溶剂时，切记要先加水后加酸的顺序。

利用火焰法清除旧涂膜时，必须注意周围的环境并应制定防火措施。操作人员在施工时，必须戴好防护帽、眼镜、手套等防护用品。使用煤油、酒精喷灯连续工作时，应经常检查喷灯的灯体是否过热。否则会导致灯体产生热膨胀，引起爆炸事故。另外，煤油喷灯严禁使用汽油。

2. 涂装生产设备和工具的安全使用措施

涂装生产设备和工具要根据实际涂装方法来选择，当今，绝大多数的产品的涂装都不同程度地采用大、中、小型机械自动化流水线生产，并与先进的干燥技术设备和自动化控制系统相匹配，组成科技含量高的生产线。如电泳涂装、静电涂装、粉末涂装生产线等。下面就几种先进的涂装设备和工具的安全操作加以说明。

（1）高压无气喷涂设备的安全使用措施

1）使用高压无气喷漆机前，应检查高压涂料缸、高压过滤器的螺母，各高压管路接头、气路接头是否旋紧。

2）气动式高压无气喷涂机使用的动力是压缩空气，最高进气压力不能超过 0.7 MPa（7 kgf/cm²）。电动式高压无气喷涂机是采用交流电源来驱动的，操作时要正确控制涂料的压力、电源电压、电动机的输出功率和转速。

3）喷涂时，应先进行试喷来调整压力，待压力正常后再正式进行喷涂生产。

4）高压无气喷涂机的喷枪应配置自动安全装置，在高压无气喷涂机停喷时，应及时将扳机自锁挡片锁住。在任何情况下，不应将承压的无气喷涂装置的喷嘴对准人体、电源、热源，也不要用手试压。

5）高压软管的材质，应具有足够的耐压强度和足够的使用长度，内径不得过小，以减少涂料通过时的阻力和输出足够的涂料。

（2）电泳涂装设备的安全使用措施

1）电泳前，应严格检查电气设备。按工艺要求使用直流电源，根据选用涂料和工件材质的不同而确定工作电压。当泳涂电源接通后，操作者要距离槽边 1 m 外的地方，不能触摸导电机构、辅助电极等。

2）使用超滤设备时，每次启动超滤泵时都应关闭超滤器进口阀，打开出口阀，待超滤泵启动后再缓缓打开超滤器进口阀、调整阀，调整出口阀达到超滤器的进出口压力。

3）检查电泳循环系统和制冷系统正常运行，维持电泳液的恒定温度。

4）经常检查电泳涂装的电控装置、电泳设备、机械化传送机构，以上设备均应良好接地。

5）电泳液的储备槽应始终保持干净，一旦电泳槽出现意外情况，电泳液储备槽应能立即投入使用。

6）按正确顺序开启管路上的阀门，防止错开造成事故。

（3）静电涂装设备的安全使用措施

1）静电喷涂前，应检查设备接地（接地电阻应小于 10 Ω）和绝缘的可靠性后方可开通高压，结束喷涂后应先切断高压。

2）静电喷涂室内的通风装置，应在喷涂前 10 min 打开，喷涂操作完后 10 min 关闭。

3）操作时，设备无论哪部分出现故障，均应先切断电源后方可调整维修。

4）操作者应穿静电工作服，穿导电鞋（电阻在 10 Ω 以下）。如果是操作手提式静电喷枪，必须用裸手或带导电手套操作。

5）手提式静电喷涂设备的电源开关接通后，严禁移动静电发生器，以免发生事故。静电设备的高压电缆线应悬空吊架，与其他电力线至少保持 0.5 m 的距离。

（4）其他施工设备的使用要求

1）对所用的设备和工具，例如空气压缩机的储气筒、油水分离器、烘房设备的鼓风机、排风机及防爆装置等，应在使用前进行检查。喷漆机的油水分离器如果损坏，或者可靠性差，整机应停止使用。

2）使用压缩机时，应随时注意压力计的指针不得超过极限红线。

3）定期检查施工场所电源开关及其他设备，如有不正常和不合格现象，应随即修理和更换。

4）大规模的水性涂料施工（例如房屋建筑的墙壁涂料），电缆要有良好的绝缘，必要时切断电源。

5）涂料库房的照明灯泡，应有防爆装置，照明开关应安装在门外。

6）室内涂装施工应有适当的通风设备，每 1 h 至少要更换两次空气。烘箱顶部应装有通风排气管。每 1.5 m³ 的烘箱容积，至少应有 1 m² 面积的防爆保险门。

3. 特殊环境下涂装作业时的安全措施

（1）高温涂装作业时的安全措施。高温作业导致的职业病是"中暑"，预防高温危害的措施有如下几条：

1）企业要重视做好防暑降温工作。

2）施工现场采用各种措施隔绝热源，做好作业场所的自然通风或机械通风，降低生产环境气温。

3）注意做好个人卫生防护工作，应使用适当的防护用品，如防热服装（头罩、面罩、衣裤和鞋袜等）以及特殊防护眼镜等。

4）合理饮用含盐饮料，并补充营养。每人每天应饮水 3～5 L，摄入盐 20 g，配以 0.2%～0.3% 的盐开水或汽水。口渴饮水，少量多次为宜。营养膳食应是高热量、高蛋白、高维生素 A、高维生素 B_1、高维生素 B_2 和高维生素 C。平时多喝番茄汤、绿豆汤、豆浆、酸梅汤等。

5）进行就业前及每年暑前健康体检。凡发现有心血管系统器质性疾病、持久性高血压、溃疡病、活动性肺结核、肺气肿、肝肾疾病、甲状腺功能亢进、中枢神经系统器质性疾病、重病后恢复期及体弱者，均不宜从事高温作业。若是高温作业个人在体检中发现上述禁忌证者，应调离高温作业。

6）合理的劳动休息制度。根据生产特点和具体条件，适当调整夏季高温作业劳动和休息制度，保证高温作业工人夏季有充足的睡眠和休息。

7）易受热辐射的电气设备应有隔热措施，安全载流量应选大一级；不得在热源的电气设备上方敷导线或装设喷头开启型配电开关及电器具；配电箱应采用铁质材料，应能防火花飞溅和防尘，有双电源供电的熔炼设备，应装设可靠的联络开关、信号和报警装置；对高度在2.5 m以下的配线，移动式电气设备的橡套电缆均应穿管保护，移动式落地排风扇应固定位置，按正规要求走线；应敷设人工接地体，并保证接地（零）的完好。

（2）高空涂装作业时的安全措施。高空涂装作业，指在高于地面2 m以上的、狭隘场所进行涂装工作。高空涂装作业的事故种类有坠落、外来飞物碰伤、高空作业设备倒塌、触电等。

1）高空涂装作业人员应系好安全带，以防跌落。

2）高空作业所用的脚手架、吊架等设备要有足够的强度和宽度，周围应设有1 m高的安全防护网。在脚手架下面应设安全防护网，严禁在同一垂直线的上下场所同时进行涂装作业。

3）高空作业人员要定期检查身体。身体衰弱有病者，如患高血压病、神经衰弱症及癫痫者等严禁参加高空作业。

4）在临街马路或人行道等处的梯子上下操作时，须在附近设置临时围挡物或派专人指挥行人车辆绕道慢行。在室外高空场所作业要注意风的影响，事先要预想到由于暴风使作业姿势不安全而产生的危险，在这种情况下应暂缓涂装作业。不得随便用桶、箱子等物架在实心铺板上进行操作，谨防坠物伤人。

5）在高空作业场所附近的电路应迁移或断电。无论电路切断与否，接地的电路部分的电线（即离头部30 cm，离体侧或足下60 cm以内的或在作业过程中工具等能接触的部分）应穿着绝缘器具，如在电线上穿着黄色塑胶管等。

（3）密闭空间涂装作业时的安全措施。这里指的密闭空间，除一般的箱式结构外，例如槽、地下室、船舱、钢板梁、箱型柱等，它们的内部通风不良、出入口受限制。在这样闭塞的场所内部进行涂装作业和准备作业多伴随着危险，因为闭塞使管理人员不能充分监督，事故不能及时发现，因而在密闭的空间内进行涂装作业时，必须采取如下安全措施。

1）预先检查和确认箱内状况。

①检查箱内有无残留物，调查喷出、泄露的可能性，根据有害、有毒或易燃、易爆等物质的危险性有效识别出箱内的危险源。

②检查和确认停止动力装置的处置状况，确保装置处于停止状态。

③排除箱内的残留物。

2）进行箱内气雾的检查，以确认安全和考虑残留物的影响、空间的大小、作业内容等，准备防爆型通风换气装置、送风式面罩等。在进入箱内前应充分换气，在作业过程中换气量每1 h应更换20～30回。

3）严防静电产生、禁止用明火。尤其是必须在夜间施工时，不得使用明火照明，应使用36 V照明灯或防爆矿灯。

4）应配置有看护人员，准备有急救用品。进入箱内作业前必须穿戴好防护用具，并应定时换人入内操作。

4. 涂膜烘干过程中的安全措施

热固性涂膜应严格按工艺规定的干燥温度、干燥时间进行烘干，防止超温或超时造成产品质量事故。采用电热板加热的电炉，控制炉温的电控装置、仪器仪表及炉内设置的电热偶等都要调整准确。烘干炉内的辐射加热元件布置要合理。烘干炉内应有溶剂蒸气排放装置，以防止溶剂蒸气含量过高时产生爆炸危险。

采用燃油或燃气的加热烘干炉，应控制好喷油量和燃气量，燃烧装置应设防爆阀门。

电器加热炉的加热器和循环风机要设有连锁保护，以防过热烧坏加热器事故，影响炉内温度的均匀性，致使涂膜干燥出现质量问题。

5. 涂料储存和保管的安全措施

涂料及其稀释剂、助剂等都是易燃易爆物品，同时其挥发的蒸气对人体和环境会造成危害。因此，必须加强涂料在储存和保管中的管理工作，制定油漆在储存、运输配制等过程中的安全措施。

(1) 涂料必须在定点的库房储存，库房内不能同时混放可燃材料，如氧化剂、金属粉末、各种稀释剂等，其中稀释剂应另设置库房存放。储存油漆的库房应加强防火管理，严禁携带火种入内。要设有"禁止烟火"或"禁带火种"等明显标志，并备有充足的消防器材，如泡沫灭火机、二氧化碳灭火机、1211灭火器和黄沙等。

(2) 涂料库房应保持干燥、阴凉、通风，防止烈日暴晒，邻近无火源。库房温度一般应保持在 15～25℃，相对湿度保持在 50%～75%，定期通风。库房的地面一般为水泥或石质地面。地面上应搁上水泥或木质横栅，将桶垫空，以免桶底受潮生锈穿孔。堆码油漆桶最好不多于三层。

(3) 仓库内不许调配涂料，调配和施工场所与仓库应有一定的距离，以免易燃有毒的挥发性蒸气扩散到仓库内部。涂料包装桶应严格密封，同时要检查防止出现滴漏等现象。出现桶漏现象，需将该桶提出仓库，在安全的地方换桶或修补，切勿在仓库内使用焊接等方法补修。

(4) 涂料或稀释剂开桶时，应在仓库外，不能用金属器械敲击，以免产生火花。不能在仓库内堆放敞口的涂料桶。用过的棉纱、废屑、空桶等不宜丢弃在仓库内。涂料空桶等应集中存放在通风良好的地方，并定期处理。

(5) 加强仓库的管理，严格进行出入库的登记，针对不同类型的涂料进行分类存放。对双组分或三组分的涂料要注意组分配套放置。每类涂料要填写制造厂商、批号、出厂日期、入库时间和规定保管期。应依照"先进先发出"的原则发料，防止积压过久而引起油漆变质。

(6) 涂料在储存中若发生"胖听"等弊病，应以预防为主，并将形态发生改变的涂料桶移出仓库外，按弊病治理的相关内容进行处理。

(7) 一般，小件涂料应放在架子上，数量多的大件涂料放在地面的垫板上。

(8) 涂料在装运过程中，现场应通风良好，小心轻放，不得倒置或重压，并根据《化学危险品运输管理条例》等有关规定办理。对于需要长途运输的油漆，铁罐包装必须完整，铁罐之间用木板条隔开，防止摩擦撞击。

(9) 涂料在运输中，大批量应用专用的集装箱或包装箱，防止任何火种的混入，并保持温度不能过高，不得与其他化学药品等货物混装。应用篷布覆盖，不得日晒雨淋。包装一旦破损，要及时更换包装，禁止现场焊补。

(10) 配料房附近不得有火源，并配置一定的消防设备。配料房内不得过多存放燃易爆物品，并应经常清理，保持整洁。切勿将易燃涂料或稀释剂放置在人员经常走动、操作的地方。

（11）配料房应通风良好，干燥，阴凉，并保持一定的温度和湿度。各种油漆应放置整齐，双组分等多组分涂料要配套放置。

（12）涂料桶开罐配制时可能发现各种弊病或病态，如沉底、结块、结皮、析出、胶凝等，应进行处理，将涂料过滤、充分搅拌均匀。

（13）双组分涂料按照一定的比例调配均匀后，要有一定的活化期。调配好的涂料，如放在大口铁桶内，要用双层牛皮纸或塑料纸盖住桶口并用绳扎住，防止气体挥发或尘屑落入。涂料要在尽量短的时间内用完，特别是双组分涂料有一定的使用期限。

（14）两个桶间倾倒溶剂或油漆，可能形成电位差，产生静电，发生火花，点燃溶剂的蒸气。预防的措施是：用一根长的导管将溶剂导入桶底；在倾倒时用一斜板使溶剂或涂料顺桶边流下；将甲乙两桶用金属线连接起来并接地。

四、环境保护知识

现代工业涂装在制造业中（尤其在机械制造业中）是一项既复杂又对环境、温度等各项指标有严格要求的工作，同时也是最严重的公害发生源之一，是耗能、耗水和排放挥发性有机化合物 VOC（与大气中的光化学反应相关的挥发性有机化合物）的主要场所。涂装中的预处理、涂覆、烘干等过程又不同程度地产生废气、废水和废渣（物），特别是涂料中的有机溶剂 VOC（或粉末涂料微粒）多属于易燃、易爆品，对人体有一定的危害性，若不加治理，不仅会影响操作者的健康和生产的安全，而且对环境造成污染。

为降低 VOC 的产生量和 CO_2 的排放量，国家在 1996 年制定了《大气污染综合排放标准》法规，但只对苯、甲苯和二甲苯等作出限制。2006 年 8 月 15 日国家环保总局颁布了《清洁生产标准—汽车制造业（涂装）》法规，第一次对工业涂装的 VOC 排放量做出了明确规定。

1. 涂装车间对环境的污染

在涂料成膜过程中，根据不同的施工方法，涂料的损耗约占涂料使用量的 20％～80％。工业比较集中的地区，涂料施工过程中有机溶剂的挥发量，高达该地区碳氢化合物排出总量的 27.1％。在施工过程中，溶剂型涂料生产总量 50％的有机溶剂会全部挥发。如在空气喷涂过程中，干燥成膜的涂料量仅占涂料使用量的 30％，其余 70％的涂料形成废水、废气和废渣排出，直接排入大气中的有机溶剂占涂料使用量的 35％～40％，比干燥成膜的涂料量还大。因此，在涂装生产中应采取各种有效措施，进行环保治理。产品涂装中排出的 VOC 主要来源于涂料和喷具的清洗。如在汽车涂装线上 VOC 的排出比例中，中涂和面漆分别占到了 19％和 36％，两者在 VOC 排放量中占全部排放量的 55％。

2. 涂装车间的有害物质

涂装作业中，随使用涂料品种和处理方法的不同，其有害物质的种类、含量也不同，见表 1—19。

表 1—19　　　　　　　　　　涂装作业过程中的有害物质种类及来源

种类	主要来源	主要成分
废水	脱脂、酸洗、磷化等前处理 喷漆室排出废水	酸液、碱液及重金属盐类 颜料、填料、树脂、有机溶剂

种类	主要来源	主要成分
废气	①喷漆室排出废气 ②挥发室排出废气 ③烘干室排出废气	均含有甲苯、酯类、醇类、酮类 有机溶剂、涂料热分解产物以及反应生成物 中醛类、胺类
废渣	磷化后沉渣 水溶性涂料产生淤渣	金属盐类 树脂、颜料、填料

3. 控制有害溶剂 VOC 的排放

在涂料生产和施工中实现清洁生产，对涂料中的光化学反应性溶剂尽量减少，达到清洁生产标准规定的 VOC 限值以下。对组分中的有毒物质，如汞、铅、铬等重金属，各种助剂以及怀疑会致癌的原料，应严格控制其含量，并加以限制使用。具体措施如下：

（1）采用低 VOC 或无 VOC 的环保型涂料（高固体分涂料、水性涂料、粉末涂料等）替代有机溶剂型涂料，这是较彻底地解决 VOC 对大气污染的根本措施。

（2）提高涂着效率，尤其是提高喷涂作业场合的涂着效率。手工空气喷涂实现低压化、静电化（用空气静电喷枪替代一般的空气喷枪）；克服人的因素（熟练程度、责任心和身体状况等的不同造成的喷涂质量和涂料利用率的差异），采用自动静电喷涂替代手工喷涂；采用机器人自动杯式静电喷涂替代往复式自动杯式静电喷涂；喷涂条件合理化和控制智能化等措施来减少过喷涂，提高涂着效率。

（3）加强溶剂管理，降低有机溶剂使用量。在现场加强溶剂管理，如回收洗枪用的溶剂再利用；换色编组，顺序统一，减少换色次数（即减少洗枪次数）和洗枪的溶剂损失量；涂料、溶剂容器加盖等。又如设备上改进（优化）：配置溶剂再生装置、涂料管理线缩短化；在机器人静电喷涂场合，选用新型的弹匣式旋杯供漆系统（可使换色时的涂料和溶剂损失减少 93%）；调整喷漆室的风速等。

（4）涂装车间设置废气处理装置，减少污染大气的 VOC 散发量。

4. 涂装车间"三废"的治理

（1）废气的治理。废气中除了主要含有各种溶剂蒸气之外，往往还含有漆雾与粉尘。废气的治理，常从严格控制废气的产生和消除废气中的有害成分两方面着手，以防为主，防治结合。为了治理有机溶剂的污染，还可采用活性炭吸附法、触媒燃烧法和直接燃烧法，处理烘干室和喷漆室的有害气体。

1）活性炭吸附法。活性炭吸附机理：活性炭具有高的比表面积，1 g 重的活性炭总表面积可达 500～1 000 m²。利用其毛细管的凝聚作用和分子间的引力，可使有机溶剂蒸气吸附在它的表面，而后当加热烘干时，被吸附的气体解析出来经冷却又变成液态，从而可达到回收溶剂的目的。此法适于小范围应用。

2）燃烧法。常采用触媒燃烧法和直接燃烧法处理高浓度、小风量的有机溶剂废气。

触媒燃烧法：将含有有机溶剂的气体加热至 200～300℃，通过触媒层，进行氧化反应，可在较低温度下燃烧。

直接燃烧法：将含有有机溶剂的气体加热至 700～800℃，使其直接燃烧，进行氧化反应，分解为二氧化碳和水。燃烧时，需要另外加入燃料，余热可以利用。在喷涂施工中漆雾不可避免时，可采用吸尘设备或加强排风设施（附带有除尘器），以达到降低粉尘浓度的目的。

（2）废水的治理。涂装施工中，在酸洗、磷化、钝化和电泳涂漆等工序里排放的废水中，含有大量的酸和盐，以及含有铬等有毒离子，若直接排放则危害极大。废水的处理按其处理程度和要求划分为三个阶段，即一级处理、二级处理和三级处理。

一级处理，是用机械方法或简单的化学方法，使废水中悬浮物或胶状物体沉淀，以及中和水质的酸碱度，这是预处理。

二级处理，是采用生物处理或添加凝聚剂，使废水中的有机溶解物氧化分解，以及部分悬浮物凝聚分离，经二级处理后的废水大部分可以达到排放标准。

三级处理，是采用吸附、离子交换、电渗析、反渗透和化学氧化等方法，使水中难以分解的有机物和无机物除去，经过这一级的处理，废水的水质可达到地面水的水质标准。

处理废水时可采用的处理方法很多，要根据废水中含有杂质的成分和处理要求加以综合应用。

（3）废渣的治理。废渣主要是在喷漆室中产生的，在喷漆室中，废漆的收集方法主要有湿式静电沉降法，采用高压文氏涤气器、箱式过滤器等装置加以收集。对于涂料生产和施工中的其他废弃物，若是费油或已固化的漆渣、废抹布等，适用于焚烧处理。一般通过破碎压缩、分选、焚烧、回收、无害化处理等，防止二次污染。对空涂料桶，在涂料用完后，用碱液清洗、焊补后，可再用或制成其他装载桶。

§1—4　相关法律、法规知识

一、《中华人民共和国大气污染防治法》相关知识

1.《中华人民共和国大气污染防治法》的主要制度

（1）新建、扩建、改建向大气排放污染物的项目，必须遵守国家有关建设项目环境保护管理的规定。

（2）大气污染物排放总量控制和许可证制度。国家采取措施，有计划地控制或者逐步削减各地方主要大气污染物的排放总量。地方各级人民政府对本辖区的大气环境质量负责，制定规划，采取措施，使本辖区的大气环境质量达到规定的标准。同时规定，国务院和省、自治区、直辖市人民政府对尚未达到规定的大气环境质量标准的区域和国务院批准划定的酸雨控制区、二氧化硫污染控制区，可以划定为主要大气污染物排放总量控制区。并且进一步明确，主要大气污染物排放总量控制的具体办法由国务院规定。在此基础上，本法又规定，大气污染物总量控制区内有关地方人民政府依照国务院规定的条件和程序，按照公开、公平、公正的原则，核定企业事业单位的主要大气污染物排放总量，核发主要大气污染物排放许可证。对于有大气污染物总量控制任务的企业事业单位，本法要求，必须按照核定的主要大气污染物排放总量和许可证规定的条件排放污染物。

（3）污染物排放超标违法制度。本法对大气环境质量标准的制定、大气污染物排放标准的制定作出了规定，同时该法率先于其他环境污染防治法律明确了"达标排放、超标违法"的法律地位。

（4）排污收费制度。征收排污费制度的实质是排污者由于向大气排放了污染物，对大气

环境造成了损害，应当承担一定的补偿责任，征收排污费就是进行这种补偿的一种形式。这种制度，一是体现了污染者负担的原则；二是实行这种制度可以有效地促使污染者积极治理污染，所以它也是推行大气环境保护的一种必要手段。

2. 防治特定污染源、污染物的措施

（1）防治燃煤污染的措施。防治燃煤产生的大气污染的措施，主要内容包括：控制煤的硫分和灰分、改进城市能源结构、推广清洁能源的生产与使用、发展城市集中供热、要求电厂脱硫除尘、加强防治城市扬尘工作等。

（2）机动车船污染控制的措施。任何单位和个人不得制造、销售或者进口污染物排放超过规定标准的机动车船；在用机动车不符合制造当时的在用机动车船污染物排放标准的，不得上路行驶；对机动车船的日常维修与保养、车船用燃料油、排气污染检测抽测等作出了原则规定。考虑到机动车船排放污染的流动性这一特征，在机动车船地方标准的制定权限方面也做出了特殊规定，即省、自治区、直辖市人民政府制定机动车船大气污染物地方标准严于国家排放标准的，或对在用机动车船实行新的污染物排放标准并对其进行改造的，须报经国务院批准。

（3）防治粉尘、废气和恶臭污染

1）在防治粉尘污染方面，要求采取除尘措施、严格限制向大气排放含有毒物质的废气和粉尘。

2）在防治废气污染方面，要求回收利用可燃性气体、配备脱硫装置或者采取其他脱硫措施。

3）在防治恶臭污染方面，规定特定区域禁止焚烧产生有毒有害烟尘和恶臭的物质以及秸秆等产生烟尘污染的物质。

除了上述主要内容外，《中华人民共和国大气污染防治法》还有以下重要内容：建设项目的环境影响评价和污染防治设施验收、特别区域保护、大气污染防治重点城市划定、酸雨控制区或者二氧化硫污染控制区划定、落后生产工艺和设备淘汰、现场检查、大气环境质量状况公报（PM2.5）等制度。

二、《中华人民共和国水污染防治法》相关知识

1. 水污染防治的原则

水污染防治应当坚持预防为主、防治结合、综合治理的原则，优先保护饮用水水源，严格控制工业污染、城镇生活污染，防治农业面源污染，积极推进生态治理工程建设，预防、控制和减少水环境污染和生态破坏。

2. 水污染防治的监督管理

（1）新建、改建、扩建直接或者间接向水体排放污染物的建设项目和其他水上设施，应当依法进行环境影响评价。建设项目的水污染防治设施，应当与主体工程同时设计、同时施工、同时投入使用。

（2）国家对重点水污染物排放实施总量控制制度。

（3）国家实行排污许可制度。

3. 工业水污染防治

（1）国务院有关部门和县级以上地方人民政府应当合理规划工业布局，要求造成水污染

的企业进行技术改造，采取综合防治措施，提高水的重复利用率，减少废水和污染物排放量。

（2）国家对严重污染水环境的落后工艺和设备实行淘汰制度。

（3）国家禁止新建不符合国家产业政策的小型造纸、制革、印染、染料、炼焦、炼硫、炼砷、炼汞、炼油、电镀、农药、石棉、水泥、玻璃、钢铁、火电以及其他严重污染水环境的生产项目。

（4）企业应当采用原材料利用效率高、污染物排放量少的清洁工艺，并加强管理，减少水污染物的产生。

三、《中华人民共和国固体废物污染环境防治法》相关知识

1. 相关术语

（1）固体废物，是指在生产、生活和其他活动中产生的丧失原有利用价值或者虽未丧失利用价值但被抛弃或者放弃的固态、半固态和置于容器中的气态的物品、物质以及法律、行政法规规定纳入固体废物管理的物品、物质。

（2）工业固体废物，是指在工业生产活动中产生的固体废物。

（3）生活垃圾，是指在日常生活中或者为日常生活提供服务的活动中产生的固体废物以及法律、行政法规规定视为生活垃圾的固体废物。

（4）危险废物，是指列入国家危险废物名录或者根据国家规定的危险废物鉴别标准和鉴别方法认定的具有危险特性的固体废物。危险废物具有急性毒性、毒性、腐蚀性、感染性、易燃易爆性等，对人类身体健康和环境的威胁极大，是本法管理和防治的重点。

（5）贮存，是指将固体废物临时置于特定设施或者场所中的活动。

（6）处置，是指将固体废物焚烧和用其他改变固体废物的物理、化学、生物特性的方法，达到减少已产生的固体废物数量、缩小固体废物体积、减少或者消除其危险成分的活动，或者将固体废物最终置于符合环境保护规定要求的填埋场的活动。

（7）利用，是指从固体废物中提取物质作为原材料或者燃料的活动。

2. 固体废物的防治原则

固体废物污染环境的防治实行减量化、资源化和无害化的"三化"原则，"全过程控制"原则，"污染者依法负责"的原则。

3. 固体废物污染环境防治工作管理体制

国家各级环境保护行政主管部门对固体废物污染环境的防治工作实施统一监督管理。确定需要配套建设的固体废物污染环境防治设施，必须与主体工程同时设计、同时施工、同时投入使用，经当地环境保护行政主管部门验收合格后，该建设项目方可投入生产或者使用。

4. 工业固体废物污染环境的防治

国家实行工业固体废物申报登记制度。产生工业固体废物的单位必须按照国务院环境保护行政主管部门的规定，向所在地县级以上地方人民政府环境保护行政主管部门提供工业固体废物的种类、产生量、流向、贮存、处置等有关资料，应当建立、健全污染环境防治责任制度，采取防治工业固体废物污染环境的措施，合理选择和利用原材料、能源和其他资源，采用先进的生产工艺和设备，减少工业固体废物产生量，降低工业固体废物的危害性。对其产生的不能利用的工业固体废物，单位必须按照国家规定的标准建设用于处置工业固体废物

的设施、场所，并禁止擅自关闭、闲置或者拆除此类设施与场所。

5. 危险废物污染环境防治的特别规定

（1）对危险废物的容器和包装物以及收集、贮存、运输、处置危险废物的设施、场所，必须设置危险废物识别标志。

（2）收集、贮存危险废物，必须按照危险废物特性分类进行。

（3）禁止混合收集、贮存、运输、处置性质不相容而未经安全性处置的危险废物。

（4）禁止将危险废物混入非危险废物中贮存。

（5）转移危险废物的，必须按照国家有关规定填写危险废物转移联单，并向危险废物移出地设区的市级以上地方人民政府环境保护行政主管部门提出申请。移出地设区的市级以上地方人民政府环境保护行政主管部门应当商经接受地设区的市级以上地方人民政府环境保护行政主管部门同意后，方可批准转移该危险废物。未经批准的，不得转移。

第二章 涂装前表面预处理

工件在涂漆前，需清除表面的油脂、油污、氧化皮、锈蚀、残留杂质等，必要时，还要进行表面化学转化的处理，这些过程称之为前处理。其目的是增加涂层的附着力，延长涂膜的使用寿命，充分发挥涂层的防护作用。前处理质量影响着涂层的附着力、外观、涂层的耐潮湿及耐腐蚀等方面的性能，因涂膜都是黏附到被清理的工件表面。前处理工作做得不好，涂料质量再好，也不能发挥出应有的作用，锈蚀仍会在涂层下继续蔓延，导致涂膜起泡、脱皮等缺陷，甚至涂膜成片脱落，使涂层过早失效。因此，前处理是涂装施工中不可缺少的工序，是保证涂层质量的重要一环。

前处理方法主要包括：除油、除锈、磷化等工艺。前处理的主要对象：

（1）油污：工件在加工、运输和储存的过程中，易于被各种油污沾污，如各种润滑油、润滑脂、防锈油脂、拉延油、切屑油、乳化油、抛光膏、磨光剂等。

（2）氧化皮和锈蚀：工件在加工和存放的过程中，由于高温和各种因素的影响，易产生氧化皮和锈蚀。对钢铁来说，其氧化皮和铁锈的成分主要是铁的各种氧化物和氢氧化物。对铝合金来说，其锈蚀成分为三氧化二铝（Al_2O_3）、氢氧化铝 $[Al(OH)_3]$。

（3）酸、碱、盐及焊渣、焊油、型砂、汗渍、旧漆膜、灰尘、水等，这些异物的存在既会引起工件的继续腐蚀，也会影响涂层的附着力。

§2—1 表 面 除 油

一、油污的性质和组成

工件表面除油前选择脱脂方法和脱脂剂时，首先要了解油污的性质和组成，只有这样，才能正确选择，达到满意的除油效果。

1. 油污的性质

（1）化学性质。根据油污能否与脱脂剂发生化学反应而分为皂化油污和非皂化油污。

1）皂化油。即能与碱起化学作用生成肥皂的油，包括动物油和植物油，它们可以依靠皂化、乳化和溶解的作用而除油。皂化油本身不溶于水，但经皂化后可溶于水，适合碱洗或直接用有机溶剂清洗。在通常的温度下，油脂有呈固态的，也有呈液态的。一般说来，呈固态的叫作脂肪，呈液态的叫作油。因为植物油脂通常呈液态，叫作油；而动物油脂通常呈固态，叫作脂肪。

2）非皂化油。即不能与碱生成肥皂的矿物油。例如凡士林、润滑油、石蜡等。非皂化油只溶于有机溶剂，不溶于水，它们只能依靠乳化或溶解的作用去除，适合用有机溶剂或挥发性较好的专用清洗剂清洗。

（2）物理性质。根据油污黏度或滴落点的不同，其形态有液体和半固体。黏度越大或滴落点越高，清洗越困难。根据油污对基体金属的吸附作用，可分为极性油污和非极性油污。

极性油污，如含有脂肪酸和极性添加剂的油污，有较强的吸附在基体金属上的倾向，清洗较困难，要靠化学作用或较强的机械作用力来脱除。

此外，某些油污如含有不饱和脂肪酸的拉延油，长期存放后会氧化聚合形成薄膜，非常难以清洗。油污中有时含有微细的固体颗粒，例如研磨剂、抛光膏、磨光剂、拉延油和锻造润滑剂等，其细微的颗粒吸附在基体金属表面上，还有当油污和金属腐蚀产物等混杂在一起，都会极大地增加清洗的难度。

2. 油污的组成

(1) 矿物油、凡士林。它们是防锈油、防锈脂、润滑油、润滑脂及乳化液的主要成分。

(2) 皂类、动植物油脂、脂肪酸等。它们是拉延油、抛光膏的主要成分。

(3) 防锈添加剂。它们是防锈油和防锈脂的主要成分。

在加工和储运过程中，金属屑、灰尘及汗渍等污物也会混杂在上述油污中。

二、除油的方法

1. 机械喷砂法

以压缩空气为动力形成高速喷射束，将喷料（铜矿砂、石英砂、铁砂、海砂、金刚砂等）高速喷射到需处理工件表面，使工件外表面发生变化的过程，称为机械喷砂。机械喷砂法既可除油又可除锈，效果好、效率高，机械喷砂法将在本章第二节表面除锈中详述。

2. 有机溶剂除油法

根据相似相溶原理，利用有机溶液对油的溶解能力除油的过程，称为有机溶剂除油。

有机溶剂除油是物理性的溶解作用，可以除去皂化油和非皂化油。采用的有机溶剂要求溶解力强，不易着火，毒性小，便于操作，挥发速度适中。有机溶剂除油的特点是生产效率高，但不能去除无机盐，且在溶剂挥发后，往往工件表面还剩一层薄油膜。有机溶剂对清除那些高黏度、高滴落点的油脂具有特殊的效果，而且可以在常温下用简单的器具进行手工清洗，因而适用于产量不大、机械化水平不高或有特殊要求的场合作业。对于要求清洁度高的表面，还需要碱液处理。在实际生产中常用的有机溶剂有：汽油、煤油、松节油、松香水、含氯有机溶剂等。

(1) 芳烃溶剂。如苯、甲苯、二甲苯，芳烃溶剂溶解力强，但对人体毒性大，在生产中很少使用。

(2) 石油溶剂。如汽油，常用的有 200# 汽油和 120# 汽油，毒性小，挥发小，易燃烧，尤其是 200# 汽油。采用汽油清洗的方法是用刷子或抹布蘸汽油后手工擦洗被清洗工件的表面或将被清洗工件直接浸入汽油槽中清洗，随后晾干或烘干。汽油清洗时手工擦洗劳动强度大，而且劳动条件也较差，火灾危险性大，因此，生产场地应有良好的通风和消防设施。汽油清洗法常用于小批量生产的大型工件的除油。

(3) 卤代烃类溶剂。如二氯乙烷、三氯乙烯等。卤代烃类溶剂溶解力强，沸点低，经蒸馏易回收，便于重复利用，而且不易爆、不易燃。因此，卤代烃类溶剂在有机溶剂清洗中占有独特的地位。其中具有代表性的是三氯乙烯有机溶剂。

含氯有机溶剂清洗一般是利用它们的气相进行除油清洗。即将室温下的工件与热的溶剂蒸汽接触，并在工件上冷凝成液体，将油污溶解，滴离工件时将油污带走。虽然气相有机溶剂除油效率很高，但是不能洗掉无机盐类和碱类物质，不能去除工件上的灰尘微粒。将三氯乙烯的浸洗、气相清洗和喷洗联合采用，可以获得极好的清洗效果。采用卤代烃类除油时，尤其是三氯乙烯，因为毒性较大，必须在良好的封闭式脱脂机中进行并且有良好的通风设备。

（4）醇类溶剂。如甲醇、乙醇、异丙醇、丙酮。丙酮主要是在实验室里使用。工业上用得最多的是乙醇和异丙醇。一般清洗方法是刷洗、擦洗，但在电路板行业中，异丙醇用溶剂蒸汽清洗法除油。

3. 超声波除油法

将粘附有油污的工件放入有除油液的超声波除油机中，并使除油过程处于一定频率的超声波场作用下的除油过程，称为超声波除油。引入超声波可以缩短除油时间、提高除油质量、降低化学药品的消耗量。尤其对复杂外形零件、小型精密零件、表面有难除污物的工件有显著的除油效果，可以省去手工劳动，防止零件的损伤。主要适用于小型、小批量工件的清洗，效率高、效果佳。超声波是频率为 16 kHz 以上高频声波，超声波除油是基于空化作用原理。当超声波发生器发出的高频振荡信号，通过换能器转换成高频机械振荡而传播到除油液时，由于压力波（疏密波）的传导，使溶液在某一瞬间受到负应力，而在紧接着的瞬间受到正应力作用，如此反复。当溶液受到负压力作用时，溶液中会出现瞬时真空，出现空洞，溶液中蒸汽和溶解的气体会进入其中，变成气泡。气泡产生后的瞬间，由于受到正压力作用，破裂而分散，同时在空洞周围产生数千大气压的冲击波，这种冲击波能冲刷零件表面，促使油污剥离。超声波强化除油，是利用了冲击波对油膜的破坏作用及空化现象产生的强烈搅拌作用。

超声波除油的效果与零件的形状、尺寸、表面油污性质、溶液成分、零件的放置位置等有关，最佳的超声波除油工艺要通过试验确定。超声波除油所用的频率一般为 30 kHz 左右。零件小时，采用高一些的频率；零件大时，用较低的频率。超声波是直线传播的，难以达到被遮蔽的部分，因此应该使零件在除油槽内旋转或翻动，以使其表面各个部位都能得到超声波的辐照，得到较好的除油效果。

4. 碱液除油法

利用热碱溶液对油脂的皂化和乳化作用，将零件表面油污除去的过程，称为碱液除油。碱性溶液包括两部分：一部分是碱性物质，如氢氧化钠、碳酸钠等；另一部分是硅酸钠、乳化剂等表面活性物质。碱性物质的皂化作用除去可皂化油，表面活性剂的乳化作用除去非皂化油。碱液除油具有生产效率高、工艺简单、操作容易、成本低廉、除油液无毒、不易燃等特点。但碱液除油一般需要加热，能源消耗大，除油后的工件应用清水（最好是热水）冲洗干净。

常用的碱液除油工艺其乳化能力较弱，因此当工件表面油污主要是矿物油时，或工件表面附有过多的黄油、涂料乃至胶质物质时，在碱液除油之前应先用机械方法或有机溶剂除油，以保证除油效果。

碱液除油的原理：

（1）皂化作用。皂化反应是皂化油与除油液中的碱性物质发生化学反应而生成肥皂和甘油的过程。当把带有油污的工件放入碱性除油溶液时，由于发生皂化反应而使油污除去。

（2）乳化作用。矿物油或其他非皂化油是不能用碱皂化的，但它们在表面活性剂的作用下能被乳化而形成乳浊液除去。乳化是使两种互不相溶液体中的一种呈极细小的液滴分散在另一种液体中形成乳浊液的过程，具有乳化作用的表面活性物质称为乳化剂。在化学除油中可采用阴离子型或非离子型表面活性剂，如硅酸钠、硬脂酸钠、OP 乳化剂等。在除油过程中，首先是乳化剂吸附在油与溶液的分界面上，其中亲油基与零件表面的油发生亲和作用；而亲水基则与除油水溶液亲和。在乳化剂的作用下，油污对零件表面的附着力逐渐减弱，油污逐渐从金属零件表面脱离，而呈细小的液滴分散在除油液中，变成乳浊液，达到除去零件表面油污的作用。在碱液除油时，一般采用较高的温度和搅拌措施，也可用超声波来加速除油过程。

碱液除油所用的碱主要有以下几种：

（1）氢氧化钠（NaOH）。俗名火碱、烧碱、苛性钠，属强碱性化合物，是除油效果最好的碱，而且价格便宜。它在清洗时主要起化学作用，与酸性污垢或动植物油脂反应，生成水溶性盐或皂，从而起到清洗作用。它和碱性盐不同，不是通过水解作用提供碱度（OH$^-$），而是直接电离，但对有色金属有较强烈的腐蚀作用，能与铝、锌生成水溶性的铝盐和锌盐，因此，不能用于铝、锌等金属表面清洗。

（2）碳酸钠（Na$_2$CO$_3$）。俗名纯碱或苏打，是一种价格低廉的碱性化合物，它在水溶液中可水解为 NaOH，提供碱度。

碳酸钠具有缓冲作用，不像强碱那样侵蚀有色金属。此外，碳酸钠在硬水中能生成难溶于水的碳酸钙，对硬水有一定的软化能力。

（3）硅酸盐类。如偏硅酸钠（Na$_2$SiO$_3$·5H$_2$O），俗称水玻璃，在水溶液中强烈水解，生成氢氧化钠和硅酸。

$$Na_2SiO_3 + H_2O \longrightarrow NaOH + H_2SiO_3$$

其碱性接近于氢氧化钠，具有很强的皂化能力。它在水解时提供碱度，水解时生成的硅酸不溶于水，而以胶体状悬浮在槽液中，对固体污垢的粒子具有悬浮和分散能力，对油污有乳化作用，能避免污垢在工件上的再沉积，对金属具有缓蚀作用。但在强酸存在时，会产生硅酸沉积，难以清洗，影响涂层附着。

（4）磷酸盐类。作为碱清洗剂用的仅局限于磷酸三钠、焦磷酸四钠和三聚磷酸钠三种。磷酸三钠在水解过程中离解出氢氧化钠和离解度很小的磷酸氢根等，从而获得碱度。

磷酸盐具有软化硬水的作用和较显著的促进污垢粒子的分散作用，可将大颗粒状污垢分散成近似胶体粒子的小颗粒。磷酸盐可作为多价螯合剂使用，它与硬水中的钙、镁离子相结合，成为不溶于水的钙盐或镁盐而被除去，因此，它适用于硬水环境中。磷酸盐能抑制金属的腐蚀，是良好的缓蚀剂，但价格较贵。

受化合物固有特性的影响，用单一碱清洗效果不理想。因此，通常用几种碱搭配使用，再加上表面活性剂等配制成碱液。碱液除油的几个典型配方和工艺条件见表 2—1。

表 2—1　　　　　　　　　　　除油碱液配方和工艺条件

序号	金属	药品	用量（g/L）	操作条件
1	黑色金属	NaOH Na$_3$PO$_4$ Na$_2$CO$_3$ Na$_2$SiO$_3$	50～100 10～35 10～40 10～30	90℃ 3～15 min

序号	金属	药品	用量（g/L）	操作条件
2	黑色金属	OP 乳化剂 Na₂SiO₃	2～4 30～40	70～80℃ 5～10 min
3	铜及铜合金	NaOH Na₃PO₄ Na₂SiO₃	25～30 25～30 5～10	80℃ 10～20 min
4	铜及铜合金	Na₂CO₃ Na₃PO₄ 613 乳化剂	30～35 30～35 15～20	60～90℃ 10～15 min
5	铝及铝合金	Na₃PO₄ Na₂CO₃ 613 乳化剂	15～20 15～20 10～16	60～70℃ 3～15 min
6	铝及铝合金	OP—10 Na₃PO₄ Na₂CO₃	10～16 2～6 2～6	70～80℃ 3～5 min

5. 电化学除油法

在碱性溶液中，以零件为阳极或阴极，采用不锈钢板、镍板、镀镍钢板或钛板为第二电极，在直流电作用下将零件表面油污除去的过程，称为电化学除油，又称电解除油。电化学除油液与碱性化学除油液相似，但除油液的碱度可比化学除油液低，因为此时的皂化作用已降低到极次要的地位，主要依靠电解作用强化除油效果，通常电化学除油比化学除油更有效，速度更快，除油更彻底。

电化学除油除了具有化学除油的皂化与乳化作用外，还具有电化学作用。在电解条件下，电极的极化作用降低了油与溶液的界面张力，溶液对零件表面的润湿性增加，使油膜与金属间的黏附力降低，使油污易于剥离并分散到溶液中乳化而除去。在电化学除油时，不论是工件作为阳极还是阴极，其表面上都有大量气体析出。当工件为阴极时（阴极除油），其表面进行的是还原反应，析出氢气；当工件为阳极时（阳极除油），其表面进行的是氧化反应，析出氧气。电解时金属与溶液界面所释放的氧气或氢气在溶液中起乳化作用。因为小气泡很容易吸附在油膜表面，随着气泡的增多和长大，这些气泡将油膜撕裂成小油滴并带到液面上，同时对溶液起到强烈的搅拌作用，加速了零件表面油污的脱除速度。电化学除油可分为阴极除油、阳极除油及阴—阳极联合除油。

阴极除油的特点是在制件上析出氢气，即 $2H_2O + 2e = H_2 \uparrow + 2OH^-$。除油时析氢量多，分散性好，气泡尺寸小，乳化作用强烈，除油效果好，速度快，不腐蚀零件。但析出的氢气会渗入金属内部引起氢脆，故不宜用于高强度钢、弹簧钢等脆性较敏感的金属零件。此外，当电解溶液中含有少量锌、锡、铅等金属粒子时，工件表面将会有一层海绵状金属析出，污染金属零件，并影响镀层的结合力。为此，采取单一的阴极电化学除油是不适宜的。

阳极除油的特点是在工件上析出氧气，即 $4OH^- = O_2 \uparrow + 2H_2O + 4e$。除油时，一方面氧析出气泡少而大，与阴极电化学除油相比，其乳化能力较差，因此其除油效率较低；另一方面由于氢氧根离子放电，使阳极表面溶液的 pH 值降低，不利于除油。同时阳极除油时析出的氧气促使金属表面氧化，甚至使某些油脂也发生氧化，以致难于除去。此外，有些金属或多或少地发生阳极溶解。所以，有色金属及其合金和经抛光过的零件，不宜采用阳极除油。但阳极电化学除油没有"氢脆"，镀件上也无海绵状物质析出。据以上利弊关系的比较，采用单一的阳极电化学除油也是不适宜的。

由于阴极除油和阳极除油各有优缺点，生产中常将两种工艺结合起来，即阴极—阳极联合除油，取长补短，使电化学除油方法更趋于完善。在联合除油时，最好采用先阴极除油、再短时间阳极除油的操作方法。这样既可利用阴极除油速度快的优点，同时也可消除"氢脆"。因为在阴极除油时渗入金属中的氢气，可以在阳极除油的很短时间内几乎全部除去。此外，零件表面也不至于氧化或腐蚀。实践中常采用电源自动周期换向实现阴—阳极联合除油。

对于黑色金属制品，大多采用阴极—阳极联合除油。对于高强度钢、薄钢片及弹簧件，为保证其力学性能，绝对避免发生"氢脆"，一般只进行阳极除油。对于在阳极上易溶解的有色金属制件，如铜及其合金零件、锌及其合金零件、锡焊零件等，可采用不含氢氧化钠的碱性溶液阴极除油。若还需要进行阳极除油以除去零件表面杂质沉积物，电解时间要尽量短，以免零件遭受腐蚀。

对除油质量影响较大的电化学除油工艺条件是电流密度、温度与除油时间。

提高电化学除油的电流密度可以加快除油速度，缩短除油时间，提高生产效率，但电流密度提高，阴极除油渗氢作用增大，电能消耗加剧。另外，阳极除油时可适当降低电流密度以防止金属过腐蚀。

温度升高能加强乳化作用，从而有利于提高除油效果，同时可以增加溶液电导，降低槽电压，节约电能。但溶液温度过高必然会引起室内碱雾弥漫，恶化环境，溶液蒸发加快。当溶液中含有较高的氯离子时还会加快零件的腐蚀。电化学除油的溶液温度一般控制在 60～80℃。

按常规工艺，除油时间通常定为先用阴极除油 3～7 min，再用阳极除油 0.5～2 min，以此综合阴、阳极除油的优点达到对油污的彻底清除。

此外在电化学除油槽中，还要注意阴极除油不能用铁板作阳极，因为铁板阳极会溶解，而污染电解液。

电化学除油时，电极上不断产生的氢气和氧气具有乳化作用，故电化学除油溶液中可以不必加乳化剂。因为乳化剂在液面形成的泡沫易黏附在工件表面，不易清洗，也影响电极表面气体的逸出。当大量析出的氢气和氧气被液面上的泡沫覆盖，一旦遇到电极与挂具接触不良引起电火花时，即引起爆炸，造成安全事故。

常用的电化学除油工艺规范见表 2—2。

表 2—2　　　　　　　　　　　　　　　电化学除油工艺规范

名称　　　　金属种类	钢铁	铜及其合金	锌及其合金
NaOH（g/L）	10～20		
Na_2CO_3（g/L）	50～60	25～30	5～10

名称 ＼ 金属种类	钢铁	铜及其合金	锌及其合金
Na_3PO_4（g/L）	50～60	25～30	10～20
温度（℃）	60～80	70～80	40～50
电流密度（A/dm²）	5～10	5～8	5～7
时间	阴极 1 min 后阳极 15 s	阴极 30 s	阴极 30 s

6. 表面活性剂除油法

以表面活性剂为主作为清洗剂，利用其表面张力低，浸透湿润性好，乳化力强等特性来洗净金属表面油污的过程，称为表面活性剂除油。与碱液或溶剂除油的机理不同，表面活性剂除油是由于它降低了油污与金属之间的界面张力而产生的渗透、润湿、乳化分散等多种作用的综合结果。所有的表面活性剂在分子结构上都是极性与非极性的。其极性部分都易溶于水，为亲水基团，其非极性部分为 C—H 链，不溶于水，称为憎水基团，但都易溶于油，为亲油基团。

随着各种新型合成表面活性剂的开发，尤其是在研制成无泡或少泡的清洗能力强的，且能生物降解的表面活性剂之后，近年来表面活性剂清洗法在金属清洗中已得到广泛采用。这种清洗方法具有下列特点：

（1）在同样清洗条件下清洗能力较碱液清洗强，除油质量好，可使清洗液的 pH 值接近中性或弱碱性（pH9～11），适用于有色金属的清洗。

（2）无毒、不挥发，采用它除油可以避免溶剂带来的火灾和环境危害，而且除油效果好，用量少，可以降低生产成本。

（3）与其他表面处理工序合并，如组成除油、酸洗或磷化二合一处理的工艺。在一定条件下可实现简化工艺的目的。

（4）在采用了生物降解的表面活性剂后，有利于表面处理工序的污水处理。

因此，随着表面活性剂和清洗剂产量和种类的增加，它们在表面处理上的应用也日益广泛。

表面活性剂除油用的清洗剂一般是由多种表面活性剂、各种助剂（如消泡剂、防锈剂等）配制而成。其除油性能主要取决于表面活性剂的种类和特性。

表面活性剂的分类有很多种方法，但最常用和最方便的方法是按离子的类型分类。按离子类型分类法，是指表面活性剂溶于水时，凡是能电离生成离子的叫离子型表面活性剂，凡是不能电离不生成离子的叫非离子型表面活性剂。而离子型表面活性剂可以按离子的种类再进行分类，可分为阴离子表面活性剂、阳离子表面活性剂和两性表面活性剂。

金属除油主要采用阴离子型和非离子型表面活性剂。还可按分子量大小分为：低分子量（约 200～1 000），中分子量（约 1 000～10 000）和高分子量（10 000 以上）等三种表面活性剂。

表面活性剂除油配方及工艺见表 2—3。

表 2—3 表面活性剂除油配方及工艺

配方及工艺 用途条件		除油清洗用		除油酸洗用		除油磷化用
		A	B	A	B	
洗净工序	表面活性剂 OP—10	3~5 g/L	—	5~10 g/L（或烷基硫酸钠 30~40 g/L）	3~5 g/L	3~5 g/L
	复合金属洗涤剂	—	4~5 g/L			—
	三乙醇胺	调 pH 到 8~9	同左	50~170 g/L		—
	硫酸	—	—			—
	磷酸	—	—		150~200 g/L	16~20 点（总酸度）
	2# 磷化液	—	—			
	处理时间（min）	3~5（浸）	同左	20~30	3~5	3~5
	温度（℃）	60~70		60~70	40~80	60~70
水洗	时间（min）	0.5~1	同左	0.5~1	0.5~1	0.5~1
	温度（℃）	40~50		50~60	50~60	50~60
中和	时间（min）	—		Na_2CO_3 （5~10 g/L） 1		
	温度（℃）			40~50		
热水洗	时间（min）	0.5~1	0.5~1	0.5~1（两次）	0.5~1	0.25~0.5
	温度（℃）	40~60	40~60	50~60	50~60	50~60
热风吹干	时间（min）	5~10	同左	同左	同左	同左
	温度（℃）	80~100				

注：①本表所推荐的配方仅适用于浸渍法，在除油、酸洗和除油磷化二合一配方中添加了消泡剂后才可用于喷射法。
②除油酸洗用配方 B 适用于油污少，薄氧化皮和黄锈层的被涂物在涂装前的除油、除锈，用磷酸洗后不中和。

三、除油效果的判定

除油效果的好坏，可用多种方法判断，可根据情况具体选用。下面是较为常用的几种除油效果好坏的判定方法。

1. 验油试纸法

将 0.1 mL 由有机酸和金属硫酸盐组成的浅蓝色透明极性溶液用玻璃棒均匀摊布在水平钢材表面（直立表面用 0.5 mL），覆盖面积不小于 20 mm×40 mm，然后将 A 型验油纸紧贴在溶液膜上，1 min 后观察，若极性溶液完全与验油纸接触，会出现连片完整的红色，表明油污已清除干净。反之，在有油污的地方，不会存在极性溶液，所以会出现稀疏点状或斑块，表明油污未清理干净，其不均匀的程度可以显示残留油污的相对含量。该法操作简单、灵敏，可用于钢、铜、铝等金属表面。检出表面残余含油量不大于 0.12 g/㎡，适合用作涂装前除油程度的检查。

2. 硫酸铜法

将除油后的试片放入酸性硫酸铜溶液（50 g $CuSO_4$、20 g H_2SO_4 水溶液）中，1 min 后取出冲洗，若置换出的铜膜完整均匀，光泽和结合力好，说明除油彻底，反之表面还存在油污。

3. 油渍法

将除油剂滴在被测表面，蒸发干后，若无痕迹，说明没有油污，若有圆环，说明油污没有除尽。

4. 擦拭法

用白绸布或滤纸擦拭表面，若白绸布或滤纸洁白无污，说明除油效果好，反之除油效果不良。

5. 水湿润法

将工件或试样浸入水中，移出水面呈 45°倾斜，观察水膜情况，若水膜完整，说明无油污，若存在水珠或无水膜情况，说明存在油污。

6. 呼气法

向金属表面呼气（或用雾化器），清洁的表面有均匀的雾水，而有油的地方没有雾水。

7. 喷射图案法

用喷枪喷洒含有 0.1‰染料的蒸馏水于已事先浸湿的表面，有油污的地方，不会显示颜色。

8. 石粉法

将被测金属垂直放入表面洒有滑石粉的水中，再垂直地取出，洁净的表面均匀粘有滑石粉，有油污的地方则没有滑石粉。

9. 荧光法

试样涂布含有荧光染料的油污，作清洗试验后，再在紫外光下进行检查。用带网格的透明评定板，在紫外线下检查残留的荧光区域的大小，此方法可以定量，但需制备人工油污且只能用试样做实验。

10. 称重法

试样用乙醚清洗、干燥、称重，再蘸油污，用清洗剂除油，干燥后再称重。前后两次质量的差值，即为油污的残留量。残留量越多，清洗效果越差。此方法可以定量，但只能用试样做试验。

在上述几种判定方法中，1 是标准的方法，5、6、7、8 四种方法简单易行，但当碱或者表面活性剂附着在表面时，会影响观察结果，出现判断失误。

§2—2　表面除锈

金属表面一般都存在氧化皮和锈蚀物。在涂漆前必须将它除尽，否则会严重影响漆膜的附着力、装饰性和使用寿命，造成经济损失。

对钢铁来说，其氧化皮和铁锈的成分主要是铁的各种氧化物和氢氧化物，如氧化亚铁、三氧化二铁、四氧化三铁、氢氧化铁及其水合物和混合物。对铝合金来说，其锈蚀成分为三氧化二铝、氢氧化铝。直接在锈蚀物上涂漆，涂膜附着不牢，并且锈蚀物会继续蔓延。

除锈方法很多，大体上可分为如下两大类：

物理方法：包括手工除锈、机械除锈、喷（抛）砂或喷（抛）丸、火焰法、激光法等。

化学方法：酸洗除锈和碱液除锈等。

一、除锈标准

为了保证漆膜的牢固附着力，必须保证除锈质量，所以对钢板的除锈提出了标准。国家标准 GB 8923—1988《涂装前钢材表面锈蚀等级和除锈等级》对钢材表面分成 A、B、C、D 四个锈蚀等级：

A　全面地覆盖着氧化皮而几乎没有铁锈的钢材表面。

B　已发生锈蚀，并且部分氧化皮剥落的钢材表面。

C　氧化皮已因锈蚀而剥落，或者可以刮除，并且有少量点蚀的钢材表面。

D　氧化皮已因锈蚀而全面剥落，并且已普遍发生点蚀的钢材表面。

将除锈方法分成喷射或抛射除锈、手工和动力工具除锈、火焰除锈三种类型：

1. 喷射或抛射除锈，以字母"Sa"表示。对于喷射或抛射除锈过的钢材表面，分四个除锈等级：

Sa1　轻度的喷射或抛射除锈：钢材表面无可见的油脂或污垢，并且没有附着不牢的氧化皮、铁锈和油漆涂层等附着物。

Sa2　彻底的喷射或抛射除锈：钢材表面应无可见的油脂和污垢，并且氧化皮、铁锈和油漆涂层等附着物已基本清除，其残留物应是牢固附着的。

Sa2.5　非常彻底的喷射或抛射除锈：钢材表面应无可见的油脂、污垢、氧化皮、铁锈和油漆涂层等附着物，任何残留的痕迹应仅是点状或条纹状的轻微色斑。

Sa2.5　级是一般行业通用的除锈要求，轨道交通行业也是如此。

Sa3　使钢材表观洁净的喷射或抛射除锈：钢材表面应无可见的油脂、污垢、氧化皮、铁锈和油漆等附着物，该表面应显示均匀的金属光泽。

2. 手工和动力工具除锈：以字母"St"表示。用手工和动力工具，如用铲刀、手工或动力钢丝刷、动力砂纸盘或砂轮等工具除锈。手工和动力工具除锈前，厚的锈层应铲除，可见的油脂和污垢也应清除。手工和动力工具除锈后，钢材表面应清除去浮灰和碎屑。手工和动力工具除锈过的钢材表面，分为两个除锈等级：

St2　彻底的手工和动力工具除锈：钢材表面应无可见的油脂、污垢，并且没有附着不牢的氧化皮、铁锈和油漆涂层等附着物。

St3　非常彻底的手工和动力工具除锈：钢材表面应无可见的油脂、污垢，并且没有附着不牢的氧化皮、铁锈和油漆涂层等附着物。除锈应比 St2 更为彻底，底材显露部分的表面应具有金属光泽。

3. 火焰除锈：火焰除锈以字母"Fl"表示。火焰除锈前，厚的锈层应铲除，它包括在火焰加热作业后，以动力钢丝刷清除加热后附着在钢材表面的产物。火焰除锈后的等级只有一个：

Fl：钢材表面应无氧化皮、铁锈和油漆涂层等附着物，任何残留的痕迹应仅为表面变色（不同颜色的暗影）。

二、手工除锈法

手工除锈法就是利用手工工具和材料除去金属表面锈蚀的过程。

手工除锈时，由于工件的材质、形状、锈蚀种类和锈蚀程度差别很大，常常需要多种工具互相配合使用，才能达到除锈的目的。手工除锈常用的工具有尖头锤、钢丝刷、刮刀、铲刀、钢锉、钢线束等（见图2—1）。常用的材料主要有砂布，砂布的型号根据除锈质量要求来选择。除锈后用吸尘器、清洁干燥的压缩空气或清洁的刷子清理表面。清理以后，尽可能早地涂上第一道漆，以免锈蚀。

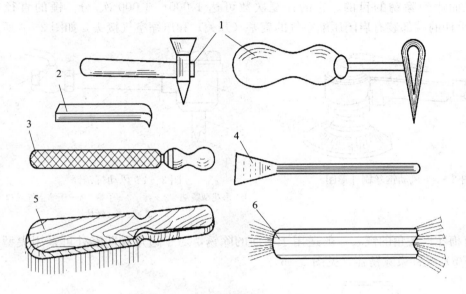

图2—1　手工工具除锈常用工具外形图
1—尖头锤　2—弯头刮刀　3—粗纹扁锉　4—刮铲　5—钢丝刷　6—钢线束

手工除锈工具与方法都简便，但生产效率低，劳动强度大，操作条件恶劣，影响周围环境，而且除锈不彻底，一般只能除去疏松的铁锈和鳞片状的旧漆，不能除尽氧化皮，所以仅用于局部修理，或机械除锈和喷（抛）丸除锈难于进行的部位。

三、机械除锈法

1. 风动或电动工具除锈法

金属表面处理的风动或电动除锈工具是以压缩空气或电能为动力，使除锈器产生圆周运动或往复运动。当与工件表面接触时利用摩擦力或冲击力达到除锈目的。

（1）风砂轮除锈。风砂轮（见图2—2）主要用于清除铸件毛刺、修光焊缝，大型机械装配时修磨表面。

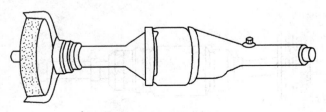

图2—2　风砂轮外形图

（2）风动钢丝刷除锈。用压缩空气驱动电动机带动钢丝轮转动实现表面清理，如图2—3所示。适用于小面积和焊缝的清理，表面处理的质量比喷丸差，但设备简单，使用方便。

（3）风动打锈锤除锈。风动打锈锤俗称敲铲枪，是一种比较灵活的除锈工具，适用于比较狭窄的地方，它是由锤体和手柄构成的。锤的端部有梅花形凸出的棱角，锤的往复运动是由压缩空气驱动的，所需压缩空气的压力为 0.4～0.6 MPa，由于锤的往复运动，撞击金属表面，从而达到除锈的目的。它的往复次数可达 1 000～3 000 次/分。锤的直径一般为 25 mm，手柄的端部装有启闭压缩空气的旋塞（开关）和压缩空气接头，如图2—4所示。

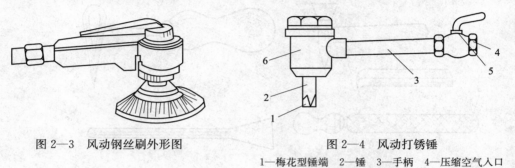

图 2—3　风动钢丝刷外形图　　　　图 2—4　风动打锈锤
1—梅花型锤端　2—锤　3—手柄　4—压缩空气入口
5—旋塞　6—锤体

带有梅花形棱角的锤，一般适用于平面的除锈，对于边角和凹陷处可采用尖型打锈锤（见图2—5）或针束除锈器（见图2—6）。

图 2—5　尖型打锈锤　　　　　　图 2—6　针束除锈器

（4）风动齿形旋转式除锈器。风动齿形旋转式除锈器利用高速旋转的齿形片与金属表面的锈层摩擦和撞击实现对加工件的除锈，主要由齿轮除锈转盘与风动机两部分组成，如图2—7所示。齿轮除锈转盘由两块圆形金属夹板及 5 根定距离支柱组成笼行转盘，在每根支柱上串有 8～11 片直径为 35 mm 的齿形片。当转盘高速转动时，齿形片在离心力的作用下撞击金属表面。

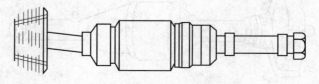

图 2—7　风动齿形旋转式除锈器

风动机部分由带有活动叶片的转子和壳体组成。当输入 0.5～0.7 MPa 的压缩空气时,驱使转子高速运转,转速可达 8 000 r/min,从而带动齿轮转盘高速旋转。这种工具适用于清除钢铁表面的薄锈层和旧涂膜。

2. 喷丸(砂)除锈法

利用压缩空气,将一定粒度的钢丸(砂)喷向带锈工件表面进行除锈。喷丸(砂)除锈法主要有干喷丸(砂)、湿喷砂、真空喷丸(砂)等。与手工除锈和风动除锈相比,可大大提高除锈质量和工作效率。喷丸(砂)钢铁表面具有一定的粗糙度,有利于涂膜的附着,一般适用于较厚的钢板及其制件的除锈。

(1)干喷丸(砂)除锈

1)干喷丸(砂)设备组成。此套设备包括喷除锈系统、铁丸(砂)回收系统和全室除尘系统。

2)干喷丸除锈操作。喷丸除锈工艺流程如图 2—8 所示。来自压缩机的压缩空气,经压缩空气进气阀 17 进入气液分离器 16,一路进入空气过滤器 14 到防护服头盔 1 供人工呼吸用;另一路经进气总阀 13 后再分两路:一路经三通阀 7 进入丸缸 8 压丸;另一路经气阀 12 进入喷丸管路将铁丸推进喷嘴 3 喷出。

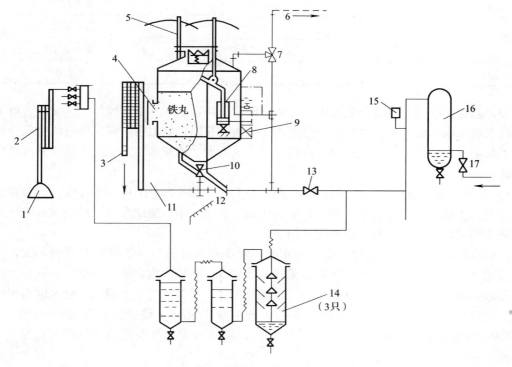

图 2—8 喷丸除锈工艺流程

1—防护服头盔 2—小胶管 3—喷嘴 4—检查门 5—手操柄 6—丸缸排气管 7—三通阀
8—丸缸 9—电控气阀 10—丸阀 11—喷丸胶管 12—气阀 13—进气总阀
14—空气过滤器 15—压力表 16—气液分离器 17—压缩空气进气阀

操作时,喷丸工人应穿好防护服,戴好头盔进入喷砂车间;先将铁丸装进丸缸 8,然后打开压缩空气进气阀 17 开始供呼吸气,然后打开进气总阀 13,再打开三通阀 7,使压缩空气进入丸缸 8，丸缸上部弹簧阀受到压力后自动关闭，待丸缸压力达到平衡后，打开气阀 12，再打开丸阀 10，此时即可喷丸除锈。

工作完毕后，关闭丸阀 10，再关闭进气总阀 13 和气阀 12，再将三通阀 7 与丸缸排气管 6 接通，把丸缸 8 内压缩空气放出，使缸内压力与外界大气压平衡，最后关闭压缩空气进气阀 17。操作工人脱掉防护服，清理工作现场。

3）喷丸所用丸粒的选择。喷丸所用的丸粒有铁丸、钢丸、钢丝段等。目前国内主要用铁丸作为磨料，铁丸的直径大小取决于被喷射钢板的厚度及喷嘴口径的大小。钢板厚度与铁丸直径的关系及喷嘴口径与铁丸直径的关系见表 2—4 和表 2—5。

表 2—4　　　　　　　　　　　钢板厚度与铁丸直径的关系　　　　　　　　　　mm

喷件钢板厚度	铁丸直径	喷件钢板厚度	铁丸直径
2～3	0.5	4～6	1.0
3～4	0.8	7～12	1.5

表 2—5　　　　　　　　　　　喷嘴口径与铁丸直径的关系　　　　　　　　　　mm

铁丸直径	喷嘴口径	工作对象
0.8～1	8～10	薄板钢件
1.5	10～12	厚板钢件
3	14～16	铸件

（2）湿喷砂除锈。在喷砂处理中，为防止砂尘飞扬，影响环境和操作工人健康，可采用湿喷砂又称为水喷砂，是将水和砂子分别送入喷嘴，在出口处汇合，再通以高压空气，使水和砂子从喷嘴高速喷出，形成严密的环形水屏，从而大大地减少了灰尘的飞扬，并可得到良好的除锈效果。

1）湿喷砂材料选择。湿喷砂材料是水和黄砂，其比例约为 1：2（体积比）。为防止除锈后涂装前生锈，可预先在水中加入化学钝化剂（磷酸三钠、亚硝酸钠、碳酸钠和乳化液），使金属表面钝化，可保持有一定的防锈期。

2）湿喷砂的设备。包括储砂缸、储水缸、喷头和橡胶管等。储砂缸有两种形式，一种是单式储砂缸，另一种是双式储砂缸。单式储砂缸有一个储砂室，砂料用完后需要停止操作重新装砂。双式储砂缸有两个储砂室，可以连续操作，装新砂时不用停机。储水缸与泥沙泵相连，以保持连续供水。湿喷砂的工作压力比干喷砂要高，储砂缸的工作压力为 0.3～0.5 MPa，储水缸的工作压力为 0.1～0.35 MPa。喷头可采用单头或双头，喷头口径为 6～10 mm。

（3）真空喷丸除锈。真空喷丸除锈又称无尘喷丸除锈。它既提高了除锈质量，又解决了干喷丸（砂）除锈过程中灰尘的飞扬问题。

真空喷丸除锈机是利用压缩空气将丸粒从一个特殊的喷嘴喷射到被处理工件表面上，同时又利用真空原理吸回喷出的丸粒及产生的粉尘，经分离器和滤网，把粉尘和杂质除去，将清洁的丸粒送到储丸槽，再从喷嘴喷出，如此循环除锈，整个过程都是在密闭条件下进行的。

3. 抛丸除锈法

抛丸除锈法是在喷丸除锈的基础上改进的，它是利用高速旋转的抛丸器的叶轮，将直径为 0.2~1 mm 的铁丸或其他材料的丸体，抛到工件表面上，依靠高速丸体对工件表面的冲击和摩擦达到除锈的目的。其特点是可提高材料 80％的抗疲劳强度和 1 倍的抗腐蚀能力，对材料的表面硬度也有一定的提高，并且改善了劳动条件，提高了生产效率，而且铁丸还可以回收利用。

4. 高压喷水除锈法

高压喷水除锈法是一种较新的除锈工艺，其原理是利用高压水射流的动能对工件表面的锈蚀物产生冲击、疲劳和气蚀等作用，使锈蚀脱落而除去。适于处理大面积的与底金属有很强附着力的锈蚀层、氧化皮和旧涂层，具有防锈效率高、成本低等优点。

第三章　涂料的调配及配色

§3—1　涂料调配

一、涂料的配套原则

选择和调配使用涂料，对于涂装效果有直接的影响。现代产品表面涂装，绝大多数要求高保护或高装饰性的涂层质量，单一涂层已为数不多，一般都需涂装二层以上的涂层。如果涂装时使用的各涂层间涂料的基本性质不同，涂料间会产生互溶；稀释剂的性质和作用不同，涂料会出现分层并将树脂析出，造成材料的浪费，而且涂层会出现起皱、发花、橘皮、脱落等质量缺陷。因此，在涂装生产过程中，选择涂料时必须遵循底层、中间层与面层涂料间的配套使用原则。

1. 涂料与基材的配套性

不同材质的表面，必须选用适宜的涂料品种与其匹配，如木材制品、纸张、皮革和塑料表面不能选用需要高温烘干的涂料，必须采用自干或仅需低温烘干的涂料。各种金属表面所用的底漆应视不同的金属来选择涂料的品种。如在钢铁表面可选用铁红或红丹防锈底漆，而有色金属特别是铝及铝镁合金表面则绝对不能使用红丹防锈底漆，否则会发生电化学腐蚀，对这类有色金属要选择锌黄或锶黄防锈底漆。水泥的表面因具有一定的碱性，可选用具有良好的耐碱性的乳胶涂料或过氯乙烯底漆。塑料薄膜及皮革表面，则宜选用柔韧性良好的乙烯类和聚氨酯类涂料。

2. 涂层与涂层的配套性

现代新型高分子合成树脂涂料，涂层成膜时的一系列物理变化和化学变化都在干燥过程中进行，如氧化反应、氧化聚合反应和聚合反应等。绝大多数新型合成树脂涂料的成分中含有树脂、油料、颜料、助剂和稀释剂，它们几乎都是化学物质和化学合成物质，并具有各自的性质和作用，都是经过慎重筛选、试验、组合配比后混合炼制而成的涂料。涂料组分中的各组分应是混合后能相溶为一体的物质，只有这样，才能成为同一类品种的涂料。同类不同性能、用途和品种的涂料，其组成主要成膜物质的性能应当相同或极其相近，才能在涂装后组成底层、中间层、面层为一体的复合涂层。不同类型、品种的涂料相配合能组成复合涂层，是因为涂料在制造过程中已做了相互改性，经过配套使用，不会出现涂层病态。但是，大多数涂料是不可以的。所以，在选择复合涂膜用的涂料时，应本着同类型相一致的原则，不同类型涂料品种的组合，属于例外。

如底漆与面漆的配套，最好是烘干型底漆与烘干型面漆、自干型底漆与自干型面漆、同漆基的底漆与面漆配套使用。当选用强溶剂的面漆时，底漆必须能耐强溶剂而不被咬起。此外，底漆和面漆应有大致相近的硬度和伸张强度。硬度高的面漆与硬度很低的底漆配套，常产生起皱的弊病。用作底漆的醇酸树脂油度比作面漆的树脂油度应短些，否则面漆的耐候性差，并且由于底、面漆的干燥收缩率的不同，易造成涂层的龟裂。一般情况下，底层的干燥条件比外层的干燥条件要求高，否则也会出问题。

3. 涂层间的附着性

涂装过程中要注意底层、中间层、面层的同类型不同品种的涂料的附着力应相一致，彼此间的结合力要好，不应互相影响。底层涂料对产品表面要具有良好的附着力，并与上面涂层有良好的结合力。如附着力差的面漆（如过氯乙烯漆、硝基漆）应与附着力强的底漆（如环氧底漆，醇酸底漆等）配套使用。在底漆和面漆性能都很好而两者层间结合不太好的情况下，可采用中间过渡层，以改善底层和面层涂料的附着性能。

4. 使用条件对配套性的影响

应考虑底漆和面漆在使用环境条件下的配套性问题，如用富锌底漆作水下设备的防护涂层时不能采用油改性醇酸树脂作面漆，这是因为醇酸树脂的耐水性欠佳，当被涂物浸入水中使用时，渗过面漆的水常和底漆中的锌粉发生反应而生成碱性较强的氢氧化锌，腐蚀金属基材，破坏整个涂层，所以应采用耐水、耐碱性良好的氯化橡胶、乙烯树脂、聚氨酯、环氧树脂等涂料，也可考虑使用具有良好封闭性能的中间漆作为封闭性中间涂层。

5. 涂料与施工工艺的配套性

每种涂料的施工工艺均有自己的特点和一定的适用范围，配套适当与否直接影响涂层质量、涂装效率和涂装成本。涂料的施工工艺应严格按涂料说明书中规定的施工工艺进行。

高黏度厚膜涂料一般采用高压无气喷涂工艺，如高固体分涂料采用高压无气喷涂时所得涂膜的防腐效果大大优于刷涂施工时涂膜的性能。因此，对于不同的涂料必须选用相应的配套施工工艺。

6. 涂料与辅助材料之间的配套性

涂料的辅助材料虽不是主要成膜物质，但对涂料施工固化成膜过程和涂层性能却有很大影响。辅助材料包括稀释剂、催干剂、固化剂、防潮剂、消泡剂、增塑剂、稳定剂、流平剂等。它们的作用主要是改善涂料的施工性能和涂料的使用性能，防止涂层产生弊病，必须使用得当，否则将产生不良的影响。每类涂料均有其特定的稀释剂，不能乱用。例如，当过氯乙烯漆使用硝基漆稀释剂时，会使过氯乙烯树脂析出，而胺固化环氧树脂涂料使用酯类溶剂作稀释剂时，涂膜固化速度将明显降低，影响涂膜性能。因此，各种辅助材料的使用一定要慎重。

7. 特殊涂层的配套性

特殊涂层的配套设计，主要在涂装工艺上采取措施以增加底、面漆的界面附着力为原则。如面层涂料是硝基或过氯乙烯树脂类的强溶剂性涂料，选择的底层涂料如不是与该面层涂料相配的底层涂料，则选择其他类型品种的底层涂层应无咬起现象。虽然底层涂料不配套，但中间层的腻子和二道底漆能起承上启下的作用，使类型和品种不同的涂料配套成功，则这样的配套有时是允许的。但这样的配套涂装效率太低，对自动化流水线涂装生产的适应性更差，一般是不可取的。

二、涂料调制方法

1. 核对涂料类别、名称、型号及品种

调制涂料前，准备好开桶工具。按产品涂装工艺要求，从仓库领出供当班涂装用的足量的各类型和品种的涂料及配套稀释剂，以及其他辅助材料。开桶前，要仔细地核对底层、中间层、面层涂料及稀释剂是否配套，查看涂料包装桶壁上印有的涂料类别、名称、型号、品种及代号、生产批号、生产厂和出厂日期及包装桶是否有破损等。核对无误后，将涂料桶倒置并进行一定时间的摇晃，使涂料上下混合均匀，以减少开桶后的搅拌调整时间。然后再倒过来，用适宜的开桶工具打开涂料桶和配套稀释剂桶的盖子。

提示： 如料桶回收，只可撬开不损坏整体包装的小封闭盖子；不回收的料桶，可顺着包装桶上盖边缘顺序打开。

2. 观察涂料的外观质量并搅拌

打开涂料桶后，首先仔细观察涂料表面是否有结皮、干结、沉淀、变色、变稠、混浊、变质等质量问题。如醇酸树脂类涂料，因料桶封闭不严而使表面结皮时，应揭掉结皮膜；因树脂和盐类颜料皂化作用的干结已不能使用的以及因铁皮包装变色已不能使用的，都应调换和处理后再调制。出厂涂料的黏度都应比涂装使用的涂料黏度要高。如有沉淀，在未加入稀释剂前要用清洁的搅拌工具将涂料上下搅拌，特别要把料桶底部的沉淀物搅起，如果沉淀物多，搅不动，可稍加稀释剂后再搅拌。初步搅匀（如是双组分涂料按比例加入固化剂后搅匀）后，按工艺规定的黏度分几次加入适量稀释剂，不要将稀释剂一次加入，因一次加入没有准确性，加入少了还可以继续加入，而加入量多则增加涂料调制量，涂料使用不完难保管，并易造成涂装质量问题。加入稀释剂后要进行充分搅拌，使之均匀，取得一致颜色。调制是否达到规定的涂装黏度，需用黏度计测量，普遍使用的是涂－4 黏度计和秒表进行测量。经测量后如不符合要求，则进行适当调整，直至达到规定的黏度为止。在考虑各种涂装条件的情况下，可以与规定黏度有少许差别，但不允许差别过大。

3. 过滤

无论哪种涂料都需要过滤后才能使用。目前广为使用的粉末涂料，已在粉末生产厂进行了粒度分级过滤筛选，所以涂装单位无须在第一次使用时过滤，但回收的粉末再用时，还需要用筛粉机过滤后再使用。溶剂型涂料的过滤，通常用孔径为 0.125～0.080 mm（120～180 目）以上的铜丝网或不锈钢丝网过滤。对装饰性要求高的涂料，应用 180 目以上的网筛过滤，也可选用先粗后细的二次过滤办法，以提高过滤速度。涂料过滤时，不要使用硬质的工具在网筛内搅拌，以免破坏网筛。网筛大小要与盛料桶口径相适应，以免涂料流在桶壁外面。

4. 涂料调配时间与调整

对于二层以上的多层涂装，涂料的调配应从底层涂料开始依次进行。调配的时间要本着先用先调，后用后调的原则。如果有压力供漆罐设备则可一次调完装入，否则应按照上述原则调配。涂装过程中如中断操作一定时间，再次操作前，应充分搅拌后目测或用黏度计再测量，符合涂装要求的黏度后进行涂装。随时搅拌和调整是保证颜色一致和涂层厚度均匀所必需的，特别在涂装硝基类和其他自干型涂料时尤为重要。

5. 辅助材料的加入方法

当涂料的涂装环境条件不能满足要求时，应在涂料调制中适量加入一些辅助材料进行调整。例如，涂装现场温度不够、相对湿度太大、阴雨天气等，涂层表面出现泛白、不干返黏、起皱等质量问题时，应在调制涂料时加入防潮剂和催干剂。防潮剂加入量（质量分数）一般不超过 10%～20%，加入量过多，会起相反作用。催干剂的加入量应视涂料类型和品种的不同而定。催干剂加入量过多或品种不对，涂层不但不干，还会出现许多质量问题。如涂层起皱，可以加入少量硅油来调节。

提示：辨别涂料调制不当的涂层表现

涂装过程中，因涂料调制方法不当而引起的涂层缺陷有：橘皮、起皱、颗粒、针孔、麻点、流挂、露底、失光、起泡、裂纹等。对以上缺陷应及时从涂料调制中查找原因。

三、涂料调配注意事项

涂装操作前的涂料调制是一项技术性很强的专业技能，必须熟练掌握。调制涂料需要按一定的技术要领进行，因为涂料和稀释剂等都是化工产品，都有一系列不同的物理和化学性能，稍有不慎，就会出现质量问题。从涂装操作技术的角度来讲，涂料调制应注意以下几点。

1. 调制涂料前应熟悉涂装产品图样

调制涂料前，熟悉设计图样要求的目的是明确产品涂装质量要求和涂装的部位。如涂装后产品表面涂层要在什么样的环境下使用，要求涂层发挥哪些性能和作用，要求的是保护性涂层还是装饰性涂层，保护与装饰的程度等。涂装产品的设计图样上都会有涂装技术要求标准（国标、部标或企业标准），同时标有检查涂层质量的标准和涂层规定使用的涂料及不需要涂装的部位。再结合产品涂装的设计要求，对选择使用的涂料进行涂装操作前的涂料调制。还须确定是一般性调制，还是过细的调制。

2. 熟悉涂装工艺守则

涂装工艺守则内容有：适用范围、材料、设备及工具、准备工作、操作过程、检查、安全及注意事项7个部分。根据设计图样中对涂装的规定要求，认真熟悉产品涂装工艺守则。其目的，主要是为全面了解所选涂料及稀释剂的名称、代号、配套性、涂装程序与工艺流程、涂装特点及环境条件要求、涂装方法及设备工具、操作规程及涂层间的质量检查标准、完成后的涂层检验质量标准等。绝大多数涂装工艺守则的准备工作栏都会明确规定涂料的调制黏度、过滤铜丝网筛的目数与过滤次数、搅拌程度等内容（即涂料调制的工艺参数）。但是，涂料调制方法与工艺参数等都是理论数据，是根据选用涂料的出厂质量指标中规定的黏度及涂装特点而定的，实际上应当在产品涂装使用前经过质量验收和工艺验证后确定参数。即使如此，国内大多数企业的涂装条件和检查条件，规定的调制参数还需操作者在涂料调制中反复验证，准确把握。操作者在实际操作过程中对工艺文件的把握、理解存在差距，容易出现各种涂料质量问题。因此，操作者应严格执行工艺文件，涂装单位应进行技术监督，切勿忽视这项极为重要的技术准备工作。

3. 熟悉已选用涂料的性能及用途

一般来说，设计图样中选用的涂料，都是考虑了涂料的性能及用途的，但不会在图样中写明。涂装操作者必须在操作前清楚选用涂料的全部性能与用途、涂料的涂装特点和应当达到的最高质量标准。如硝基类涂料和氨基醇酸涂料的性能、用途及涂装特点是不同的，各类型品种或同类型的不同品种的性能、用途及涂装特点也不同。因此，调制方法不同。硝基类涂料出厂黏度大，氨基醇酸涂料黏度次之。涂料的细度和遮盖力不一样，而涂层质量则更不相同，与其配套的品种的性能也不同。调制时要根据涂料的性能及用途和涂装特点进行。硝基类涂料中的溶剂和稀释剂挥发快，氨基醇酸涂料中的溶剂和稀释剂则挥发很慢，在涂装时，黏度会随时变化，沉淀速度也不同，涂装过程中需要不停地进行搅拌和调整黏度。熟悉选用涂料的性能及用途是非常必要的，涂装操作时，对已调制好的涂料随时进行调整，使其稳定，以达到最高的涂装质量标准。

4. 掌握涂装产品的材质、涂装方法及设备、工具

涂装产品的材质不同，则各涂层选用涂料的品种、涂料的施工工艺也不同。涂装工艺有刷、浸、淋、滚、喷涂、高压无气喷涂、电泳、静电喷涂、粉末喷涂等。各种涂装方法的设备、工具不同，涂料的调制方法则不同，大多数操作者是按工艺规定调制的。干燥成膜形成的涂层，如果出现外观光泽不够、表面有灰尘颗粒、起泡、起皱、流挂等质量问题，其原因除了涂料质量不好、设备工具有问题、涂装方法不正确及干燥方法掌握不好外，还可能是涂料调制质量不高造成的。涂料调制时除要严格按工艺规定要求调制外，还要根据涂装产品材质、涂装方法、设备工具的不同特点，在涂装过程中随时调整已调制好的涂料是非常重要的。

5. 涂料的涂装特点与涂装环境条件

涂料的涂装特点、涂装条件与涂料调制的关系很大，在涂装工艺中往往难以规定得很明确，需要熟练掌握。但涂装环境（温度、湿度）会对涂装产生一系列的影响，使涂装工艺参数难以适应，操作者应当在涂料调制中注意其变化，进行适时的调整。例如温度低、相对湿度大时应加防潮剂和催干剂；低温时涂料黏度相对变稠，如仍按规定调制黏度则有可能在烘干时产生流挂。相反，温度高，涂料本身黏度下降，就要少加稀释剂。这种涂装环境的温、湿度的变化因素，在涂料调制时要随时关注并及时调整。其他的因素如涂装环境卫生条件不好等，则要进行环境的改善。

6. 涂层层次与涂层厚度

单一涂层的涂料与稀释剂要注意配套使用。对于多层涂装涂料品种及稀释剂等进行调制时要特别注意相互配套使用。最理想的多涂层复合涂装选用的底层、中间层和面层涂料的类型应相同。同类型的底层、中间层和面层的涂料及稀释剂是可以相互配套使用的，这样调制涂料时就方便得多（不允许配套用的除外）。

涂装层次与涂层厚度，对涂料调制的要求（也是对涂装操作时的要求）是：底层和中间层涂料的黏度应小，涂装时要随时调整，保证始终是薄层涂装；面层涂料则应调成规定黏度，一般稍大于底层和中间层的黏度。要求装饰性高的涂层，调制的面层涂料普遍应过滤二次为宜（可使用不同目数的过滤网筛）。

7. 防止油、水和灰尘等杂质的混入

涂料使用前和使用中不允许油、水、灰尘等污染物混入料桶或槽液中，以免影响涂装质量。

§3—2 涂 料 配 色

一、色彩基本知识

在学习有关色彩的基本知识后，将对色彩有一个基本的了解，以便在配色时得以应用。

1. 光与色的关系

色是人的眼睛受到可见光刺激后对物象所产生的视觉感。物体之所以能显示出各种颜

色，都是靠光线射在其上，经过它们不同的吸收和反射作用而形成的。白色的日光可分解为红、橙、黄、绿、青、蓝、紫七色。如果某一物体能把所照到的日光全部吸收，人眼就看不到任何反射光线，便视这个物体为"黑色"，正如在暗室中一线光都不透时，任何颜色的物体在我们的视觉中都是"黑色"的；如果某一物体能将日光全部反射，则视这一物体和日光一样，是"白色的"；如果某一物体选择性地吸收了一部分日光，人眼就能看到未被吸收而反射的那部分光，即是那个物体外表的颜色。因此，有光就有色，无光便无色，光和色的关系是不可分的。

2. 光与色的产生

著名的英国物理学家牛顿在 1666 年发现由于光的折射而产生色的现象。即把波长400 nm～700 nm的可见光（这是人所能见到的光）引入暗室，在光的通道上设置棱镜，当光照在棱镜上产生折射时，则在白色幕布上会出现彩虹一样的红、橙、黄、绿、青、蓝、紫的美丽彩带。这种现象在光学中称为"色散"，光带则称为光谱，即是色光的混合。光是一种电磁波，波长不同的各色光线（光波）照射在物体上，折射的曲率不同，从而产生"色散"，使人的眼睛看到了各种不同颜色。

3. 光的波长与色的关系

由上述可知，因光的波长不同，才有各种不同的颜色，形成丰富的色彩组合。可见光的波长范围见表3—1。

表 3—1　　　　　　　　　　　　　可见光的波长范围

颜色	波长区间/nm	颜色	波长区间/nm
红	700～610	青	540～500
橙	610～590	蓝	500～450
黄	590～570	紫	450～400
绿	570～540		

4. 颜色的产生

人们所看到的各种物体，有单一的颜色，也有同一物体呈现两种以上颜色的。这是什么原因呢？用色彩学的知识解释这些现象是因为各种物体对光的吸收和反射的能力不同，所以各种物体才显示出各种不同的颜色，构成了色彩缤纷的世界。每个物体都具有折射（反射）光和吸收光的性质。当每个物体全色（红、橙、黄、绿、青、蓝、紫色）接受并不完全折射（反射），而是能吸收某些色光，从而使物体本身呈现出所折射（反射）色光赋予的颜色。

5. 色彩的分类

色彩分为有色彩和无色彩两大类。划分的范围是将白色、黑色、灰色及它们所有的深、浅不同的颜色都称为无色彩类；而把红、橙、黄、绿、青、蓝、紫色以及其他不同的色彩，划为有色彩类。

6. 三原色及拼色法

色彩的名目繁多，千变万化，但有三种颜色是基本的，用它们可以调配出各种色彩，称为三原色，但用任何颜色却调配不出这三种色彩。三原色又分为色光三原色和物体色三原色两种。

（1）色光三原色。将红、绿、蓝三种色按不同比例混合，可以得到全部的色，如图3—1所示。而混合其他色却不能得到这三种色。因为这三种色混合色彩的明度增加，故也称其为加色法三原色。

（2）物体色三原色。物体色中的三原色是蓝绿（青色）、红紫（洋红）和黄色，将它们按不同的比例混合也可得到不同色彩。因为这三种原色混合后的色彩变浑、变暗，故称为减色法三原色，如图3—2所示。

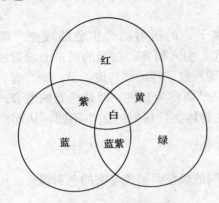 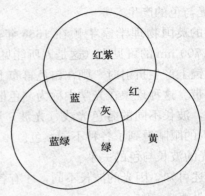

图3—1　色光三原色示意图　　　　图3—2　物体色三原色示意图

颜色的基本色有三个，即红、黄、蓝，将这三种基本色称为"三原色"。以三原色为基础进行颜色调配，则可调出其他色彩。如图3—3所示，列出颜料三原色的名称及相互关系及拼色图。

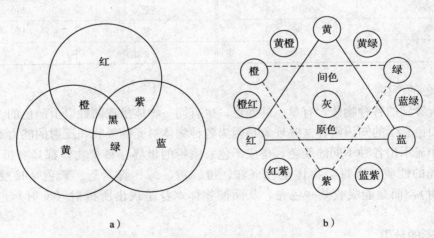

a)　　　　　　　　　　　　b)

图3—3　颜色拼色图
a）三色图　b）复色图

1）间色。两种原色以适当的比例相混合而成的颜色称为间色，也称为第二色。例如：红＋黄＝橙；红＋蓝＝紫；黄＋蓝＝绿。橙、紫、绿为间色，间色也只有三个。

2）复色。两间色与其他色相混调或三原色之间以不等量混调而成的颜色称为复色。复色可调出很多颜色。

3）补色。两个原色可配成一个间色，而另一个原色则称为这个间色的补色；两个间色相加混调成为一个复色，而与其相对应的另一个间色，也称为补色。

补色在调配颜色时应特别引起注意，因为在复色中加入补色，会使颜色亮度降低，甚至使颜色变灰、变黑。三个间色按一定比例相混可得灰色；三个原色按一定的比例相混可得黑色。在调色时，一定要了解间色与补色的关系，见表3—2。

表3—2   调色时间色与补色的关系

调色	间色	补色	调色	间色	补色
红与蓝	紫	黄	紫与绿	橄榄	橙
蓝与黄	绿	红	绿与橙	柠檬	紫
黄与红	橙	蓝	橙与紫	赤褐	绿

4）极色。极色又叫消色，指黑色和白色。它是色彩带以外的两种颜色，是色彩调配中必不可少的。黑色和白色以不同的比例混合，可得到不同程度的灰色；与原色和间色混合，可改变色彩的明度。即加入白色则变亮，加入黑色则变暗。

7．颜色的三属性

颜色的三属性（也称为三要素、三刺激值）指色相（色调）、明度（亮度）、纯度（饱和度）。它们是衡量（对比）颜色的三个基本条件，缺一不可。

（1）色相。色相也称色调，是指色彩的质地样貌，在色彩的三属性中，色相被用来区分颜色，是颜色本质方面的特性。颜色的产生是由物体接受光照射时反射（折射）光的波长决定的。色彩与色光的光谱对应，即由色光的光波长短范围内的波长决定颜色。所以，各种物体除吸收的色光外，折射出的色光也是由某一个范围的波长决定的。例如，光波在700～610 nm这个范围内的光都呈红色。因此，各种物体呈现的颜色的色相，都是物体反射（折射）的色光波长的范围刚好与光谱中色光波长的范围相一致，通过二者对应的比例使人看到的颜色和色相。

（2）明度（亮度）。根据物体的表面反射光的程度不同，色彩的明暗程度就会不同，这种色彩的明暗程度称为明度。白色的反射率高，明度亮。黑色的反射率低，明度暗。

（3）纯度（饱和度）。纯度指的是色彩饱和程度，即通常人们所说的色的纯正。光波波长越单纯，色相纯度越高，相反，色相纯度越低。

8．颜色的表示

人们对颜色的表示，通常以与自然界接近的特定物品来命名。例如天蓝色、草绿色、嫩绿色、咖啡色、米黄色、肉色、奶油色等。但这种对颜色的表示方法极不准确，只能是近似的、定性的表示，不能准确表达颜色的三属性。为了准确地表达颜色的色相、明度、纯度，就必须采用统一的、专业的标准。

（1）标准色卡（比色卡或微缩胶片）表示法。标准色卡表示法是目前人们表达和交流的主要方法，尽管人们有极强的辨色能力，也不可能将上千种颜色记住。涂料制造商经过几十年的积累，把各种涂料颜色以标准的色卡表达出来。标准色卡的正面是色彩，背面是该颜色的配方代号，通过代号可查阅制造商提供的颜色配方，从而可进行颜色调配。

（2）孟塞尔颜色系统表示法。孟塞尔颜色系统表示法是将颜色的三属性用三维坐标图形表示出来，使颜色三属性能以定量的方法表示，如图3—4所示。

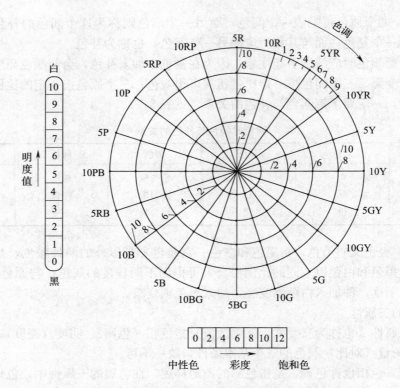

图 3—4 孟塞尔颜色的立体模型水平剖面

在孟塞尔颜色坐标中,中央轴代表中性色的明度等级,白色在顶部,黑色在底部,明度值分为 0～10 共 11 个理想等距离的等级,在实际中常采用 1～9。

在与中央轴垂直的水平方向上,表示同一颜色的饱和度的变化。离中央轴越远,颜色的饱和度越高,相反则饱和度越低。饱和度从中央轴到周围的距离分为 0、2、4、6、8、10 共 6 个等级。

在圆方向上共有 10 个色调,其中包括 5 个主色和 5 个中间色调,即红(R)、黄(Y)、蓝(B)、绿(G)、紫(P)主色调,黄红(YR)、绿黄(GY)、蓝绿(BG)、紫蓝(PB)、紫红(PR)中间色调,如 5R 为纯红。每个色调又分为 10 个等级,每个主色调和中间色调的等级为 5 个。每种颜色都可以用色调 H、明度值 V 和饱和度 C 表示。

$$HV/C＝色调×亮度/饱和度$$

例如:10Y6/12 表示色调为黄与绿黄之间的中间色,亮度值为 6,饱和度为 12 的颜色。如果是亮度值为 5 的灰色,也可写成 N5。

9. 颜色的对比

调配颜色如果没有对比色来检验,则很难确定调配得是否准确,一般情况下都应进行对比。颜色的对比方法有两种:一种是与光谱对比,可采用光泽仪、光电比色计等仪器对比;另一种方法就是目测对比,与各种标准色卡相对比。标准色卡应以光谱颜色为标准,这样才能使与标准色卡相对比的颜色达到高准确度。颜色对比的内容是要对比色相、明亮度和纯度。对比颜色与使用的对比色板面积有很大关系,色板面积小,则对比的准确度差距大,面积大的色板,其色彩的色相、明亮度和纯度的呈现都比较有层次,对比起来很容易找出差距。

10. 颜色调配的层次

颜色调配的层次非常重要。调色时，要首先找出主色和依次相混调的颜色，最后才是补色和消色。两相近色相调配，一般都可以调配出鲜艳明快的颜色，颜色柔和协调。补色用于调整灰色调，所有颜色与其补色相调，都只能调成灰色调和较为沉着的色调。因此，在调配颜色时，补色一定要慢慢地少量加入，否则一旦加量过多，则很难再调整过来。消色同样也是要少量地分次加入，一旦加多，也很难调整。白色的加入或作为主色尚可容易调整，而黑色则很难调过来。补色和消色过量的结果是：一方面是难以调整，另一方面是调配量越调越多，浪费时间和原材料，使用不完的材料则难以保管。对于复色调配，应当主、次色依次序分清，按比例顺序逐步加入。用补色和消色进行最后的慎重调整，首先要调配好色相，然后再调整明度和纯度。使调配颜色有秩序地按步进行，按主次顺序加入色料，用这种调配方法才能调得又快又准确。

二、涂料配色

涂料使用过程中的配色（涂料、颜料配色）有一定的规律和方法。涂料与颜料配色中色料选择、比例关系、配制方法，关系着配色的准确性。所以，配色时严格选择配置复色涂料的色料，不能违反选择一定原色的原则，不能任意替代，应遵循最基本的配色原则和正确的操作方法进行选择。

1. 配色原则

光有强弱明暗，物质反射光的能力及色的组合千变万化，这给配色工作带来很大困难。将两种或两种以上的颜色相混调成另一种颜色，有一定的规律性，不可随意进行，必须遵循配色的各项原则。

（1）涂料颜色的辨别。涂料颜色的辨别，应用有关色彩理论知识和色彩辨别方法，才能准确判断出所需调配颜色的本色。辨别涂料的本色，首先应在标准色卡上找出涂料颜色的名称，将标准色卡或标准色板置于足够亮光的阳光下或标准光源之下，辨别出涂料的本色，以及主色是由哪几种颜色调配而成的、基本比例关系、色料的主次混合顺序、色相的组合即明度和纯度等。多种颜色的鉴别必须遵照以颜色的基本特征，即色的"三属性"的各种表象进行区分，以原色的成色、间色、复色、补色和消色等调配成色的色相、明度和纯度进行准确的判断。如果辨别有误，则很难调配出所要求的标准颜色。

（2）配色的"先主后次、由浅至深"的原则。配色时，无论调配小样或大量调配，必须遵守将深色漆加入到浅色漆中的原则，边调边看，再由浅至深地调整色相、明度和纯度，以及光泽和浮色等。各种涂料配色前应充分搅拌，在配色中也应充分搅拌，使之均匀互溶。

（3）颜色的对比和色料选择。配色时，无论是调配小样或大量调配，在调出基本色相后，再进行色相、明度和纯度的调整。当颜色调整至与标准色卡相近时，将调配好的涂料涂装在样板上，待溶剂挥发后，与标准色卡进行对比，应边调整边对比，直至颜色完全一致。调配色相鲜艳、明度纯正的颜色时，选用的颜料或原色涂料的品种越少越好，因为根据减色法配色原理，使用原色涂料与颜色的品种越多，配出颜色的鲜艳度越差，明度越暗。

（4）标准色的选择。最标准的色是光谱的颜色。与用照片制作的标准色卡（或称色板）相比终有一些差距。校验配色的准确度时，可采用光电比色计等仪器进行对比，用光电比色计还可检测每种颜色的定量成分与加入量的差数，因为光谱仪能真实反应光谱色的本色。但在缺少设备的时候，选用准确度较高的标准色卡则是唯一的办法。对比调整是检验配色准确度的基本标准。

2. 色料选择

绝大多数涂料的配色依据是按照光谱色制作的标准色卡或标准色板来进行。配色前，准确判断和辨别出所要调配颜色的主色（即底色）的组成后，就可以进行色料的选择及准备。再依次准备好配色的盛装容器和工具、选择好适宜配色后与标准色卡或标准样板进行对比的场所（有自然光或标准光源）、配色后用作对比的标准样板等就可以进行配色了。

配制复色涂料，对使用色料的选择是非常重要的。选择色料不当，则难调配出所要求颜色的涂料。选料要遵循一定的原则。

（1）色料选用依据。由于涂装产品使用环境条件的需要。色料选用时应考虑如下几点：调配的颜色要新颖，要突出产品的功能性和装饰性，兼顾设备整体颜色的统一，协调其他零部件已涂装的色彩，还要考虑产品在市场的竞争力，以及涂料购入的困难程度等因素。

（2）配色用辅助添加剂的加入方法。配色过程中，根据涂料的使用要求，需加入催化剂、固化剂、防潮剂等一些辅助材料，或添加定量清漆。因为配色时如使用原色涂料与颜料色浆黏度大，需要加入稀释剂，为使之互溶，应当加入适宜的配套品种，加入量应以尽量少为准。催干剂、固化剂等要在配制时按适宜比例加入，如过量会影响明度和色泽。在调配浅色时，如果需要加入催干剂，则应先加催干剂，后配色，以免影响色相。

（3）准确辨别配色的色相。根据几种颜料色浆和涂料在配制中所占的比例，来确定被选料的品种、性能、数量等。辅助添加剂也一并选择。

（4）配色选择方法与注意事项。

1）色料的配套性。配色时，大多是配制复色涂料，需要几种原色涂料或颜料的色料。选择性能相同的原色涂料、原色颜料色素、稀释剂等，它们应配套。必要添加的辅助材料中催干剂、固化剂、防潮剂、罩光涂料等要与复色涂料的性能、质量相宜，并绝对避免它们损害涂料的色相、明亮度、纯度。如选择不当，相互混溶性不好，成色质量差，严重者会产生树脂析出、分层等弊病。

2）颜料比重。配制复色涂料，用两种色料配制是极少数的情况，几种颜料相调则属常见。如颜料的密度不一样，配制后的复色涂料易沉淀，使用时会产生"浮色"，造成色相偏离。

3）色料的颜色标准。虽已判定复色调配用料的基本色调、主要色相及调整色料，但仍需在选料时与标准色卡或标准色板对比颜色，方可准确地对照选择，以免影响配色的色相、亮度、纯度等。涂料如绿、灰、青色等需用几种色漆料，颜料的密度肯定会不一样，配制时，应边调边充分搅拌，使之互溶为一体。最好选用密度相近的色料，如配色必须用密度不相近的色料时，对使用中可能产生的浮色缺陷，可加入硅油来调整。

第四章　常用涂装技艺

§4—1　刷　涂

刷涂是人工利用漆刷蘸取涂料均匀地涂覆到工件表面的涂装方式。在各种涂装方式中，刷涂法适用性强，不需专用设备，工具简单，操作方法容易掌握，但生产效率低，劳动强度大，产品的涂层厚度不均，施工条件较差。

一、刷涂操作常用工具及其使用方法

1. 常用的刷涂工具

刷涂工具种类较多，各种刷涂工具的样式如图 4—1 所示。其中最常用的工具有漆刷、排笔等。

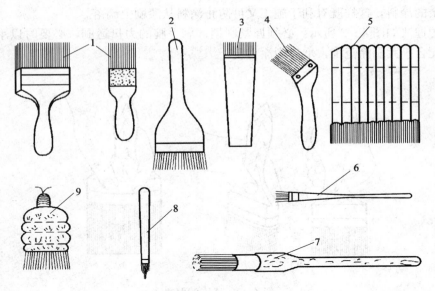

图 4—1　刷涂工具

1—扁形刷　2—板刷　3—大漆刷　4—长柄扁形刷（歪脖刷）　5—竹管排笔刷
6—长圆杆扁头笔刷　7—圆刷　8—毛笔　9—棕丝刷

（1）漆刷。漆刷的种类按形状可分为圆形、扁形和歪脖形三种；按制作的材料可分为硬毛刷和软毛刷两种。硬毛刷主要用猪鬃制作，软毛刷常用狼毫、獾毛、绵羊毛和山羊毛制作。

刷涂磁漆、调和漆和底漆的刷子，应选用扁形或歪脖形的硬毛刷，刷毛的弹性要大，因为这类漆刷涂时的黏度较大。

刷涂油性清漆的刷子，应该选用刷毛较薄、弹性较好的猪鬃或羊毛等混合制作的刷子。

刷涂树脂清漆和其他清漆的刷子，应该选用软毛板刷或歪脖形刷子，因为这些漆的黏度较小，干燥迅速，而且在刷涂第二遍时，容易使下层的漆膜溶解，要求刷毛前端柔软，还要有适当的弹性。

天然大漆的黏度较大，需要用特制的刷子，一般多用人发、马尾等制作，外用木板夹住，刷毛很短，弹性较大。

（2）排笔。排笔是用细竹竿和羊毛制成毛笔后，再用竹梢把毛笔并联在一起而制成。排笔刷有多种规格，为握刷方便，排笔刷拼合竹管两侧均做成圆弧形状。常见的有 4 管、6 管、8 管、10 管、12 管排笔刷。

2. 刷涂工具的使用方法

（1）漆刷的使用方法。新的漆刷在使用前，为了除净残毛及粉尘，应将漆刷轻轻地叩打几次，并在 1/2 号砂皮上来回摩擦刷毛头部，把刷毛磨顺并使刷毛柔滑，以免在使用中掉毛和产生明显刷痕。为了防止漆刷脱毛，在使用漆刷之前，在刷毛的根部渗入虫胶漆或硝基漆等黏合剂进行封固，并在连接刷毛和刷柄的金属皮两边钉上几枚钉子加固。

使用漆刷刷涂水平面时，刷毛浸入涂料中的部分应为毛长的 2/3；刷涂垂直面时，刷毛浸入涂料中的部分应为毛长的 1/2；刷涂小件时，刷毛浸入涂料中的部分应为毛长的 1/3。漆刷蘸涂料后，应将漆刷在涂料桶的内壁来回拍打几下，使蘸起的涂料集中到刷毛的头部，并除去多余的涂料，这样既有利于施工又可防止涂料从漆刷上滴落。

漆刷的握法如图 4—2 所示。必须握紧刷柄，靠手腕的力量运刷，必要时以手臂和身体的移动来配合扩大刷涂范围，增加刷涂力量。

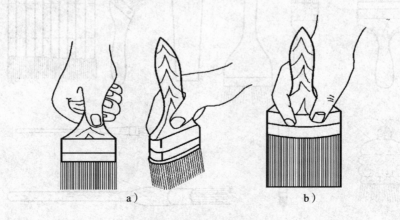

图 4—2　漆刷的握法
a）横握法　b）直握法

涂料必须在施工前搅拌均匀，并调配到适当的黏度，涂料的黏度一般控制在 30～50 s（涂—4 黏度计，25℃）为宜，涂料过稀容易发生流挂、露底现象；过稠则不容易涂刷，并造成涂抹过厚而产生起皱、存在刷痕等弊端。在使用新漆刷时涂料可稍稀，在使用刷毛较短的旧漆刷时，涂料可稍稠。

刷涂时，蘸了涂料的漆刷应从涂装段的中间位置向两端涂刷，并且按照自上而下、自左至右、先里后外、先斜后直、先难后易、纵横涂刷的规律进行刷涂。此外，对不同的作业面，还应注意采用不同的涂刷方法。例如，对垂直表面的施工，最后一遍涂刷应从上而下地进行；水平表面的施工，最后一遍涂刷应顺着光线照射的方向进行；木材表面的施工，最后一遍涂刷应顺着木材的纹理进行，这样才能获得一层均匀、光亮、平滑的涂膜。

（2）排笔的使用方法。新排笔在使用前，应清除灰尘和残毛，用虫胶清漆将刷毛浸透，再用手指将笔毛夹紧从笔根部向笔尖端方向擦去多余的虫胶清漆，理直笔毛，静置干燥备用。在使用前，要用酒精溶解刷毛上的虫胶。

排笔握法如图4—3所示，大拇指在前，其余四指在后弯曲成拳头状，抵住排笔的后面，紧握排笔右侧竹管一边。操作时，排笔不得在手中任意松动。刷涂时，蘸涂料不能超过刷毛的2/3处，并应在涂料桶内壁两侧往复轻刮两下，理顺刷毛尖，同时利于涂料均匀布满刷毛头部。刷涂时，拉刷要拉开一定的距离，靠手腕的上下左右摆动均匀地进行刷涂，手臂与身体的移动互相配合，若正确地使用排笔刷，其刷涂质量要比使用其他的刷涂工具的涂装质量好得多，尤其是刷涂水平面、木器家具等涂膜质量要求较高的被涂件时，刷涂效率高，质量好。

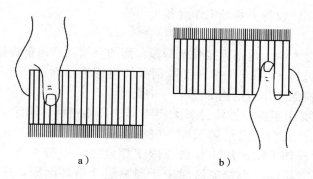

a）　　　　　　　　　　b）

图4—3　排笔的握法

a）蘸涂料的握法　b）刷涂时的握法

3. 漆刷和排笔的保养

（1）漆刷的维护保养。漆刷使用完毕，若长期不用，则必须用溶剂洗净，把刷毛理直、晾干并用油纸或塑料薄膜包好，存放在干燥通风的地方。漆刷若是短时间中断使用，则可将漆刷垂直悬挂在溶剂或清水中，浸放漆刷的容器可自选，关键是能使刷毛部分全部浸在溶剂或清水中。在容器中可放置一根附有钉子的横杆，以便搁置漆刷，浸放漆刷的容器如图4—4所示。采用这种保养方法时，还应注意不能让刷毛触到容器的底部，以免刷毛硬化和弯曲。若有多把蘸有不同颜色涂料的漆刷，则可分别用油纸包扎好后，再浸入溶剂或水中，以免颜色相混。再次使用时，只需将刷毛上的液体甩净抹干即可。

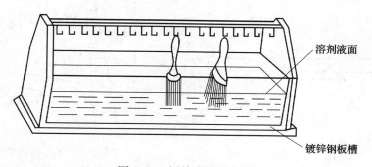

溶剂液面

镀锌钢板槽

图4—4　浸放漆刷的容器

对刷毛已硬化的漆刷，可浸入脱漆剂或强溶剂中，使之松软后用铲刀刮去漆皮再用。漆刷使用过久、刷毛变得短而厚时，用刀在两面剔去部分刷毛，使其变薄，亦能继续使用。

（2）排笔的维护保养。排笔的刷涂部分由羊毛制成，羊毛易蓬松和脱落，使用前，应先用热水浸泡，理平理顺刷毛，晾干后用油纸包好备用。使用时，只要用工业酒精浸软刷毛部分的1/2，理顺刷毛尖后即可。已浸清漆的排笔，用自干型清漆的配套稀释剂浸泡刷毛的1/2即可。每次使用后，必须彻底清洗干净，尤其是刷涂带颜色的涂料，若清洗不及时或不干净，再使用时则会混色。清洗不干净，还很容易使刷毛根部硬化断裂脱落。

二、刷涂操作常用的辅助设备

刷涂操作常用的辅助设备主要是工作台和工作梯。

1. 工作台

刷涂用工作台有全木制、角钢焊接骨架钢板台面的全钢制和角钢焊接骨架木台面三种形式。也有在木台面上包钉1.5 mm～3 mm厚钢板的包钢板台面。刷涂用工作台有长方形、方形、条形等多种。刷涂工作台结构如图4—5所示。

刷涂用工作台主要用于摆放被涂件、大小零部件，盛料桶、刷涂工具及各种工件的垫托物等。刷涂前，需将工作台面清扫干净。应根据被涂件的形状、大小、刷涂部位等摆放好，要有利于刷涂操作。刷涂用工作台仅限于摆放中、小型工件。操作时，应注意工作台的承重能力，不得超载。为避免涂膜未干燥黏附而破坏涂膜，应在工作台面上放置圆钢棒、角钢、方木等，作为摆放被涂件的垫托物，待已刷涂膜表面干燥后再翻转刷涂另一面。

2. 工作梯

工作梯即木合梯，在登高作业时使用。使用前应检查工作梯的边柱、横档以及连接处有无损坏，锁绳是否牢固结实等，梯子的底脚应包上防滑材料，预防梯子断裂、滑动。

使用工作梯时，操作者应骑跨式蹬在工作梯两边，不可以站在最高档上操作，也应避免单面蹬梯操作。必须在人站直后，手臂能触到的范围内进行操作，身体不可倾斜，以保证安全操作。木合梯的结构及使用示意图如图4—6、图4—7所示。

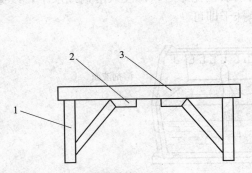

图4—5　刷涂用工作台结构示意图
1—台脚　2—加强筋梁　3—台板

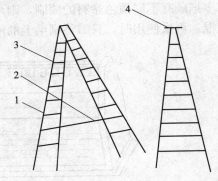

图4—6　木合梯的结构示意图
1—支撑边柱　2—锁绳　3—横档　4—顶板

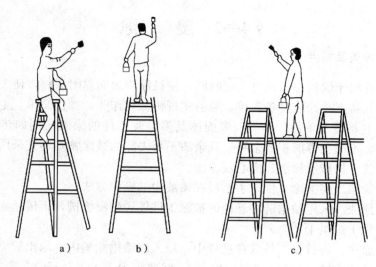

图 4—7 木合梯的使用方法

a)、c) 使用方法正确 b) 使用方法不正确

三、涂料黏度的调节

1. 涂料的黏度

涂料使用时的黏度由施工条件和施工要求决定。涂料黏度的表示方法有多种，最重要的表示方法是用出口直径为 4 mm 的特制漏斗（即涂－4 黏度计）在 25℃时测定的黏度。黏度大小用定量的涂料从漏斗中流完所需的时间衡量，涂料稠则所需时间长，涂料稀则所需的时间短。所以涂料黏度用时间单位秒（s）表示，秒数越大则涂料越稠，秒数越小则涂料稀。这种表示方法常用于黏度在 150 s 以下的涂料。

涂料黏度的判定，在实际施工中可用经验观察法，即使用调漆棒或漆刷浸入稀释后的涂料中，随即提离液面约 1/3 m 左右，这时涂料流下呈线条状，线条的连接越长则涂料越稠；连接的线条越短、呈现点滴状，则表明涂料越稀。这种观察法来判定涂料的黏度误差较大，仅可作施工时的参考。

2. 涂料黏度的调节

涂料黏度的调节是决定能否加工出高质量产品的因素之一。由于涂料的生产、运输、储存等因素，以及涂装环境的温度、湿度的影响和涂装工艺的要求，需要调制出不同黏度的涂料，因此对涂料进行黏度调节是涂装工必备的基本技能。

涂料黏度的调节主要用稀释剂，在某些情况下使用的防潮剂、催干剂等虽然也会改变涂料的黏度，但不能当做稀释剂使用。

由于工件材质、采用的涂料品种以及涂装方法的不同，对涂料的黏度也有不同的要求，除了按照工艺要求调制涂料外，在涂装过程中随时调整已调制好的涂料黏度也是很必要的。一般来说，调制过程中应注意涂料与稀释剂配套使用，底层和中间层涂料的黏度应小一些，面层涂料的黏度稍大于底层和中间层涂料的黏度，在面层涂料调制好后，应加以过滤。

§4—2 浸 涂

一、浸涂的种类及特点

浸涂是将工件浸于涂料中，经过一定时间，使被涂物表面黏附涂料，使工件表面形成涂膜的涂装方法。其特点是涂装设备简单，容易实现机械化作业，操作简单，生产效率高，涂料损失少。浸涂主要适于单件、小件、多面体及多空腔工件的涂装，例如热交换器、弹簧等。但带有深槽、不通孔等能积蓄余漆，且余漆不易去除的被涂物则不宜采用浸涂法。浸涂方法有手工浸涂法、机械浸涂法、离心浸涂法。

(1) 手工浸涂法。将被涂工件以手工浸在漆液中的操作方法。

(2) 机械浸涂法。采用输送链将悬挂的被涂工件传送到浸涂槽，再传送到滴液槽，晾干挥发溶剂后进入烘干炉烘干。

(3) 离心浸涂法。将被涂工件放在铁篮中，浸入浸漆槽涂料内，取出后立刻送入离心机辊筒中经短时间高速旋转（时间约为1~2 min、转速约为1 000 r/min），除去多余的涂料，然后进行烘干。该法适用于小型工件小规模的集中涂装，涂膜经离心旋转后较薄、较均匀。

二、温度与涂料黏度的控制

在浸涂过程中，涂料槽中涂料的黏度影响整个流水作业的速度和产品质量。涂料槽中涂料黏度变化受两方面因素的影响。一是在浸涂过程中涂料槽中涂料的固体成分被工件带走，即涂料涂在了工件表面；二是由于涂料槽中涂料的液面较大，导致涂料中的溶剂挥发较快，这两个因素都会使涂料的黏度改变，所以在操作过程中要随时注意添加涂料和稀释剂，使槽内涂料黏度始终保持在25 s左右。

在浸涂过程中，涂料槽的温度应保持在25℃左右。温度的变化能直接改变涂料的黏度，同时通过影响涂料中溶剂挥发也能改变涂料的黏度。操作时要根据环境温度、工件的吸热性能，适时启动加温或冷却装置，以保持涂料槽的温度符合要求。一次浸涂后的涂膜厚度一般可控制在20~30 μm。在干燥过程中不起皱的热固性涂料，其涂膜厚度可达40 μm以上。

三、浸涂设备

1. 手工半机械化浸涂设备

在手工设备的基础上，增加行车、滴漆槽、搅拌装置、通风装置、烘干炉等设备，即成为手工半机械化操作设备的组合。控制行车的升降，可完成工件在涂料槽中的浸入或取出，然后控制行车的移动方向，可完成滴漆与烘干等工序。滴漆槽一般与涂料槽相连并呈一定的坡度，使滴下的涂料流回涂料槽中重复使用。搅拌装置的用途是在浸涂过程中和添加涂料后，把整个容器中的涂料搅拌均匀。手工半机械化浸涂设备结构示意图如图4—8所示。

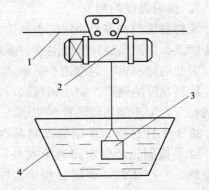

图4—8 手工半机械化浸涂设备结构示意图

1—导轨 2—行车 3—工件 4—浸涂槽

在手工半机械化浸涂操作中，在相同时间内浸涂工件数量较手工浸涂法多，使涂料的固体成分减少较快。另外，由于涂料槽液面较大，溶剂的挥发损失也较大，所以应根据涂料各种成分的变化，随时添加涂料和溶剂，并应用搅拌装置使槽中的涂料均匀，以保证涂料应有的黏度。在手工半机械化浸涂操作中，工件的装挂要牢靠。对表面凹凸较大、有内腔的工件，凹处和开口处应向下并斜放。行车升降与移动的起步应缓慢，避免冲撞，保持工件在浸漆、滴漆过程中摆放位置不变。

浸涂完毕，涂料槽应加盖，清洁场地，关闭电源开关。

2．自动浸涂设备

自动浸涂设备由涂料槽、滴漆板、搅拌器、通风装置、加热管及冷却装置、传送链和传动机构、挂钩、网筐、烘干炉等组合而成。自动浸涂设备示意图如图4—9所示。

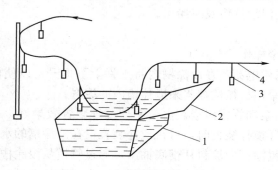

图4—9　自动浸涂设备示意图
1—涂料槽　2—滴漆板　3—工件　4—传送链

在启动自动浸涂设备前应进行涂料的准备、挂具的准备和工件的准备，然后开启涂料槽的热源，使烘干室升温。在检查悬挂链、传动机构无故障情况下，可启动传送链。

浸涂槽中加入涂料的多少，要考虑到工件浸入后，液面会升高的因素，保证工件浸入后，工件最低部位至少需距槽底150 mm，顶部离液面的距离不小于100～150 mm，液面距涂料槽边缘约100～200 mm。加热装置应使涂料槽温度保持在规定的范围内，涂料槽中涂料黏度的均匀性是依靠搅拌装置来实现的。

在操作时，应注意挂具单件和整体传送链的挂载量不可超过承载能力。准备工作完成后，即可将准备好的工件逐一挂在挂钩上，经过涂料槽浸涂和烘道烘干，烘干后的工件即可取下，再装挂待涂工件，操作可周而复始地进行。

最后一件工件取下后，应关闭烘干炉，关闭传动机构和加热装置。

浸涂结束后，将成品整齐摆放，清洁操作现场，涂料槽和滴漆板加盖，关闭通风设备，最后关闭电源。

四、浸涂设备的安全操作及维护保养

1．浸涂槽

（1）浸涂槽的安全操作

1）涂料的加入量应在满足产品浸涂质量的前提下，投入足够的数量。

2）浸涂槽的敞开口径，在能够满足浸涂件进、出自如的情况下应越小越好，以减少溶剂挥发及涂料配置量。槽液的高度以能够满足最大浸涂件为宜。

3）应急排放口用于不慎着火时快速排放涂料用。平时应封闭好，不可轻易动用。

4）超过工艺规定的过大、过重的浸涂件，应在征得主管技术人员同意后方可进行浸涂操作。

（2）浸涂槽的维护保养

1）浸涂槽的涂料装入量不可过量，防止槽体因长时间承受过大压力使槽壁胀裂损坏。

2）浸涂槽应设置盖板，防止溶剂挥发和灰尘杂质落入。

3）严格执行定期检修和维护保养制度，保证浸涂槽液加温、冷却装置的正常使用。

4）吊运浸涂件时，应避免碰撞浸涂槽的内外壁，以免损坏和碰伤浸涂件。

5）保持浸涂槽外壁、内壁、周边、槽边通风装置的清洁，不慎滴落涂料后应及时清理干净。

6）掉入浸涂槽内的浸涂件应及时捞出。

2. 搅拌装置

（1）搅拌装置的安全操作

1）机械搅拌一般采用电葫芦在浸涂槽内将工件上下提升，以使槽内的涂料流动获得搅拌，中、小型浸涂槽可采用机械搅拌桨来搅拌槽内的涂料。

2）循环搅拌装置由泵和管道组成。由于循环搅拌装置效果好，一般浸涂槽均采用循环搅拌。采用抽送式外循环搅拌装置时，可将搅拌装置设在浸涂槽的水平位置或垂直位置。使用时，开动搅拌泵，将浸涂槽内涂料从槽底抽出，通过管道从浸涂槽上部返回。对于大型浸涂槽，可在浸涂槽内两侧分设一对立式搅拌装置，一个是下抽上送，另一个是上抽下送，引流搅拌都是在槽内进行，这两种方式可单独使用，也可混合使用。

（2）搅拌装置的维护保养

1）涂装操作过程中，不慎掉入浸涂槽内的浸涂件要及时捞出，以防损坏搅拌装置组件。

2）内循环搅拌装置的组件和外循环搅拌装置的泵、管道、轴、送料口等出现堵塞，或因机械混流搅拌装置的桨叶黏附涂料过多导致搅拌效果变差时，可将堵塞处通透，并用配套稀释剂冲洗，即可排除。其他搅拌装置的组件故障，应请专门维修人员排除。

3. 加热、冷却装置

（1）加热、冷却装置的安全操作。涂装施工时涂料的最佳温度为 20～30℃。否则，就应该进行加热或降温。需要加热时，旋开通气开关或温控开关，观察温度计读数，达到 20～30℃时，应立即关闭。当涂料温度超过 30℃时，应进行降温，可打开水泵阀门，将冷却水通入浸涂槽的夹水套，将温度计插入涂料槽液内，当温度降到 30℃以下时，应立即关闭水泵阀门。

（2）加热、冷却装置的维护保养。加热、冷却装置在使用一段时间后要用硝酸对管道进行酸洗，以洗去内壁的水垢及残渣，提高传热效率，定期检修管路接头。

4. 滴漆槽

（1）滴漆槽的安全操作

1）非自动流水线上的浸涂件自浸涂槽取出后，应在滴漆槽上方停留一定时间，使多余涂料自行滴落至不连续下落后再转入干燥工序。

2）自动生产线上的浸涂件自浸涂槽取出后，让其在自动输送链行进中自然滴落。

3）采用静电装置清除多余涂料时，工作电压为 65～85 kV，电流为 200 μA 左右，电极与被涂物之间的距离为 200～300 mm，被涂物通过电极的时间约为 2 min。操作时，要随时注意电压、电流的稳定性，防止产生打火。

（2）滴漆槽的维护保养

1）滴漆槽内的排料口及排料口的过滤管、管道应保持畅通。如果出现堵塞，应及时通透，或采用配套溶剂冲洗。

2）采用静电涂装清除浸涂件多余涂料时，要随时注意保持极间距离不小于100 mm，防止产生打火。高压静电发生器的高压电缆线要保持良好接地。使用时，如发现高压表、电流表显示不正常时，应立即关掉高压静电发生器开关，切断电源，修好后再使用。

5．电葫芦、悬挂输送链及传动机构

（1）电葫芦、悬挂输送链及传动机构的安全操作

1）电葫芦在使用前，应进行空载试运行，检查有无故障、电气控制开关是否安全灵活可靠、吊载运行控制是否自如，一切正常后方可使用。还应注意吊重不可超载，电葫芦不可开过头而碰撞轨道挡板。

2）悬挂链的挂重不可超载，也不可将全线承载重量集中挂在悬链的某一段内，应拉开距离，均重吊挂。传动机构如无返车机构，不可随意返车运行，严格遵守操作规程。

（2）电葫芦、悬挂输送链及传动机构的维护保养

1）电葫芦在使用过程中，如发现吊载运行不灵活，或吊起、落下不准确时，应立即将吊载的浸涂件落下。如果落不下，则应立即停车，请专门维修人员检修正常后再使用。

2）发现悬挂输送链产生堆链现象，或有过紧、过松及卡壳现象时，调整拉紧机构，即可恢复正常。

3）对于悬挂输送链及传动机构的各组件，应定期用高温润滑油进行润滑。

4）全线所有设备均应保持清洁，定期清理。

6．通风装置

（1）通风装置的安全操作。在正式操作前 5 min 应打开通风装置，使厂房内空气流通，特别是封闭式的浸涂槽，应有足够的风量。在浸涂操作结束后 10 min 方可关闭通风装置。

（2）通风装置的维护保养

1）定期清除通风装置的引风口、通风管道、排尘口等处的涂料残渣等杂物，保证引风通畅。

2）主通风装置的引风电动机应加设防护罩，防止水、潮气、化学药品污染物质及灰尘杂质等污染电动机组件，造成故障或损坏组件。

3）定期检查通风装置的主通风和槽边通风装置是否损坏或畅通，发现故障应及时排除。

4）定期重点检查引风电动机运转是否正常，有无异常声音，长时间运转时是否过热或冒烟。发现上述故障应立即停车，修好后再用。

5）槽边引风装置被异物或涂料残渣堵塞时，应及时停机用铲刀清除干净。

7．防火设施

（1）防火设施的安全操作

1）操作者应熟悉各种专用消防灭火器材、灭火栓、灭火弹的使用方法。

2）禁止在浸涂现场吸烟，不得使用明火，防止机械碰撞产生火花。如果维修设备时要焊接，应事先准备好灭火器材，严防着火。

3）按操作规程规定使用吸附装置。

（2）防火设施的维护保养

1）常用的灭火栓、灭火弹、沙箱等不得随意动用或更换存放位置。消防器材超过使用期限或开启排放组件损坏时，应及时更换。

2）要注意观察吸附装置的运转情况和吸附效果是否正常，定期检查和清理，发现故障时要及时排除，并及时更换吸附材料。回收的雾化飞散涂料及有机溶剂应妥善处理，以保持吸附装置的正常使用。

3）大型浸涂槽应设置应急排料口，管道要通畅无阻，阀门的自动开启机构要灵活好用。设备应定期检查，发现故障后及时排除。

8. 浸涂挂具、挂架和网筐

（1）浸涂挂具、挂架和网筐的安全操作

1）自制挂具可选用不同直径钢棒、钢丝，经加热弯曲和焊接制成。使用时，应根据被涂件的材质、形状、质量和大小，对号选用，不得超载使用。

2）在使用前或操作过程中，发现挂具有变形、裂纹等故障时，要停止使用，予以更换，或修好后再用。

3）挂架和网筐可选用圆钢和角钢焊接而成。使用时，应根据被涂件的形状、大小、质量，计算好摆放间隔，注意将孔及凹面朝上一面兜流。不得超载使用。

（2）浸涂挂具、挂架和网筐的维护保养

1）挂具、挂架上干结的旧涂层应采用配套稀释剂浸泡，也可在加热的碱液中煮沸，加以清除。

2）挂具、挂架和网筐使用前、后不得任意乱扔乱放，应保持清洁。

§4—3 淋 涂

一、淋涂的分类及特点

用喷嘴将涂料淋在被涂件上形成涂膜的方法称为淋涂法。淋涂法分为手工淋涂、自动淋涂两种方式。自动淋涂又分为喷淋式淋涂法和幕帘式淋涂法两种。淋涂适用于大批量流水生产方式。与浸涂法相比，其优点是用漆量少，能得到比较厚且均匀的涂膜。适用于因漂浮而不能浸涂的中空容器（如油桶、气瓶）等，也适用于形状复杂且浸涂时有"气泡"生成的被涂件的涂装。此法既适用于大型物件，又适用于小型物件。其缺点是溶剂的消耗量较大。淋涂法具有经济、生产效率高、涂膜质量好、适用于其他涂装效果不好的桶状、瓶状、油箱及大平面形状的制品和零部件的涂装。用淋涂法涂布水性涂料既能克服浸涂溶剂消耗量大、火灾危险性大的缺点，又能弥补水性涂料使用稳定性差的缺点。

二、淋涂设备

淋涂设备的主体为供漆、淋漆系统和工件的传送系统两部分，由淋涂室、滴漆室、涂料槽、涂料泵、加热及冷却装置、自动灭火装置、通风装置、喷淋嘴、悬挂运输链及传送带、烘干炉、环保设备等组成。

供漆、淋漆系统有幕帘式淋涂和喷淋涂，如图4—10、图4—11所示。淋涂时，涂料槽中的涂料由涂料泵经过管道输送到高位的幕淋头或喷淋头。

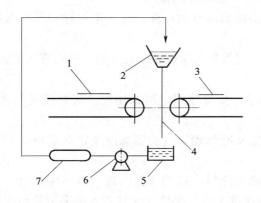

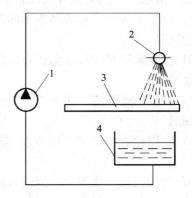

图4—10　幕帘式淋涂设备示意图

1—预淋涂件　2—高位涂料槽及幕淋头

3—已淋涂件　4—涂料幕帘　5—涂料槽

6—泵　7—过滤器

图4—11　喷淋涂设备示意图

1—涂料泵　2—喷淋头

3—传送带　4—涂料槽

在幕帘式淋涂设备中，关键部件幕淋头为缝隙状结构，采用旋转螺栓来调节淋涂缝隙的宽度，以控制涂料流量。幕淋头由两片不锈钢板组成，钢板的下缘具有很高的平直度，呈V字形放置，幕淋头的上部形成一储漆槽，称为高位涂料槽。

在喷淋涂设备中，关键部件喷淋嘴由铝合金或铜合金制成，形状有扇形、圆形和扁平形。

1. 喷淋式淋涂设备

（1）淋涂室、滴料槽及其设备的安全操作

1）淋涂室内的涂料槽、涂料循环泵、输送管道、各个方向的喷淋嘴、传送机构、烘干炉、通风装置、滴料槽等设备，都应符合连续生产的通过式结构要求。

2）输送链和被涂件的进出口应满足最大被涂件的进出要求。

3）进入淋涂室内的风量、风速，应达到将室内挥发的有害溶剂气体排出的要求。

4）滴料槽的放置应符合输送链的走向。被涂件进入烘干设备前，应滴净表面上的多余涂料。

5）淋涂前5 min应打开通风装置。完工后10 min再关闭通风装置。此外，还应保持淋涂室内所必需的湿度和温度。

6）涂料槽盛料量不可过载，以防损坏槽体。涂料槽上方应设置盖板，以防溶剂挥发和灰尘、杂质落入，还可防止火灾发生。操作过程中要定时搅拌，防止涂料沉淀并使黏度均匀。涂料槽体顶端、周边应无涂料黏附，保持清洁。

7）对压力供料槽要定期补加涂料。使用时，应保证一定的输送压力，以使淋涂均匀。在一般情况下不允许打开供料槽封盖。

8）涂料泵应具有足够的压力，以保证正常输送足够量的涂料。淋涂时应随时观察喷淋是否均匀，出现不均匀现象时要及时调整。

9）喷淋嘴的规格应根据被喷淋件的材质、形状、大小、涂层厚度和质量要求选择，并经试用或试验后确定。

（2）淋涂室、滴料槽及其设备的维护保养及一般故障的排除

1）每个工作班后都要清理干净淋涂室、滴料槽内壁和地面。室内不得存放与淋涂操作无关的物品。

2）涂料输送泵应设置防护罩，以防水分、潮气和化学药品以及灰尘、杂物等污染泵体，造成故障隐患。

3）涂料输送管道、出料口，都应保持畅通。如有堵塞，可采用配套稀释剂进行冲洗，使之畅通。

4）定期检查涂料泵、压力表，发现故障应及时修理。过滤器滤网要定期清理，及时更换。

5）当涂料泵工作正常，但输入高位涂料槽的涂料流量却缓慢，甚至供不应求时，这是由于涂料中混入了粗粒度组分或落入了其他杂质等造成的半堵塞性故障。可采用较细的滤网过滤涂料进行排除。

6）喷淋嘴使用后应连同输料管道一并用配套稀释剂冲洗干净。

7）喷淋嘴经多次使用后口径会磨损，应及时更换。

8）喷淋所用的电气设备应有防爆装置或措施，并保证设备有良好的接地。

2. 幕帘式淋涂设备

涂料槽、涂料泵的安全操作、维护保养及一般故障的排除与喷淋式淋涂设备相同。

（1）幕淋头的正确操作

1）将已调制适宜的涂料，用离心式涂料泵打入幕淋式涂料槽内，涂料自幕淋头淋下时，形成均匀的涂料幕，淋向被涂件表面，从而形成均匀涂层。为此，要选择和调整好被涂件通过幕帘区的传送速度、幕淋嘴口径、幕淋头内涂料压力和淋下压力以及涂料的黏度等工艺参数。

2）根据被涂件的材质、形状、大小、批量和质量要求，正确选择和调制涂料黏度。

3）在高位涂料槽底部的幕淋头，都呈一定长度范围的缝隙式结构形式，通过旋转螺栓来调整缝隙宽度，从而确定涂料的幕流量。因此，要求旋转螺栓要准确灵活。

（2）幕淋头的维护保养及一般故障的排除。通过幕淋头的流量不均匀时，应检查涂料泵和输料管道是否有堵塞故障。对于涂料泵故障，应请专门维修人员修理。对于管道堵塞故障，可采用与涂料配套的稀释剂冲洗排除。

三、淋涂参数的调节

淋涂时受四个因素的影响：一是涂料的黏度；二是淋头的孔径；三是输送机的速度；四是涂料的压力。

1. 淋涂用涂料的黏度

淋涂用涂料黏度选择在 15～100 s（涂－4 黏度计，20℃）。最常用的黏度在 30 s 左右。

2. 淋头的孔径

幕淋头的缝隙应小于 4 mm，喷淋嘴的孔径应为 1.5～2.5 mm。各尺寸的选择要根据涂料的黏度、压力、工件的形状大小、涂膜的质量要求来决定，通常采用试淋涂后调整的方法。幕淋头缝隙一般选择 0.3～1 mm 较为合适。喷淋嘴的孔径选择还要根据同时使用喷淋嘴的数量来决定，一般情况要保证有足够的涂料淋涂到工件表面。喷淋头孔径一般选择在 2 mm 左右。

3. 输送机的速度

输送机的速度与涂料的淋涂量成反比例关系。根据涂膜厚度的要求，传送带的速度一般选择在 70～90 m/min。传送带速度比涂料下落速度稍慢一些为宜。

4. 涂料的压力

涂料的压力与涂料的涂布量成正比。在未加压时，涂料也会在重力的作用下而下淋，但淋涂量很少，不能满足自动化生产的要求。在利用重力作用的同时再施加一定的压力使涂料下淋，这是自动淋涂机与手工淋涂的区别，自动淋涂机涂料的压力一般在 0.15～0.3 MPa 之间选择。

四、双组分涂料的淋涂

双组分涂料中因两组分各自的黏度不同，而两组分混合后在一定时间内会固化，所以不能混合后进行淋涂，必须分两次淋涂。两次淋涂的时间间隔必须在第一次淋涂固化之前完成第二次淋涂。双组分涂料一般使用喷淋嘴淋涂，每个方向设置一对喷淋嘴，各淋出一组分涂料，在工件表面混合固化。两组分用量的控制由喷淋嘴的孔径变化和涂料压力的变化实现。选用不同孔径喷淋嘴组成一组喷淋嘴组合，可以满足淋涂双组分涂料的要求。

§4—4 辊 涂

辊涂是采用手工或机械的方法，应用转动的辊筒蘸上涂料后在工件表面滚动，使涂料覆到工件表面的涂装方法。其特点是适用于大面积或大批量的平面涂装工程。辊涂的生产效率高，涂层均匀，节省稀释剂，能采用高黏度涂料一次涂装达到所需的涂层厚度，容易实现机械化、自动化施工。

一、辊涂操作类型

1. 手工辊涂

(1) 手工辊涂工具。手工辊涂是采用硬质聚氯乙烯塑料制成的直径不同的空心圆柱形辊子，辊子表面由羊毛或合成纤维的多孔吸附材料构成。由于手工辊涂不需要特别的技术，可以替代刷涂，广泛应用于工业和民用产品涂装中。

手工辊涂工具如图 4—12 所示，辊子由辊子本体和辊套组成。辊套可以自由装卸。辊套相当于漆刷部分，毛头接在芯材上。辊套的规格有多种，长的有 18 cm 和 23 cm，直径为 4～6 cm 的。芯材由塑料、纤维板、钢板等制成。毛头由纯羊毛、合成纤维或两者并用制成。纯羊毛耐溶剂性强，适用于油性和合成树脂涂料。合成纤维耐水性好，适用于水性涂料。

（2）辊子和涂料盘的正确操作。操作前，应用压缩空气将辊子和涂料盘表面吸附的灰尘、杂质等吹净。把调配好的涂料装入涂料盘中，将辊子的一半浸取涂料后在涂料盘的板面上来回滚动几次，使辊套的吸附材料均匀地浸透涂料。辊子蘸涂料后，在移向工件表面前应小幅度转动手柄，以防涂料滴落。操作时，辊子的握法是拇指在前上方、四指在下并拢握紧辊子手柄。由工件的一端开始，用力向前滚动，切勿回拉，按顺序辊涂，使涂料均匀布满整个表面。辊涂的要领是用力先轻后重，匀速推滚。工件表面全部涂满涂料后，不蘸涂料再轻轻地滚平修饰涂膜，使涂膜光滑、平整、无辊筒痕迹。这个过程的要领是辊子对工件表面施加的压力要均匀。

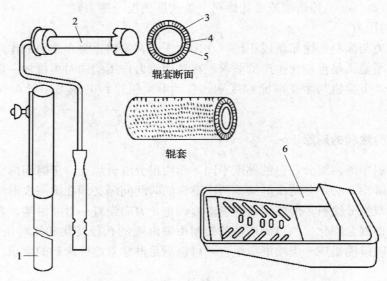

图 4—12　手工辊涂工具
1—长柄　2—辊子　3—芯材　4—黏着层　5—毛头　6—涂料盘

（3）辊子的维护保养。辊涂结束后，应用木片刮除辊套表面残余的涂料，用稀释剂清洗辊子，清洗干净并晾干后，用中性白纸包好，置于干燥处。

辊子用久后辊套和手柄的连接处会出现松动，可用螺钉、小锤、白铁皮、剪刀等工具和材料进行修复。

2. 自动辊涂机

（1）自动辊涂机的结构及工作原理。自动辊涂机由带料辊、辊涂辊、传料辊、压印托辊、涂料盘、底座、传送机构等组成。如图4—13所示是自动单面辊涂机结构示意图，这是一种上表面涂装的辊涂机，预涂件1从压印托辊9、辊涂辊2之间通过，即被涂敷上涂层。辊涂辊是钢制辊筒，其表面包覆一层普通橡胶，传料辊3和带料辊4为镀铬的钢制件。预涂件可手工进给，也可以用传送带进给。

（2）自动辊涂机的正确安全操作。操作前，应将涂料槽中的涂料充分搅拌均匀。操作时，要根据被涂件的材质和涂膜厚度要求，选用辊子数量最适宜的自动辊涂机，调整好辊涂辊与压印拖辊之间的间隙，以便准确控制被涂件所要求的涂膜厚度和质量，将调制好的涂料适当加入辊涂机的涂料盘5中，开启辊涂机，带料辊均匀蘸满涂料，并依次传给传料辊、辊涂辊并辊涂到被涂件表面。辊涂过程中，涂料盘中的涂料将不断被带料辊带走，应及时补加。

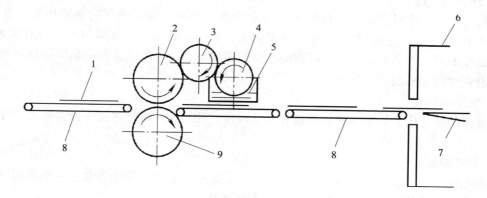

图4—13　自动单面辊涂机结构示意图

1—预涂件　2—辊涂辊　3—传料辊　4—带料辊　5—涂料盘

6—干燥室　7—托架　8—输送带　9—压印拖辊

（3）自动辊涂设备的维护保养。自动辊涂设备中对各辊子都有一定的硬度、表面粗糙度以及圆度要求，这是辊子正常传递和涂料涂布均匀的保证。任何两个辊子间的平行度也是保证涂漆均匀的基本条件，否则会导致涂膜一边厚一边薄。在使用自动辊涂设备时，要防止辊子受损，并调整好辊子间的平行度和间隙。自动辊涂设备使用完毕，要及时用配套的稀释剂对涂料槽和各个辊子进行清洗。

（4）自动辊涂设备故障排除。工件经自动辊涂机涂上涂料，再经过烘干室烘干后成为成品，成品上涂膜的缺陷，可以反映出辊涂过程中的故障。

1）涂膜不匀。涂料槽中的涂料是否搅拌均匀，带料辊、传料辊与辊涂辊是否相平行，各辊子表面是否损坏等因素都影响涂膜的均匀性，辊子间的不平行会造成涂膜一边厚一边薄，发生这种情况应停车检查。先利用手轮转动使两棍子相互接触，然后再调节辊间隙，使其满足工作需要的间隙。

2）在工件表面出现等间距的涂膜缺陷。工件表面出现等间距的涂膜缺陷，多数是由于辊涂辊表面局部有异物或辊子表面有伤痕引起的，如果有异物应立即停车清除，辊子表面有伤痕应停车拆下辊子进行修复，辊子表面损坏应更换新辊子。

3）涂膜不光滑或涂膜过薄。涂料过稠会发生涂膜不易流平，干燥处理后会出现不光滑现象。传料辊与辊涂辊的间隙过小，会使辊涂辊涂到工件表面的涂料不能达到一定的厚度，所以调整传料辊与涂料辊的间隙和控制涂料黏度是保证涂膜质量的基本措施。

二、辊涂操作中影响涂膜质量的因素

1. 工件的材质

辊涂施工的对象是马口铁板、人造革、塑料膜、纸板等，这些材料的表面粗糙度以及它们对涂料的吸附能力各不相同。在辊涂机恒定运行的情况下，对不同材质的辊涂施工，应选择不同的涂料黏度。一般来说，对金属板的施工黏度可大于非金属材料的施工黏度。

2. 涂料的黏度

涂料的黏度、涂料固体分含量的多少是辊涂施工中影响涂膜质量的重要因素。在辊涂时，滚子上的涂料不可能全部涂布在工件表面上，即使工件表面的粗糙度与工件材质相同，而涂料黏度不同，也会使附着于工件表面涂料的多少有变化，所以涂料的黏度是影响涂膜厚薄与光滑程度的重要因素。

3. 辊子的转速

辊涂机的转速也会影响涂膜的厚度和光滑程度。往往选择较慢速度可获得厚实、光滑的涂膜。

4. 环境温度

环境温度的变化会使涂料的黏度、管子间隙、辊子的转速等发生变化。一般情况下，通过观察试涂工件涂膜的情况，来决定涂料黏度的调节。

§4—5 涂刮与打磨

一、腻子涂刮

腻子（原子灰）是工件涂装中使用的主要物料之一。在工件涂装、修补、改色和翻新过程中，基层表面上的凹坑、焊缝、裂纹、麻眼、粗砂痕及漆膜表面上的针孔和缺陷，都要先用腻子刮平，以提高涂层的平面度，然后再进行涂装，使涂装后的涂层质量达到优良。

腻子采用少量漆基、大量填料及适量的着色颜料配制而成。所用颜料主要是铁红、炭黑、铬黄等。填料主要是重碳酸钙、滑石粉等。可填补局部有凹陷的工件表面，也可在全部表面刮除，通常是在底漆层干透后，施涂于底漆层表面。要求腻子的附着性好，烘烤过程中不产生裂纹。

腻子施工主要采用涂刮的方式，涂刮广泛用于铸造成型的被涂物，也用于金属板材冲压成型的被涂物及其他材质的被涂物。

1. 腻子的分类

腻子的种类很多，常用腻子的种类、特性及用途见表4—1。

表 4—1 腻子分类表

序号	种类	特性	用途
1	普通腻子	多为聚酯树脂型，膏体细腻，操作方便，填充能力强，具有良好的附着力和弹性	适用于大多数基底，例如良好的旧涂层、裸钢板表面等，也可以用于车用塑胶保护杠和玻璃钢件，但不宜涂刮过厚。普通腻子不适用于镀锌板、不锈钢板和铝材及经磷化处理的裸金属表面，但在这些金属表面先喷涂一层隔绝底漆后，即可以正常使用
2	合金腻子	也称为金属腻子，比普通腻子性能更好，因其性能优越，使用方便，所以应用也很广泛，但价格要高于普通腻子	除可用于普通腻子所用的一切场合外，还可以直接用于镀锌板、不锈钢板和铝板等裸金属表面而不必喷涂底漆，但不适用于经磷化处理的裸金属表面

序号	种类	特性	用途
3	纤维腻子	其填充材料中含有纤维物质，干燥后质轻但附着力和硬度很高，可以直接填充直径小于 50 mm 的孔洞和锈蚀	用于比较深的金属凹陷部位，填补效果良好，但表面呈现多孔状，需要用普通腻子填平
4	塑料腻子	调和后呈膏状，可以涂刮也可以手涂，干燥后像软塑胶一样，与基底附着力良好。虽然干后质地柔软，但打磨性能也好，可用机器干磨也可以水磨	专用于柔软的塑料制品的填补
5	幼滑腻子	也称填眼灰，有双组分也有单组分的，以单组分的产品为常见。填眼灰膏体极其细腻，一般在打磨完中间层后，涂面漆之前使用	主要用于填补极其微小的小坑、小眼等，提高面漆的装饰性。因其填补能力比较差，且不耐溶剂，易被面漆中的溶剂咬起，所以不能大面积涂刮使用。但它的干燥时间短（几分钟），干后较软，易于打磨，用于填补小坑时非常适合。也可提高生产效率并能保证质量

2. 腻子涂刮工具

涂刮为手工操作，所用工具为刮刀、腻子盘以及必要的配套打磨工具。

（1）刮刀。刮刀是刮涂的主要工具，常用的有木制刮刀、钢制刮刀、牛角刮刀、塑料刮刀、橡胶刮刀等，如图 4—14 所示，其种类及特点见表 4—2。

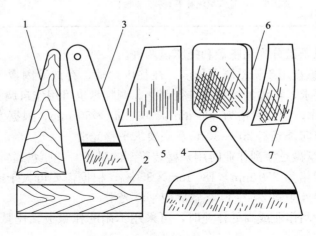

图 4—14　常用刮刀

1—木制刮刀　2—钢制刮刀　3—牛角刮刀

4、5—塑料刮刀　6、7—橡胶刮刀

表 4—2　　　　　　　　　　　　　　　刮刀的种类、特点及用途

刮刀种类	特点及用途
木制刮刀	1. 用柏木和枫木之类的木材制作，制作容易，具有合适的弹性 2. 竖式木制刮刀刃宽为 10～150 mm，刃宽大的用于一般涂刮，刃宽小的用于修整腻子层的缺陷 3. 横式木制刮刀刃宽通常超过 150 mm，刮刀高度不超过 100 mm，用于涂刮大的平面和圆曲面
钢制刮刀	1. 用弹簧钢板制作，具有较强的韧性和耐磨性，常用的钢板厚度为 0.5～1 mm 2. 竖式钢制刮刀用于调拌腻子、小面积涂刮和修整表面凹凸不平的缺陷 3. 横式钢制刮刀刃宽可达 400 mm 以上，用于大面积涂刮 4. 刃口的边角要磨圆，刃口适当打磨不能太锋利，也不能太钝
牛角刮刀	1. 用水牛角制成，其形状与竖式木制刮刀近似 2. 具有弹性，用于对腻子层的修整补平和填补针眼 3. 不耐磨，不适宜大面积涂刮或涂刮粗糙的表面 4. 刃口要磨薄，应呈 20°～30°角，且刃口要磨平直
塑料刮刀	1. 用硬质聚氯乙烯塑料板制成，常用板厚为 3 mm，可制成各种不同刃宽的规格 2. 刃口要磨成一定角度，刃口要磨平直 3. 适宜大面积涂刮，尤其适宜涂刮稠度小的腻子
橡胶刮刀	1. 用耐溶剂、耐油的橡胶板制作，常用的橡胶板厚为 4～10 mm，可制成各种刃宽的规格 2. 刃口不能磨得太高，以免涂刮时强度不够 3. 有很高的弹性，适宜涂刮形状复杂的被涂物表面 4. 强度低，不适宜填坑补平

（2）腻子盘。腻子盘分为调腻盘和托腻盘两种。

1）调腻盘。调腻盘用于调整腻子稠度。往往因运输、存放等因素，腻子的稠度会有所变化，不适合刮涂要求，需添加稀释剂进行调整。调腻盘也可用作自调腻子。调腻盘用厚度为 2～3 mm 钢板制作，常用规格为 500 mm×400 mm×50 mm，根据实际需要可大于或小于这个规格，边沿应向外倾斜 20°～30°，盘底要求平整光滑。

2）托腻盘。托腻盘是涂刮作业时用来盛装待刮的腻子。托腻盘通常用 1.5～2 mm 厚的钢板制作，常用的规格为 250 mm×180 mm×35 mm，根据需要可大于或小于这个规格，但不宜过大，边沿应向外倾斜 20°～30°，盘底应平整光滑。

腻子用量少的涂刮作业或高处作业时，可采用木制的托腻板。托腻板可制成各种形状，如图 4—15 所示。

3. 腻子涂刮操作

（1）调配腻子。涂刮腻子前，首先要将腻子与固化剂按适当的比例进行调配。

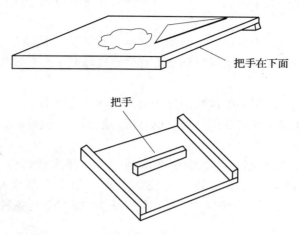

图 4—15　托腻板

1）桶中搅拌。采用铁桶包装的腻子，固化剂采用软管包装，其各种成分如溶剂、树脂及颜料会分离。由于腻子不能在这种分离的形态下使用，故使用前必须将桶盖打开并充分搅拌。固化剂也是如此，使用前充分挤压，使得其各组分在使用时混合良好。

2）按比例取料。先取出适量的腻子放在腻子盒中，然后按规定比例混合固化剂。一般以 100∶2～100∶3 的比例混合，若固化剂过多，干燥后就会开裂，若固化剂太少，就难以固化干燥。现在使用的腻子不仅达到固定配合包装，而且也使用了不同颜色的腻子和固化剂，经验丰富的操作者可以通过腻子混合后的颜色来判断固化剂所加比例。

3）拌和调制。取出腻子后，将腻子和固化剂进行拌和，其要领是：

步骤一：把刮刀的尖端插入固化剂下面，将固化剂舀起，然后把固化剂均匀地散布在腻子基料的整个表面上。

步骤二：将刮刀端头插入腻子下面，然后把腻子向腻子盒底板的左侧提起。

步骤三：当刮刀舀起大约 1/3 的腻子以后，以刮刀右边为支点，将刮刀翻转。

步骤四：将刮刀基本上与底板持平，并将它向下压，一定要将刮刀在底板上刮削，不要让腻子留在刮刀上。

步骤五：稍稍提起刮刀端头，并且将上述步骤中在底板上混合的腻子全部舀起。

步骤六：将腻子翻身，翻的方向与步骤三中相反。

步骤七：与步骤四相同，将刮刀基本上与底板持平，并将它下压，重复步骤三至步骤六的动作。

步骤八：在进行步骤二至步骤七的操作时，腻子往往向上朝腻子盒底板的顶部移动。在腻子延展至腻子盒边缘时，舀起全部腻子，并向腻子盒底板的底部翻转。重复步骤二至步骤七的操作，直至腻子充分混合。

（2）涂刮腻子

1）腻子涂刮的方法。

①往返刮涂法。先将腻子敷在平面的边缘成一条线，刮刀尖成 30°～45° 角向外推向前方，将腻子刮涂于低陷处，多余腻子挤压在刮刀口的右面成一条线。刮刀刮到前端，刀尖即转向 30°～45° 角往回转，又将腻子刮涂在另一低陷处，多余的腻子在刮刀的左面成一条线。

这样往返进行，达到填平整个物面的目的，该涂刮方式主要应用于腻子找补，以及个别存在严重缺陷的部位。

②一边倒涂刮法。即刮刀只向一面涂刮，如从上往下刮、从前往后刮或从下往上刮等。该方法主要用于面积较大平面的大板涂刮，能有效地提高腻子涂刮效率，降低员工的劳动强度。

③圆形物体的涂刮法。圆形物体涂刮腻子可采用橡皮刮刀涂刮。由于橡皮刮刀有弹性，可随圆形物面变形，将腻子涂刮成圆形层，也可用其他刮刀，但要掌握技巧。该涂刮方式属于较高等的腻子涂刮手法。

④全面涂刮腻子。即是将物体表面全部涂刮一遍。要求装饰性强的表面，更需全面涂刮。有时还需与局部嵌补结合，以达到技术要求。用于全面涂刮的腻子要软些，便于操作。各个焊缝，台阶等部位涂刮多以该方法为主，其他各种涂刮手法为辅助配合。

⑤局部嵌补。对于有较大孔洞等缺陷的表面光洁要求不高的表面，可采用局部嵌补。局部嵌补的腻子可硬些，刮腻子的遍数由表面平整程度决定，一般为两遍。第一遍，满刮腻子时，用胶皮刮板横向满刮，一刮板紧接着一刮板，接头不得留茬，每一刮板最后收头要干净、平顺，达到平整、均匀、光滑、不留接茬，待腻子干燥后，用砂纸磨平磨光，不得有划痕。将粉末清扫干净。随即进行第二遍满刮腻子，第二遍应竖向满刮，与第一遍做法一样。该方式主要是用于腻子找补和中途漆回修两个工序中。

2）涂刮操作步骤。涂刮操作通常分为抹涂、刮平、修整三个步骤，但要根据涂刮的要求灵活运用。干燥速度慢的腻子与干燥速度快的腻子涂刮时运用三个步骤是有区别的，前者可明显地分为三个步骤，后者涂刮时不能明显地分为三个步骤，抹涂、刮平、修整应该连续完成。

①抹涂。抹涂是用刮刀将腻子抹涂在被涂物表面。抹涂时先用刮刀从托腻盘中挖取腻子，然后将刮刀的刃口贴附在被涂物的表面，刮刀运行初期应稍向前倾斜，应与被涂物表面呈80°夹角，随着刮刀运行移动，腻子不断地转移到被涂物表面，同时，刮刀上黏附的腻子逐渐减少，因此，要求刮刀在移动过程中逐渐加大向前倾斜的程度，迫使腻子黏附在被涂物表面，直至夹角约为30°时，将刮刀黏附的腻子完全抹涂在被涂物表面。

②刮平。刮平是将抹涂在被涂物表面的腻子层涂刮平整，消除明显的抹涂痕迹。刮平时先应将刮刀上残留的腻子去掉，然后用力将刮刀尽量向前倾斜贴附在腻子层上，并按照抹涂时刮刀的运行轨迹向前刮，随着刮刀的运行移动，刮刀上黏附的腻子会逐渐增多，刮刀与被涂物表面的夹角也应逐渐增大，直至夹角呈90°时把多余的腻子刮下来。

③修整。修整是腻子层已基本涂刮平整后，修整个别不平整的缺陷、接缝痕迹、边沿缺损等。修整时刮刀应向前倾斜，或用少量腻子填补，或用刮刀挤刮，用力不要过大，以防损坏整个腻子层。

3）涂刮腻子的基本要领。腻子涂刮的层数根据物面情况而定，具体操作方式如下：

①涂刮腻子时，右手握刮刀，左手持托腻盘，用刮刀从腻子桶中取出一定量的腻子放在托腻盘上，用托腻盘刮净刮刀并将腻子调匀。用刮刀从托腻盘上刮下少许腻子，使腻子附在刮刀刃口处（中间多两端少），然后把腻子刮在物面上。

②涂刮腻子时，应将刮具轻度向下按压，并沿长轴方向运刮，每次涂刮腻子的量要适中，避免造成蜂窝和针孔。

③直刮时，第一下刮刀应较斜以便压实，第二下较立以便刮平。刮刀带上腻子后，先在开始涂刮的地方轻刮一下，抹上一些腻子，然后再将刮刀从开始涂刮处放下竖直刮一板。开始时刮刀较直立，随着运动刮刀逐渐倾斜。当刮到末端时，将刮刀迅速竖直，并往怀里一带就把剩余腻子从工件上带下来附在刮刀上，将其与托腻子板上的腻子调匀，再重复上述动作。当托腻子盘上的腻子变稠时，将其放入调腻盘内调匀再用。

④横刮时，使刮刀竖直放在工件上，以刮刀下角为圆心使刮刀顺时针转动将腻子摊开，再向下刮成一条。开始时刮刀较立再向下刮时逐渐倾斜，最后刮刀与工件约呈 50°～60°角。

⑤刮腻子时，先填坑再普遍刮，涂刮顺序先上后下，其要领是要做到实、平、光。实就是要填满孔隙，并压实；平就是要使表面平整，方便打磨；光就是要达到表面光滑。

⑥刮腻子时以填平为主，并以表面高点为基准刮平。腻子层应尽量薄，做到以少量腻子刮最大限度的缺陷。如打磨时将底漆磨掉应及时补涂底漆。

4) 涂刮次数。要多次涂刮，腻子层才牢固结实。不能只涂刮一次，每遍腻子的厚度不大于 0.5 mm，因一次涂刮过厚，腻子层容易开裂脱落，且干燥慢。为保证腻子涂刮质量，一般涂刮不少于三次，即通常所说的头道、二道、末道，三次涂刮其各自的要求是不相同的。

刮涂头道腻子要求腻子层与被涂物表面牢固黏结。涂刮时要使腻子浸润被涂物表面，渗透填实微孔，对个别大的陷坑需先用填坑腻子填实。

刮二道腻子要求腻子层表面平整，将被涂物表面粗糙不平的缺陷完全覆盖。二道腻子的稠度应比头道腻子高，涂刮时应逢高不抬逢低不沉，尽量使腻子层表面平整，允许稍有针眼，但不应有气泡。

刮末道腻子要求腻子层表面光滑，填实针眼。涂刮时用力要均衡，尽量使腻子层表面光滑，不出现明显的粗糙面，所用腻子稠度应比二道腻子低。

5) 涂刮腻子注意事项

①选用的腻子要与整个涂装体系配套，即与底漆、面漆配套，面漆为烘烤工艺时腻子也应烘干。腻子除了为调整稠度可以添加配套的稀释剂外，不能任意添加其他填料。

②涂刮前应将被涂物表面清理干净，清除灰尘、水分、油污及其他脏物。涂刮前如发现原涂底漆漆膜脱落或出现锈蚀时，应重新进行表面处理，并重涂底漆，且必须在底漆充分干燥后才能涂刮腻子。

③要根据被涂物的表面形状与涂刮要求，正确选用刮刀。选用刃口很宽的刮刀，操作时应两手执刮刀，且两手用力要均衡。用刮刀从托腻盘挖取腻子时，应只让刮刀的一面黏附腻子。

④涂刮一个被涂物的操作顺序应该先上后下、先左后右、先平面后棱角，涂刮后及时将不应涂刮腻子的部位擦净，以免干结后不易清理。

⑤刮刀使用过程中难免会有损伤，要及时修整，使刃口保持平直。刮刀使用后应及时擦洗干净，钢制刮刀长期不用时，应涂防锈油保存。牛角刮刀与塑料刮刀不要受热，也不要在溶剂中长时间浸泡，以防变形。牛角刮刀长时间保管放置不当也会变形，应用硬质木制夹具

保存。

⑥调腻盘与托腻盘使用后，应及时去掉残存的腻子，擦洗干净，擦洗时不要损伤盘底，保持盘底平整，保管过程中防止受潮锈蚀。

⑦刮腻子时，每一刀的往返次数不宜过多，尽量一下刮成或允许有一个往返。如果反复涂刮，会造成卷边和表面封闭，影响腻子层的干燥。每遍腻子都应彻底干燥后才可进行下一遍涂装，否则会造成涂膜鼓泡、龟裂、起层等弊病。

⑧根据涂料的性能和基层状况，选择适当的腻子和涂刮工具，用油灰刀填补基层孔洞和裂缝时，食指压紧刀片，用力将腻子压进缺陷内，要填满、填实，将四周的腻子收刮干净，使腻子痕迹尽量减少。

⑨腻子涂刮时要先对工件重要部位、不涂刮腻子部位、容易被腻子污染的部位进行屏蔽，作业地面也要屏蔽好，这样是为了营造一个干净的作业环境，给以后的生产作业减少不必要的麻烦。

⑩腻子稠度的调整。涂刮效果与腻子稠度有密切关系，稠度适当才能浸润底层又能确保必要的厚度。通常腻子稠度会随着使用时间延长而增大，这是由于稀释剂挥发的结果。在涂刮前如发现腻子的稠度过高，不符合涂刮要求，应使用与其配套的稀释剂调整并调和均匀。

二、腻子打磨

1. 腻子打磨的方法及特点

打磨是刮涂腻子后必需的后处理工序，打磨腻子层主要是为了表面平整光滑。打磨腻子层有手工打磨、机械打磨两种方法，多数繁重的打磨工作，特别是对大平面的打磨，用机械打磨更显示出其高效率，但对小面积的粗磨，包括大面积的细磨，以及有些工件表面为线性、曲面、转角、圆弧、弯曲部位的腻子需要用手工打磨。

手工打磨又分为手工干磨法和手磨湿磨法两种。手工干磨法在打磨操作过程中粉尘飞扬严重，如果采用手工干磨法，需要有抽风措施，操作者需戴防尘呼吸保护器或防尘口罩、手套、风帽，穿工装等。手工湿磨法也称水磨法，操作时无粉尘飞扬，生产效率高，打磨质量好，但打磨后的涂层上有水分，需经过烘干后方可进行下道工序的施工，故生产周期长。采用湿磨方法打磨时，为防止钢铁被涂物锈蚀，最好用防锈水打磨。两种打磨方法的特点见表4—3。

表4—3 手工湿磨法和手工干磨法的特点

手工打磨种类	手工湿磨法	手工干磨法
打磨作业速度	慢	快
砂纸消耗量	少	多
打磨质量	能满足要求	作为最后一道打磨时，难满足要求
作业性	一般	好
粉尘	少	多

采用机械打磨可降低劳动强度，提高工效，节省打磨材料，但对于弯角、边棱、筋线及弯曲部位不适用，往往需配合手工打磨才能完整地完成打磨作业。

2. 腻子打磨的用具及设备

（1）砂布（或砂纸）。打磨腻子层可用砂布，也可用砂纸。粗磨用1.5～2.5号砂布或80～120号砂纸将腻子层磨平；细磨用1～0号砂布或180～240号砂纸将腻子层打磨光滑。

（2）垫板（手托）。垫板是木制平板，打磨时可以将砂布（或砂纸）卡附在垫板的一面，主要用于平面磨平腻子层，达到磨高不磨低的目的。大的垫板应设置卡紧固定砂布的机构，小的垫板用砂布将垫板裹紧即可。在进行筋线、棱角打磨等方面，垫板比打磨机效果更好，磨出来的边角棱角分明，筋线也平直。

（3）打磨机。打磨机有气动和电动两种。气动打磨机质量轻、效率高，使用方便安全，应用较广泛，如图4—16所示。电动打磨机只需接通电源即可使用，不需另外配置辅助设施，但重量大，湿磨时有漏电危险，如图4—17所示。

图4—16　气动打磨机

图4—17　电动打磨机

3. 腻子打磨的步骤

（1）打磨头道腻子层。打磨头道腻子层的要求是去高就低。打磨采用粗砂布（或粗砂纸）。如果头道腻子层没有明显的凹凸不平缺陷，且比较平整，则可以不打磨。

（2）打磨二道腻子层。打磨二道腻子层的要求是打磨平整，没有明显的高低不平缺陷。采用粗砂布（或砂纸）进行干磨或湿磨，最好用垫板卡住砂布打磨，腻子层都必须打磨，不能遗漏。打磨的顺序是先打磨平面，后打磨棱角。打磨用力要均衡，要纵横交替反复打磨。

（3）打磨末道腻子层。打磨末道腻子层的要求是要将腻子层打磨光滑。采用细砂布（或砂纸）。如果腻子层仍有不平整的缺陷，应先用粗砂布磨平后再进行磨光的工序。打磨的顺序与打磨二道腻子层相同。

一般按照外观平面度要求及底材凹陷的不同，按照工艺要求腻子的涂刮次数是可以调整的，而腻子打磨一般分为以上三种打磨阶段，在腻子施工的各个阶段，都可按照上述步骤进行。

4. 腻子打磨的施工技巧

打磨机打磨是将砂布（或砂纸）卡附在打磨机的磨垫上，借助底座高速平面运动打磨腻子层。与手工打磨一样应根据需要选用合适规格的砂纸。打磨机打磨效率高，但不易达到平整光滑的要求，且只适宜打磨平面，对形状复杂的表面打磨效果不佳，还易产生过磨现象，所以往往用打磨机打磨到一定程度后，最后仍需用手工打磨。

（1）机械打磨的操作要领

1）安装砂纸。把没有黏性的砂纸粘贴在打磨机衬盘上时，要将砂纸中心对正衬盘中心，将砂纸全部覆盖并紧压到衬盘上。

2）用双手握稳打磨机手柄先用粗砂纸打磨，当腻子表面的刮痕基本消除后，应及时更换为细砂纸，磨至腻子表面与周围的高度相近即可，以留出足够的手工细磨余量。

3）打磨时，打磨盘应保持与腻子表面平行，并且不能施力过大，应将打磨机轻轻压住，靠旋转力进行打磨。若施力过大，就不能形成平整的表面。

4）为使腻子表面均匀、平整，打磨机应按"米"字形走向进行打磨，先进行水平方向左右运动，随后沿斜线运动，然后沿垂直方向上下运动，这样可以基本消除变形。如果最后再沿水平方向左右运动一次，消除变形效果会更好。

5）机械打磨时，如果出现了结球现象，应及时更换砂纸，否则砂粒会堆积在一起划伤表面，并降低打磨的效果。

（2）手工打磨的操作要领。手工打磨表面时，应在手托上粘贴相对大小的砂纸或纱布进行打磨，一般填充腻子或底层腻子用较粗的打磨材料，表层腻子则用较细的打磨材料，最终的精细打磨还要用水砂纸蘸水后打磨，手工打磨的操作要领是：

1）选择粗细适宜的砂纸或纱布，并使之与手托尺寸相配，然后固定在手托上。

2）打磨时，把手托平放在打磨面上，手心压紧手托上方，沿着手托长度方向均匀施加中等程度的压力，不要急于求成而用力过猛，否则腻子磨穿或磨出凹坑将前功尽弃。

3）打磨时，使手托作前后往复的摩擦运动，打磨行程为较长的直线。不要使手托做圆周运动，那样会在面层上留下明显的磨痕。

4）对于波浪形的平面，可选用长一些的木块作衬块，打磨的幅度要大一些。

5）打磨型线和圆弧物面时，则应使用与其形状相近的仿形打磨块。

6）干磨时砂纸会被腻子的粉末黏住，经常抖动或拍砂纸可以去掉一些粉末，也可使用涂有滑石粉的砂纸，这样可以减少粉末的堵塞。

7）要掌握好腻子打磨的时机，最好等腻子干燥以后再打磨。打磨太早，腻子会继续收缩；打磨太迟，会因腻子过硬不易打磨。确定腻子是否干透，最简单的方法是用手指甲检查其软硬程度。

（3）薄边的打磨方式。薄边又称为斜口、羽状边，如果新涂膜直接涂覆在旧涂膜的损坏部位，那么损坏的涂膜外形就能透过新涂层显露出来，因此必须把已损坏部位的边缘磨薄，然后在裸露出的金属上填充底漆、中涂，再把整个部位打磨平整。打磨薄边是涂装修补的重要手段，它直接影响修补油漆后涂膜的整体一致性。

1）手工打磨薄边。用手托手工打磨薄边时要分两步进行：

第一步，先用80号砂纸磨掉破损部位的外缘，再用180号砂纸打磨。

第二步，用240号或400号砂纸加水修好薄边，并磨掉粗砂纸留下的磨痕。

2）打磨机打磨薄边。用打磨机打磨薄边时，应采用装有柔性衬垫的轨迹式或双作用打磨机，先用 80 号砂纸粗磨，再用 180 号或 240 号细磨。开始时，先将磨盘平面对着要磨的工作表面，用磨盘约 2.5 cm 宽的外边打磨粗糙的涂膜边缘。打磨机与被磨表面的夹角不能大于 10°，否则会在涂膜上磨出像沟一样的磨痕。在粗糙的涂膜边缘初步磨平后，把磨盘放平，前后移动打磨机磨出薄边，按从里向外的方向打磨整个破损部位，并经常停下来用手摸一摸还有没有粗糙的边缘。整个外边缘都要磨出新口，所有原来损坏的边缘都要磨掉，以免重新涂装时起皮。将表面磨光滑后，出现了面层和底层的环带，这时打磨薄边的工作才算完成。

5. 腻子打磨的注意事项

（1）打磨过程中应充分注意露出的最高点，并以此最高点为准，多次用手摸出平整度并加以修整。

（2）打磨局部补刮的腻子时，要注意腻子层边缘的平整性，即腻子口要磨平，以防止产生腻子层痕迹，给第二道腻子的刮、磨带来不便。

（3）在打磨过程中，应及时敲落砂纸上的磨屑，必要时更换砂纸。

三、中涂漆打磨

1. 中涂漆的定义

中涂漆也称二道浆，就是用于底漆和面漆或底色漆之间的涂料。它既要求能牢固地附着在底漆表面上，又要求能容易地与它上面的面漆涂层相结合，起着承上启下的重要作用。中涂漆除了要求与其上下涂层有良好的附着力和结合力，还应具有填平性，以消除被涂物表面的洞眼、纹路等，从而制成平整的表面，使得涂饰面漆后得到平整、丰满的涂层，提高整个漆膜的鲜映性和丰满度，以提高整个涂层的装饰性；还应具有良好的打磨性，从而打磨后能得到平整光滑的表面。

2. 中涂漆打磨的作用及目的

中涂漆经过加温干燥后需要进行打磨，以去除涂层表面的杂质和粗糙物。在中涂漆表面形成平整表面，保证面漆与中涂漆的附着力，为面漆提供平整的基础。

（1）清除底材表面上的毛刺、杂物及锈层。

（2）对于平滑的表面，通过适当打磨来增加涂层附着力。

（3）消除工件表面及底涂层表面的粗糙度，如腻子层的打磨。

（4）提高工件涂装外观质量，降低涂层橘皮。中涂漆打磨可以降低长、短波，是提高涂装外观质量的有效方法。

3. 中涂漆打磨的分类及方法

分类方法与腻子打磨一致，对于中涂打磨面积大的工件一般使用机械干式打磨的方式。打磨机使用气动，配置有吸尘装置，收集灰尘，改善作业条件。气动打磨机需要配置压缩空气软管和油水分离器，质量轻，效果好，转速可调，使用方便、安全。

4. 中涂漆打磨的施工技巧

（1）打磨前，砂纸选择和使用顺序很重要，一般使用 180～240 号的砂纸进行打磨，对面漆外观要求高的工件需要采用 240 号砂纸打磨。

（2）针对面积小，打磨机不易打磨的部位，以手工打磨为辅助手段，手工打磨时，手握砂布砂纸的方法是拇指在下，四指在上握住砂布，不能握得太死，手掌均匀用力，避免指尖或几个手指用力，尤其是打磨复杂曲面时，要顺其自然地轻磨慢打。开始时，应该旋转打磨，这样可以提高作业效率，到最后时应将打磨伤痕统一在纵向方向，同时注意不应有明显的打磨伤痕。

（3）用打磨机打磨中涂漆的方法与手磨时相同，砂碟的选用也是从粗到细，砂碟要固定牢固，打磨机应轻轻地与被涂面接触。在一些内、外角或圆弧、曲面处，由于较难掌握，有时容易产生过磨现象，这时可换用手磨进行精细作业。操作打磨机进出打磨作业时，一定要待打磨机轻靠在漆面上后再开机，避免因提前开机导致打磨机不平而磨出月牙痕。

（4）中涂漆打磨前必须进行指示碳粉的涂打，指示碳粉为黑色粉末，涂打在打磨面后，在打磨作业时更容易发现底材的缺陷。中涂打磨前直接将指示碳粉撒在涂膜表面，并抹匀，要求待打磨面全部被指示碳粉覆盖。

（5）打磨人员随身带铅笔，一边打磨一边观察，发现底材缺陷应及时标明，喷涂面漆之前要对缺陷进行修补。

（6）如果打磨时不慎将中涂层磨穿了，就容易造成磨穿部位对面漆的吸收与其他部位不同，一旦出现这种情况，可使用原子灰进行填补，再磨平，在通常喷面漆前先在此处细细地"扫"一枪。

（7）中涂打磨结束后，要仔细擦拭干净，使被涂面保持清洁，不能留下渣滓、灰尘等，待喷面漆之前，应使用粘尘布将工件通擦一遍。

5. 中涂漆打磨的注意事项

（1）磨掉残留腻子、毛边、腻子渣、不平整腻子面，轻磨慢打，边缘棱角要磨分明。不得露底，不留砂纸磨道痕迹。打磨后要吹擦或用粘尘布擦拭干净。

（2）严格按工艺要求选用砂布或水砂纸，打磨前应将砂纸对搓，目的是将杂质颗粒打掉。

（3）打磨应注意方向，严禁朝各个方向乱磨，且不应压得过紧。为提高打磨平整度，手工打磨时可垫上软磨块或橡胶磨块。软磨块适用于干磨腻子，橡胶磨块适用于中涂和面漆。

§4—6 空气喷涂

空气喷涂几乎适应各种涂料和各种被涂物，虽然目前有许多新的涂装方法，但它仍然是应用最广泛的涂装工艺之一。

空气喷涂工艺设备包括喷枪和相应的涂料供给装置、压缩空气供给装置、被涂物输送装置、涂装作业环境条件控制与净化等工艺设备。喷枪是最主要的工艺设备，其技术性能对涂装质量的影响最大，其他工艺设备都是为确保必要的工艺参数与漆膜质量，提供必要的技术条件。涂料供给设备包括储漆罐、涂料增压罐或增压泵。压缩空气供给设备包括空气压缩机、油水分离器、储气罐、输气管道。被涂物输送设备包括输送悬链（或输送带）、传送小车、挂具。涂装作业环境条件控制与净化设备包括排风机、空气滤清器、室温与湿度控制调节装置、具有除漆雾功能的喷漆室、废气废漆处理装置等。空气喷涂设备的种类很多，各有其特点，应根据被涂物的状况与材质、预定的涂层体系、对漆膜的质量要求、生产规模等因素选用，组成合理的涂装生产设备系统。

一、空气喷涂的原理

空气喷涂的原理是用压缩空气从空气帽的中心孔喷出，在涂料喷嘴前端形成负压区，使涂料容器中的涂料从涂料喷嘴喷出，并进入高速压缩空气流，使液—气相急骤扩散，涂料被微粒化，涂料呈漆雾状飞向并附着在被涂物表面，涂料雾粒迅速集聚成连续的漆膜。

二、空气喷涂的特点

1. 涂装效率高。每小时可喷涂 $50\sim100$ m^2，比刷涂快 $8\sim10$ 倍。
2. 适应性强。几乎不受涂料品种和被涂物状况的限制，可应用于各种涂装作业场所。
3. 漆膜质量好。空气喷涂所获得的漆膜平整光滑，可达到最好的装饰性。
4. 漆雾飞散。空气喷涂时漆雾易飞散，污染环境，涂料损耗大，涂料利用率一般为 50% 左右，甚至更少。由于喷涂形成的涂膜很薄，因此需反复喷涂几次才能达到规定的涂膜厚度。

三、喷枪的构造

外混式喷枪使用最广，以外混式喷枪为例介绍喷枪的构造。外混式喷枪由枪头、调节机构、枪体三部分组成，其整体构造如图4—18所示。

枪头由空气帽、涂料喷嘴组成，其作用是将涂料雾化，并以圆形或椭圆形的喷雾图形喷涂至被涂物表面。调节机构是指调节涂料喷出量、压缩空气流量和喷雾图形的装置。枪体上装有扳机和各种防止涂料和空气泄漏的密封件，并制成便于手握的形状。

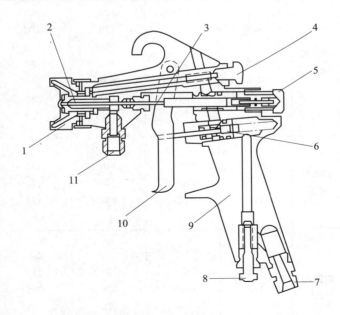

图4—18 喷枪整体构造

1—空气帽 2—涂料喷嘴 3—针阀 4—喷雾图形调节旋钮 5—涂料喷出量调节旋钮

6—空气阀 7—空气管接头 8—空气量调节装置 9—枪身 10—扳机 11—涂料管接头

四、喷枪的种类

按照涂料供给方式、涂料喷嘴口径、空气使用量、喷雾图形等的差别划分，喷枪的种类很多，见表4—4。

表 4—4　　喷枪的种类

涂料供给方式	按被涂物区分	喷雾方式	涂料喷嘴口径/mm	空气用量/（L/min）	涂料喷出量/（mL/min）	喷雾图形幅宽/mm	试验条件
重力式	小型	圆形喷雾	(0.5)①	40 以下	10 以下	15 以下	喷涂空气压力0.3 MPa；喷涂距离200 mm；喷枪移动速度0.05 m/s 以上
			0.6	45	15	15	
			(0.7)①	50	20	20	
			0.8	60	30	25	
			1.0	70	50	30	
吸上式重力式	小型	椭圆形喷雾	0.8	160	45	60	
			1.0	170	50	30	
			1.2	175	80	100	
			1.3	180	90	110	
			1.5	190	100	130	
			1.6	200	120	140	
	大型	椭圆形喷雾	1.3	280	120	150	喷涂空气压力0.35 MPa；喷涂距离250 mm；喷枪移动速度0.1 ms 以上
			1.5	300	140	160	
			1.6	310	160	170	
			1.8	320	180	180	
			2.0	330	200	200	
			(2.2)①	331	210	210	
			2.5	340	230	230	
压送式	小型	椭圆形喷雾	(0.7)①	180	140	140	喷涂空气压力0.55 MPa；喷涂距离200 mm喷枪移动速度0.1 m/s 以上
			0.8	200	150	150	
			1.0	290	200	170	
	大型	椭圆形喷雾	1.0	350	250	200	喷涂空气压力0.35 MPa；喷涂距离250 mm；喷枪移动速度0.15 m/s 以上
			1.2	450	350	240	
			1.3	480	400	260	
			1.5	500	520	300	
			1.6	520	600	320	

① （　）内的口径一般不使用。

五、各类喷枪的应用范围

由于涂料供给方式不同，其应用范围也不一样。

1. 吸上式喷枪

吸上式喷枪的涂料罐位于喷枪的下部，涂料喷嘴一般较空气帽的中心孔稍向前凸出，如图4—19a所示，压缩空气从空气帽中心孔，即涂料喷嘴的周围喷出，在涂料喷嘴的前端形成负压，将涂料从涂料罐内吸出并雾化。吸上式喷枪的涂料喷出量受涂料黏度和密度的影响较明显，而且与涂料喷嘴的口径有密切关系。吸上式喷枪适用于一般非连续性喷涂作业场合。

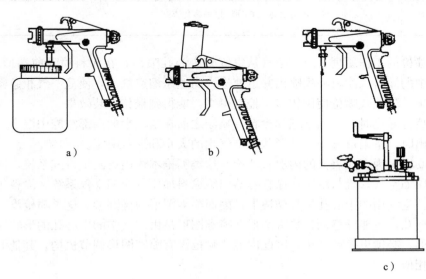

图4—19　喷枪的涂料供给方式
a）吸上式　b）重力式　c）压送式

2. 重力式喷枪

重力式喷枪的涂料罐位于喷枪的上部，涂料靠自身的重力与涂料喷嘴前端形成的负压作用从涂料喷嘴喷出，并与空气混合雾化，如图4—19b所示。喷枪的基本构造与吸上式喷枪相同，但在相同喷涂条件下，涂料喷出量比吸上式大。重力式喷枪用于涂料用量少与换色频繁的喷涂作业场合。当涂料用量多时，可另设高位涂料罐，用胶管与喷枪连接。在这种场合，可通过改变涂料罐的高度调整涂料喷出量。

3. 压送式喷枪

压送式喷枪是从另设的涂料增压罐（或涂料泵）供给涂料，如图4—19c所示。提高增压罐的压力可同时向几支喷枪供给涂料。这种喷枪的涂料喷嘴与空气帽心孔位于同一平面，或较空气帽中心孔向内稍凹，在涂料喷嘴前端不必形成负压。压送式喷枪适用于涂料用量多且连续喷涂的作业场合。

4. 涂料雾化方式不同的喷枪

喷枪雾化涂料的方式分为外混式和内混式两大类，两者都是借助压缩空气的急骤膨胀与扩散作用，使涂料雾化，形成喷雾图形，但由于雾化方式不同，其用途也不相同，使用最广的是外混式。空气喷枪的雾化方式与特点见表4—5。

表 4—5	空气喷枪的雾化方式与特点
雾化方式	特点及适用范围
内混式	1. 涂料与空气在空气帽内侧混合，然后从空气帽中心孔喷出扩散、雾化 2. 适宜雾化高黏度、厚膜型涂料，也适宜黏结剂、密封剂、彩色水泥（砂浆）涂料
外混式	1. 涂料与空气在空气帽和涂料喷嘴的外侧混合 2. 适宜雾化流动性能良好、容易雾化、黏度不高的各种涂料，从底漆到高装饰性面漆，包括金属闪光漆、橘纹漆等美术漆都适应这种雾化方式

外混式喷枪的工作原理是压缩空气从空气帽中心孔喷出，在涂料喷嘴前端形成负压区，使涂料容器中的涂料从涂料喷嘴喷出并迅速进入高速压缩空气流，使液—气相急骤扩散，涂料被雾化飞出。外混式喷枪使用较多，控制得当，能得到最佳涂装效果。

内混式喷枪雾化时，压缩空气和涂料在喷涂之前在空气帽的内部空腔中混合。当涂料从空气帽中喷出时，呈扇形分布，其形状由空气帽的大小和形状决定。

图 4—20 所示为有代表性的内混式喷枪。这类喷枪本体内有两个供气系统，即用于涂料混合雾化的压缩空气系统与用于在涂料容器内给涂料加压的压缩空气系统，涂料供给方式是采用压送式。空气帽的中心孔呈长椭圆形，因而喷雾图形为椭圆形。这种喷枪没有侧面空气孔和辅助空气孔，不能任意调整喷雾图形，喷雾图形是由空气帽的中心孔的形状决定的，要改变喷雾图形，必须更换空气帽，因此内混式喷枪没有喷雾图形调节机构，其他调节机构与外混式喷枪相似。

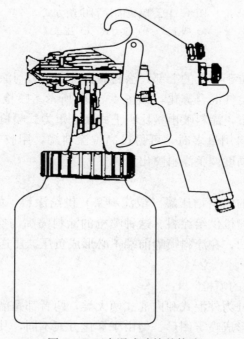

图 4—20　内混式喷枪的构造

5. 特殊喷枪

（1）长枪头喷枪。这种喷枪的枪头长 0.2～1 m，如图 4—21 所示，喷雾方向有一定角度，向前为 45°、90°，向后为 25°、45°，枪头的雾化方式为外混式。这种喷枪适用于管道内壁及其他窄腔内壁涂装。

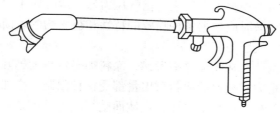

图 4—21　长枪头喷枪

（2）长柄喷枪。这种喷枪是将手柄延伸 1～2 m，如图 4—22 所示，在扳机上安装一根操纵杆操纵扳机。这种喷枪适用于建筑、桥梁、船舶等高空作业涂装。

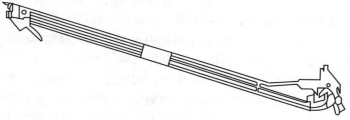

图 4—22　长柄喷枪

（3）自动喷枪。自动喷枪是借空气压力操纵扳机，通常在针阀的尾部装有气动活塞，借助空气压力进行远距离操作。如图 4—23 所示，利用这种控制方法，可同时操纵数把喷枪。这种喷枪适用于连续涂装生产线进行自动喷涂。

（4）无雾喷枪。无雾喷枪可以防止漆雾飞散，提高涂料的利用率。这种喷枪的枪头构造与一般的外混式喷枪相似，只是在空气帽的外沿有一圈小孔，压缩空气从这些小孔喷出，形成环状气幕，将漆雾包围，防止漆雾飞散。

图 4—23　自动喷枪

六、空气喷涂作业

1. 喷枪的调整

喷涂作业之前，必须将喷枪调整到最适宜的喷涂条件。一般根据所采用的涂料品种、被涂物的形状及预计所要达到的质量要求，对喷枪的空气压力、涂料喷出量和喷雾图形幅宽，调整到最适宜的程度。喷枪的空气压力、涂料喷出量、喷雾图形幅宽之间有着密切的关系。

通常吸上式与重力式喷枪提高空气压力，涂料喷出量就随着增加，但不能超过一定限量（0.6～0.7 MPa），超过一定限量反而会减少涂料喷出量。喷雾图形幅宽随着空气压力的升高虽有所增加，但超过一定限量，喷雾图形的中心部位有变窄直至断开的倾向。反之，空气压力下降，喷雾图形幅度会减小，且中心部位会增厚。压送式喷枪的涂料喷出量与空气压力的关系很小，可以任意调节。

（1）空气压力的调节。各种喷枪使用的空气压力都有一个规定范围。空气压力高漆雾粒子细，但漆雾飞散多，涂料损失大，反之，空气压力低，漆雾粒子粗，漆膜表面粗糙，会产生橘纹、针孔等缺陷。喷涂时应根据各种喷枪的特性和被涂物的表面状况，调节好喷枪的空气压力。喷涂时应确保空气压力稳定。

（2）涂料喷出量的调节。从喷涂效率考虑，涂料喷出量越大越好，但是涂料喷出量受空气量的限制，吸上式和重力式喷枪的涂料喷出量都受这种限制。增加涂料喷出量就必须增加空气量，增加空气量的途径是提高空气压力，然而空气压力升高是有限的。由于增加空气量受到限制，而且涂料喷出量影响漆雾粒子的细度，过多地增加涂料喷出量，必然会使漆雾粒子变粗，影响漆膜表面的平滑性。

（3）喷雾图形的调节。喷雾图形的大小被称为喷雾图形的幅宽，圆形喷雾图形是指它的直径，椭圆形喷雾图形是指椭圆形的长轴。一般涂料喷出量大的喷枪，其喷雾图形也大，通过喷雾图形调节装置可将喷雾图形从圆形调节到椭圆形，椭圆形喷涂应用广泛，主要用于大面积喷涂，圆形喷涂一般应用于较小的被涂物与内表面。椭圆形喷雾图形长轴的两端较薄，喷涂时一定要使前后喷雾图形有一定的搭接，确保漆膜厚度均匀一致。

喷雾图形幅宽应根据被涂物的形状进行调整，幅宽过小影响喷涂效率，幅宽过大漆雾飞散多，涂料损失大。经过喷雾图形调节装置，增减空气帽侧面空气孔的空气喷出量，可以调节喷雾图形的幅宽。作横向喷涂时，应将空气帽的侧面空气孔调整到横轴位置，作纵向喷涂时，应将空气帽的侧面空气孔调整到纵轴位置，如图 4—24 所示。

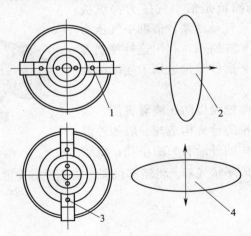

图 4—24　横向与纵向喷涂空气帽的调整
1—横向喷涂侧面空气孔的位置　2—横向喷涂喷雾图形
3—纵向喷涂侧面空气孔的位置　4—纵向喷涂喷雾图形

2. 喷涂作业要点

在喷涂作业时，要掌握好喷涂距离、喷枪运行速度、喷雾图形的搭接等要领，才能获得满意的喷涂效果。

（1）喷涂距离。喷涂距离是指喷枪前端与被涂物之间的距离。在一般情况下，使用大型喷枪喷涂时，喷涂距离应为 20～30 cm，使用小型喷枪喷涂时，喷涂距离应为 15～25 cm。喷涂时，喷涂距离保持恒定是确保漆膜厚度均匀的重要因素之一。

喷涂距离影响漆膜厚度与涂着效率，在同等条件下，距离近漆膜厚、涂着效率高；距离远漆膜薄，涂着效率低。喷涂距离过近，在单位时间内形成的漆膜过厚，易产生流挂；喷涂距离过远，则涂料飞散多，且由于漆雾粒子在大气中运行时间长，稀释剂挥发太多，漆膜表面粗糙，涂料损失也大。喷涂距离不当产生的弊病如图 4—25 所示。

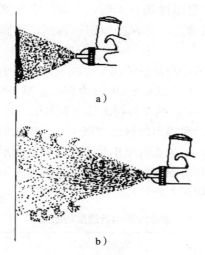

图 4—25　喷涂距离不当产生的弊病
a）距离过近　b）距离过远

喷涂时喷枪必须与被涂表面垂直，运行时保持平行，才能使喷涂距离恒定。如果喷枪呈圆弧状运行，则喷涂距离在不断变化，所获得漆膜中部与两端将产生明显差别。如果喷枪倾斜，则喷雾图形的上部和下部的漆膜厚度也将产生明显的差别，如图 4—26 所示。

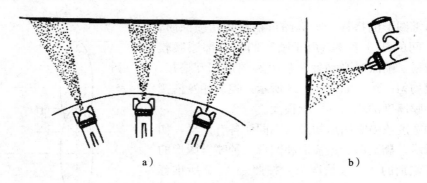

图 4—26　喷枪运行不当对喷涂距离的影响
a）喷枪作弧状运行　b）喷枪运行时倾斜

喷涂距离与喷雾图形的幅宽也有密切关系。如果喷枪的运行速度与涂料喷出量保持不变，喷涂距离由近及远逐渐增大，其结果将是喷涂距离近时，喷雾图形幅宽小，漆膜厚；喷涂距离增大时，喷雾图形幅宽大，漆膜薄，如果喷涂距离过大，喷雾图形幅宽也会过大，且会造成漆膜不完整、漏底等缺陷。

（2）喷枪运行速度。喷涂作业时，喷枪运行速度要适当，并保持恒定。喷枪的运行速度一般应控制在 20～60 cm/s 范围内，当运行速度低于 30 cm/s 时，形成的漆膜厚，易产生流挂；当运行速度大于 60 cm/s 时，形成的漆膜薄，易产生漏底的缺陷。被涂物小且表面凹凸不平时，运行速度可慢一点儿，被涂物大且表面较平整时，在增加涂料喷出量的前提下，运行速度可快一点儿。

喷枪的运行速度与漆膜厚度有密切的关系，在涂料喷出量恒定时，运行速度 50 cm/s 时的漆膜厚度与 25 cm/s 时的漆膜厚度相差 4 倍，所以，应按照漆膜厚度的要求确定适当的运行速度，并保持恒定，否则，漆膜厚度会不均匀。

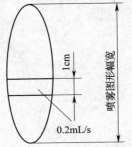

图 4—27　涂料喷出量与
喷雾图形幅宽

确定喷枪运行速度，还应考虑涂料的喷出量。在通常情况下对于喷雾图形幅宽 1 cm 的涂料喷出量以 0.2 mL/s 为宜，如图 4—27 所示。如果喷雾图形幅宽为 20 cm，则涂料喷出量应为 4 mL/s。由此可见喷雾图形幅宽不变，而涂料喷出量增加或减少，则喷枪运行速度应随着加快或减慢。同样，如果涂料喷出量不变，喷雾图形幅宽增大或减小，喷枪运行速度也应随着加快或减慢。可见喷枪运行速度受涂料喷出量与喷雾图形幅宽的制约，见表 4—6。

表 4—6　　　　　　　　　　　　　影响喷枪运行速度的因素

涂料喷出量	喷雾图形幅宽	喷枪运行速度
多	大	快
少	大	慢
多	小	快
少	小	慢

（3）喷雾图形的搭接。喷雾图形搭接是指喷涂时，喷雾图形之间的部分重叠。由于喷雾图形中部漆膜较厚，边沿较薄，喷涂时必须使前后喷雾图形相互搭接，才能使漆膜均匀一致，如图 4—28 所示。控制相互搭接的宽度对漆膜厚度的均匀性影响很大。

搭接的宽度依喷雾图形的形状不同而各有差异，如图 4—29 所示，椭圆形、橄榄形和圆形三种喷雾图形的平整度是有差别的。一般情况下，按照表 4—7 所推荐的搭接宽度进行喷涂，可获得平整的漆膜。

（4）涂料的黏度。涂料的黏度也是喷涂作业要注意的问题。涂料黏度影响涂料喷出量，如用同一口径喷嘴喷涂不同黏度的涂料，黏度高的涂料喷出量少，黏度低的涂料喷出量相对要多一些。

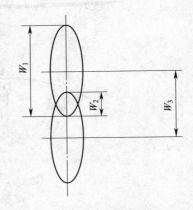

图 4—28　喷雾图形的种类与平整度
W_1—喷雾图形幅宽　W_2—重叠宽度
W_3—搭接间距

114

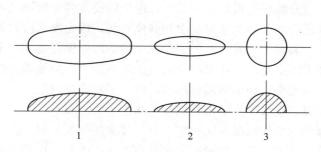

图 4—29　喷雾图形的搭接

1—喷雾图形幅宽　2—重叠宽度　3—圆形

表 4—7　　　　　　　　　　　　　　喷雾图形的搭接

喷雾图形形状	重叠宽度	搭接间距
椭圆形	1/4	3/4
橄榄形	1/3	2/3
圆形	1/2	1/2

　　涂料的黏度影响漆膜的平整度。涂料黏度与雾化效果有密切关系，如在涂料喷出量相同的情况下，黏度为 20 s 和 40 s 的两种涂料，其漆雾粒子直径相差是很明显的，漆雾粒子直径的差异，将会导致漆膜平整度的差异。

　　在喷涂前应对涂料进行必要的稀释，将喷涂黏度调整到合适的范围，常用涂料适宜的喷涂黏度见表 4—8。另外，由于各种涂料的特性不同，其喷涂黏度是各不相同的，所以，在确定喷涂条件时，也应考虑涂料黏度这个因素。如用同一口径喷枪，喷涂黏度高的涂料，可将涂料喷出量控制小一点，喷涂黏度低的涂料，相应的可将涂料喷出量调整大一点。

表 4—8　　　　　　　　　　　常用涂料适宜的喷涂黏度

涂料种类	黏度（涂—4 杯）	标准黏度
	/s	/mPa·s
硝基树脂漆和热塑性丙烯酸树脂漆	16～18	35～46
氨基醇酸树脂漆和热固性丙烯酸树脂漆	18～25	46～78
自干型醇酸树脂漆	25～30	78～100

　　温度会使涂料黏度发生变化，而且这种变化会因稀释率不同而不同。温度过低会使涂料黏度增高，影响涂料雾化效果，漆膜平整度差；温度过高会使涂料黏度急剧降低，导致漆膜厚度下降。喷涂时应将涂料温度控制在 20～30℃ 范围内，同时，应注意作业环境温度对涂料黏度的影响，适时调整喷涂条件。冬季环境温度低时，喷涂涂料黏度应在控制范围内使用偏高黏度，夏季环境温度高则相反，应在控制范围内使用偏低黏度。

七、喷涂作业注意事项及常见缺陷的改进方法

1. 喷涂作业中使用喷涂装置的注意事项

（1）防止杂物混入涂料。喷涂前涂料必须过滤，除去其中的杂质，不能混入灰尘、结块

的涂料。喷涂装置中所有涂料通道要保持清洁，避免因前次喷涂后清洗不净的残留物，堵塞喷枪和管路。拆卸和组装时要避免沾附灰尘和其他脏物，以免混入涂料影响漆膜外观。

（2）防止沾污喷涂装置。喷涂装置要完全避免被沾污、保持清洁很不容易，但喷涂作业时必须使喷涂装置处于清洁状态。如果喷涂装置沾附有灰尘、废漆等污物，喷涂时将会影响喷涂质量，特别是喷枪枪头，如果沾附有污物，将会影响雾化效果。

在清洗喷涂装置时，要将沾附的污物刷洗干净。

（3）注意运动部件的磨损情况。涂料中含有比较多的硬质材料，这些硬质材料容易磨损喷涂装置的运动部件，喷涂装置的故障大多由此而产生。因此，应经常检查运动部件的磨损情况与密封件的密封情况，以便尽早维护或更换。

（4）注意稀释剂对管路和密封垫的侵蚀。涂料的稀释剂对管路和密封垫有侵蚀作用，因此必须采用耐稀释剂侵蚀的管路和密封垫。但是，一般涂料不通过的部位，可以采用不十分耐稀释剂的材料，只是清洗时要避免与稀释剂接触。

（5）防止静电火花放电。溶剂型涂料多数是绝缘体，在喷涂作业中，涂料大量流动或向容器内大量注入涂料时，涂料与被涂物或容器接触，由于相互急剧摩擦而产生静电荷，这些静电荷集聚在被涂物或容器表面，当接触接地的物品时，则产生火花放电，这是涂装作业引起火灾的原因之一，因此，所有喷涂装置都应有可靠的接地措施。

2. 喷雾图形产生缺陷的原因及改进方法

喷涂时完好的喷雾图形是获得满意漆膜的关键，由于某些喷涂条件不正常，或喷枪出现故障，使喷雾图形产生缺陷。喷雾图形产生缺陷的原因及改进方法见表 4—9。

表 4—9　　　　　　　　　　喷雾图形产生缺陷的原因及改进方法

现象	原因	改进方法
喷涂时涂料时有时无	1. 空气进入涂料通道 2. 涂料罐内涂料不足 3. 涂料管接头松动或破损 4. 涂料通道堵塞 5. 涂料喷嘴损伤或未紧固 6. 针阀密封垫破损或松动 7. 涂料黏度过高 8. 涂料罐的空气孔堵塞	1. 防止空气进入涂料通道 2. 添加涂料 3. 拧紧或更换涂料管接头 4. 除去堵塞物 5. 更换或拧紧 6. 更换或拧紧 7. 稀释，适当降低黏度 8. 除去堵塞物
喷雾图形不完整	1. 空气帽的一侧的侧面空气孔堵塞 2. 涂料喷嘴的一内侧沾附污物 3. 空气帽中心孔与涂料喷嘴之间的间隙局部堵塞 4. 空气帽与涂料喷嘴的接触面局部沾附污物，使空气帽中心孔与涂料喷嘴不同心 5. 空气帽中心孔内侧或涂料喷嘴外侧局部损伤	先喷一下，然后将空气帽转动，再喷一下，并对两次喷雾图形进行比较，若喷雾图形相同，则是涂料喷嘴有故障，若不相同，则是空气帽有故障 1. 除去堵塞物 2. 除去污物 3. 除去堵塞物 4. 除去污物 5. 更换空气帽喷嘴

现象	原因	改进方法
喷雾图形的一端过宽过浓	1. 空气帽中心孔与涂料喷嘴之间的间隙局部沾附污物或有干结的涂料 2. 空气帽松动 3. 空气帽或涂料喷嘴变形	1. 除去污物或干结的涂料 2. 拧紧空气帽 3. 更换空气帽或喷嘴
喷雾图形中心部窄，两端且浓	1. 喷涂空气压力过高 2. 涂料黏度过低 3. 空气帽侧面空气量过多 4. 空气帽中心孔与涂料喷嘴之间的间隙沾附污物或有干结的涂料 5. 涂料喷出量过小	1. 调整喷涂空气压力 2. 添加原漆，提高黏度 3. 减少侧面空气孔的空气喷出量 4. 除去污物或干结的涂料 5. 增加涂料喷出量
喷雾图形小	1. 喷涂压力过低 2. 涂料喷嘴因严重磨损，口径过大 3. 空气帽中心孔与涂料喷嘴的间隙过大	1. 调整喷涂空气压力 2. 更换涂料喷嘴 3. 更换空气帽

3. 空气喷涂涂膜常见缺陷及改进方法

喷涂作业时由于某些作业条件不正常，或作业环境条件差，会使涂膜产生缺陷。空气喷涂涂膜常见缺陷及改进方法见表4—10。

表4—10　　　　　　　　　空气喷涂涂膜常见缺陷及改进方法

现象	原因	改进方法
涂膜泛白	1. 作业环境湿度过高 2. 稀释剂的低沸点组分过多 3. 喷涂用的压缩空气中有水分	1. 降低作业环境的湿度或停止作业 2. 稀释剂中加入高沸点组分 3. 清除油水分离器中的水分
粗糙	1. 喷涂距离过大 2. 空气帽或涂料喷嘴对所喷涂料不适应 3. 压缩空气压力过高	1. 缩小喷涂距离 2. 更换合适的空气帽或涂料喷嘴 3. 降低压缩空气压力
橘纹	1. 喷枪运行速度过快 2. 涂料黏度过高 3. 涂料分散搅拌不良 4. 喷涂距离过远或过近 5. 稀释剂的低沸点组分过多，挥发太快，使漆膜流平效果差 6. 压缩空气压力过低，漆雾雾化不良	1. 调整喷枪的运行速度 2. 添加稀释剂，降低黏度 3. 喷涂前将涂料充分搅拌 4. 调整喷涂距离 5. 增加稀释剂的高沸点组分 6. 提高压缩空气压力
气泡	1. 压缩空气中有水分 2. 涂料与被涂物表面的温差过大 3. 被涂物表面沾有油污、水、灰尘	1. 清除油水分离器集聚的油水，提高分离效果 2. 采取措施，减小涂料与被涂物表面的温差 3. 喷涂前仔细清理被涂物表面
条痕	1. 空气帽或喷嘴被涂料沾污 2. 喷雾图形搭接不良 3. 压缩空气压力过高 4. 喷枪不垂直于被涂物表面	1. 清除沾污的涂料 2. 调整喷雾图形的搭接宽度 3. 降低压缩空气压力 4. 保持喷枪与被涂物表面的垂直

八、喷枪的维护与故障处理

1. 喷枪的维护

喷枪使用后应进行清洗维护，以使其保持良好状态。

（1）喷枪使用后，将清洗溶剂倒入涂料罐，像喷涂一样喷出清洗溶剂，将涂料通道清洗干净，保持畅通。

（2）将空气帽、涂料喷嘴和枪体刷洗干净，不能用对金属有腐蚀作用的苛性钠碱性清洗剂。

吸上式和重力式喷枪的清洗方法是：先在涂料杯和罐中加入少量稀释剂，喷吹一下，再使溶剂回流数次即可。

压送式喷枪的清洗方法是：先将涂料增压箱中的空气排放掉，用手指压住喷头，靠压缩空气将胶管中的涂料压回增压箱中，随后用溶剂洗净喷枪和胶管，并吹干，用带溶剂的毛刷将空气帽、喷嘴及枪体清洗干净。

当发现堵塞现象时，应用硬度不高的针状物如软木针疏通，切不可用硬度高的钢针或其他硬物去疏通，以免损伤涂料喷嘴和空气帽的空气孔。枪针污染得很脏时，可拔出清洗。

（3）暂停喷涂时，应将喷枪头浸入溶剂中，以防喷枪头的涂料干结，堵塞涂料和空气通道。但不能将喷枪全部浸入溶剂中，以防损伤喷枪各部位的密封垫。

（4）喷枪长时间不用时，涂料喷嘴、针阀、扳机等活动部件清洗干净后，应涂防锈油脂，防止锈蚀。

（5）经常检查喷枪的针阀、空气阀等部件的密封垫，如发现泄露，应及时维修或更换。

（6）不宜随意拆卸喷枪。如需拆卸和组装喷枪时，各调节阀芯应保持清洁，不要沾附灰尘和涂料；空气帽和涂料喷嘴不应有任何碰伤和擦伤。喷枪组装后应检查各活动部件工作是否正常，扣动扳机开始时应只有空气喷出，继续扣紧才应喷出涂料。

2. 喷枪的故障及处理方法

空气喷涂喷枪由于装配不当，或使用时间过长，因零部件松动、损伤产生故障，会影响正常喷涂，必须及时消除故障。喷枪故障及解决方法见表4—11。

表4—11　　　　　　　　　　　　　　喷枪故障及解决方法

故障	原因	解决方法
未扣扳机，枪头前端漏气	空气阀密封不好 1. 空气阀弹簧损坏 2. 空气阀片沾附污物 3. 空气阀片或空气阀有损伤 4. 空气阀垫圈过紧	1. 更换空气阀弹簧 2. 卸开空气阀片去除污物 3. 更换空气阀片或空气阀 4. 调整空气阀垫圈松紧程度
涂料喷嘴前端泄漏涂料	1. 涂料喷嘴与针阀阀芯的接触面有污物 2. 涂料喷嘴或针阀阀芯损伤 3. 涂料喷嘴内腔锥形面与针阀阀芯锥形面配合不紧密，接触不密封 4. 针阀垫圈过紧，针阀动作不灵活 5. 针阀弹簧损坏	1. 清洗涂料喷嘴内腔及阀芯 2. 更换涂料喷嘴或针阀阀芯 3. 磨对配合 4. 调整针阀松紧程度 5. 更换针阀弹簧

故障	原因	解决方法
针阀垫部位泄漏涂料	1. 针阀垫圈太松 2. 针阀垫圈磨损	1. 拧紧针阀垫圈 2. 更换针阀垫圈
扣动扳机后出气不畅	空气通道粘附有固体物	检查、洗净空气过滤网、空气通道和空气帽的空气孔

§4—7 高压无气喷涂

高压无气喷涂（简称无气喷涂）是不需要借助压缩空气喷出使涂料雾化，而是给涂料施加高压使涂料喷出时雾化的工艺。

为适应各种涂装需要，充分发挥无气喷涂的特长，并弥补某些不足之处，无气喷涂设备和喷涂方法有了新的发展。静电无气喷涂综合了无气喷涂和静电喷涂两者的特长，充分发挥了无气喷涂效率高和静电喷涂涂着效率高的特点；热喷型无气喷涂既能在无气喷涂高固体分和高黏度涂料时，改善雾化效果，提高漆膜的装饰性，又能获得较厚的漆膜；双组分无气喷涂的出现是为适应双组分涂料的喷涂需要；空气辅助无气喷涂综合了空气喷涂和无气喷涂的特长，既发挥了空气喷涂雾化效果好，漆雾粒子细的特长，又保留了无气喷涂效率高的特长，且喷涂压力低，只需一般无气喷涂压力的 1/3 左右。

无气喷涂开发至今，喷涂设备有了很多改进，并能满足各种涂装作业的需要，成为目前应用最广泛的涂装方法，已在车辆、船舶、机械、建筑等领域普遍得到应用。

一、无气喷涂的原理

高压无气喷涂的原理如图 4—30 所示，将涂料施加高压（通常为 11～25 MPa），使其从涂料喷嘴喷出，当涂料离开涂料喷嘴的瞬间，便以高达 100 m/s 的速度与空气发生激烈的冲撞，使涂料破碎成微粒，在涂料粒子的速度未衰减前，涂料粒子继续向前与空气不断地多次冲撞，涂料粒子不断地被粉碎，使涂料雾化，并黏附在被涂物表面。

二、无气喷涂的特点

高压无气喷涂适用于喷涂下列高固体分涂料：环氧树脂类、硝基类、醇酸树脂类、过氯乙烯树脂类、氨基醇酸树脂类、环氧沥青类、乳胶涂料以及合成树脂漆、热塑型和热固型丙烯酸树脂类涂料。

1. 涂装效率高

无气喷涂的涂装效率比刷涂高 10 倍以上，比空气喷涂高 3 倍以上，可达到 400～1 000 m²/h。

2. 对涂料黏度适应范围广

可以喷涂黏度较低的普通涂料，也适应喷涂高黏度涂料，可获得较厚的涂膜，减少喷涂次数。

3. 涂膜质量好

无气喷涂避免了压缩空气中的水分、油滴、灰尘对涂膜所造成的弊病，可以确保涂膜质量。

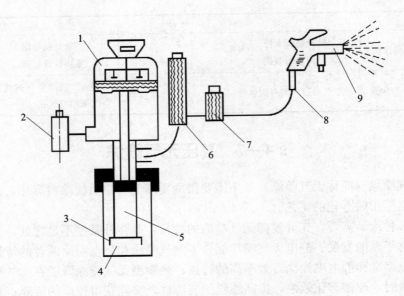

图4—30 无气喷涂的原理

1—空压机气缸 2—油水分离器 3—盛漆桶 4、7、8—过滤器 5—柱塞泵 6—蓄压器 9—喷枪

4. 减少对环境的污染

由于不使用空气雾化，漆雾飞散少，且涂料的喷涂黏度较高，稀释剂用量减少，因而减少了对环境的污染。

5. 调节涂料喷出量和喷雾图形幅宽需更换涂料喷嘴

由于无气喷枪没有涂料喷出量和喷雾图形幅宽调节机构，只有更换涂料喷嘴才能达到调节的目的，所以在喷涂作业过程中不能调节涂料喷出量和喷雾图形幅宽。

三、无气喷涂设备的组成

无气喷涂设备如图4—31所示，高压无气喷涂设备主要由动力源、高压喷枪、高压泵、过滤器、蓄压器、高压软管等组成。

1. 动力源

涂料加压用的高压泵动力源有压缩空气、油压和电源三种。一般多采用压缩空气作动力源，用压缩空气作动力操作比较简便、安全。压缩空气动力源的装置包括空气压缩机（或储气罐）、压缩空气输送管、阀门和油水分离器等；油压动力源装置包括油压泵、过滤器和油槽等；电动力装置包括电源线路及其有关的控制装置，使用220 V或380 V电源。

2. 喷枪

无气喷枪由枪体、涂料喷嘴、过滤器（网）、顶针、扳机、密封垫、连接部件等构成。无气喷枪与空气喷枪不同，只有涂料通道，没有压缩空气通道。无气喷枪由于涂料通道要承受高压，要求具有优异的耐高压的密封性，枪体要求轻巧，扳机启闭应灵敏，与高压软管连接处转动要灵活，操作要方便。

（1）无气喷枪的种类。无气喷枪有多种类型，主要的种类见表4—12。

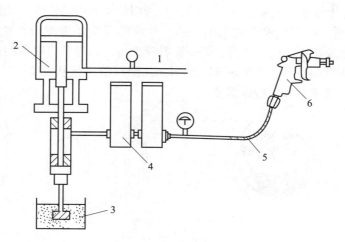

图 4—31　无气喷涂设备的组成

1—动力源　2—高压泵　3—涂料容器　4—蓄压过滤器　5—涂料输送管道　6—喷枪

表 4—12　　　　　　　　　　　　　高压无气喷枪的种类

喷枪类型	图例	特点及应用范围
手持式喷枪		1. 构造轻巧，作业时手持操作方便 2. 适用于各种作业场合，可用于固定和不固定的作业场合
长杆式喷枪		1. 枪柄杆长 0.5～2 m，喷枪前端有回转机构，可旋转 90° 2. 适用于高大被涂物的喷涂
自动喷枪		1. 喷枪的启闭由喷枪尾部的气缸进行控制，喷枪在喷涂作业时移动由自动生产线的专用机构自动控制 2. 适用于涂装自动生产线进行自动喷涂

（2）涂料喷嘴。涂料喷嘴是无气喷枪最关键的零部件，涂料的雾化效果与喷出量、喷雾图形的形状与幅宽，都是由涂料喷嘴的几何形状、孔径大小与加工精度决定的。为提高使用寿命，涂料喷嘴都采用耐磨材料制作，如硬质合金等。

涂料喷嘴可分为标准型喷嘴、圆形喷嘴、自清型喷嘴和可调喷嘴，如图 4—32 所示。

1）标准型喷嘴。标准型喷嘴使用最普遍。喷嘴的开口呈橄榄形，喷雾图形呈椭圆形，这种喷嘴的口径称为等效口径，相当于同一涂料喷出量的圆形开口喷嘴的口径。这种喷嘴的型号很多，喷雾图形幅宽从 150 mm 到 600 mm，涂料喷出量从 0.2～5 L/min，甚至可达 10 L/min 以上，可以满足各种喷涂需要。

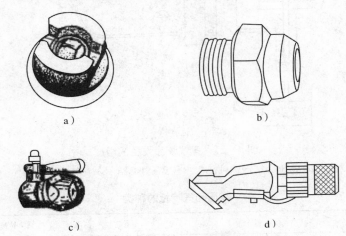

图 4—32　喷嘴种类
a）标准型喷嘴　b）圆形喷嘴　c）自清型喷嘴　d）可调喷嘴

2）圆形喷嘴。喷嘴的开口呈圆形，喷雾图形呈圆形。按涂料喷出量从 0.26 L/min 至 3.6 L/min 有多种型号，按圆锥形喷雾的角度通常分为 40°、60°、80°三种，使用较普遍的是 60°。圆形喷嘴主要用于喷涂管道内壁及其他狭窄部位。

3）自清型喷嘴。自清型喷嘴有一个换向机构，当喷嘴被堵塞时，旋转 180°可将堵塞物冲掉。这种喷嘴有球形和圆柱形两种，以圆柱形自清型喷嘴为常用。

4）可调喷嘴。可调喷嘴具有一个调节塞，可在不停机的情况下，任意调节涂料喷出量和喷雾图形幅宽，能满足不同大小被涂物的喷涂要求。一个可调喷嘴可代替 10 个以上不同规格的标准型喷嘴，而且还易于清除堵塞物。

3. 高压泵

无气喷涂用的高压泵有气动高压泵和液压高压泵两种。

（1）气动高压泵。气动高压泵应用广泛，以压缩空气为动力，使用的压缩空气压力一般为 0.4～0.6 MPa，最高可达 0.7 MPa，通过减压阀调节压缩空气压力控制涂料的压力。

气动高压泵最大的特点是安全，在有易燃有机溶剂蒸汽的场合使用，无任何危险；设备结构不复杂，操作容易掌握，其缺点是动力消耗大、噪声大。

（2）液压高压泵。液压高压泵以油压作动力，通常使用的液压为 5 MPa，最高液压可达 7 MPa。借助减压阀控制油压调整涂料的喷出压力。

油压高压泵的油压供给方式有两种，一种是独立的油压源，可同时向几个油压高压泵供给油压；另一种是一个单独的电动油压源与高压泵组成移动式的油压高压泵。前者适用于喷涂场所固定且大批量的喷涂作业，后者适用于喷涂场所不固定的喷涂作业。油压高压泵的特点是动力利用率高，比气动高压泵约高 5 倍，噪声比气动高压泵低，使用也很安全，维护也较容易。缺点是需要专用的油压源，油压源所用的油有可能混入涂料中，影响涂膜质量。因油压源驱动的高压泵容量大，而且可同时驱动几台高压泵，与压缩空气相比成本较低。

4. 蓄压过滤器

通常蓄压与过滤机构组合成一个装置，所以称之为蓄压过滤器。

（1）构造。蓄压过滤器的构造如图 4—33 所示，由蓄压器筒体、滤网、过滤网架、放泄阀、出漆阀等组成。从高压泵输入的高压涂料，从底部的进漆口进入筒体内脏，经过滤网过滤后由出漆阀排出，再经高压软管输送至喷枪进行喷涂。

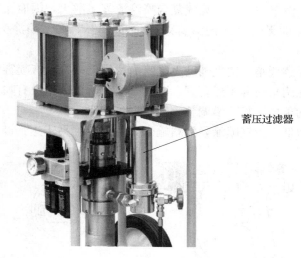

图 4—33　蓄压过滤器

（2）作用。蓄压过滤器的作用是使涂料压力稳定，另一个作用是过滤涂料中的杂质，避免喷嘴堵塞。

5. 输漆管道

输漆管道是高压泵与喷枪之间的涂料通道，它必须耐高压和耐涂料的侵蚀，耐压强度一般要求达到 12～25 MPa，甚至要求高达 35 MPa，而且还应具有消除静电的特性。

输漆管道管壁的构造分为三层，最里层一般都采用尼龙管坯，中间层为不锈钢丝或化学纤维编织网，最外层为尼龙、聚氨酯或聚乙烯被覆层，同时还必须编入接地导线，供喷涂作业时接地用。

四、新型无气喷涂设备——空气辅助无气喷涂设备

空气辅助无气喷涂设备集中了无气喷涂和空气喷涂的特点，一方面像无气喷涂一样，可以喷涂黏度较高的涂料，喷涂效率高，能获得较厚的涂膜；另一方面像空气喷涂一样，雾化效果好，涂膜装饰性好；且抑制了漆雾的飞散，节省涂料，改善喷涂作业环境。

1. 构造与性能

这种喷涂设备所用喷枪的喷嘴与无气喷涂喷枪的喷嘴相同，同时也与空气喷枪一样设有空气帽和喷雾图形调节装置，如图 4—34 所示。当涂料在低压（与一般的无气喷涂相比）条件下被压送至涂料喷嘴喷出时，借助从空气帽喷出的雾化空气流，促进漆雾细化，并通过喷雾图形调节装置调整空气孔，以调节喷雾图形的幅宽。这两股空气流还具有包围漆雾的功能，防止漆雾飞散。

2. 主要特点

（1）喷涂压力低。无气喷涂涂料压力通常都在 10 MPa 以上，空气辅助无气喷涂涂料压力为 4～6 MPa，能延长高压泵和喷枪的使用寿命，还可以降低涂料输送管道的耐压强度要求。

（2）雾化效果好。无气喷涂漆雾粒子为 120 μm，空气喷涂漆雾粒径为 80 μm，而空气辅助无气喷涂漆雾粒径为 70 μm，由于漆雾粒子细，可以提高涂膜的装饰性。

（3）涂着效率高。由于空气辅助无气复合喷涂漆雾飞散少，因而涂着效率高。喷涂平板状的被涂物时，空气辅助无气喷涂的涂着效率可达 75%，无气喷涂为 60%，空气喷涂为 35%。

（4）喷雾图形可任意调整。空气辅助无气喷涂所用的喷枪设有喷雾图形调节装置，可以根据被涂物的形状任意调整喷雾图形幅宽。而无气喷涂所用喷枪没有喷雾图形调节装置，不能任意调节，必须借助更换涂料喷嘴调整喷雾图形幅宽。

（5）由于喷涂压力低于无气喷涂，涂料输送速度降低，易于达到设计的涂膜厚度。

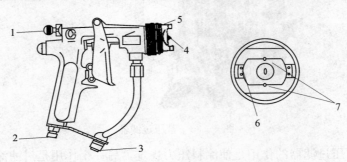

图 4—34　空气辅助无气喷涂喷枪的构造

1—喷雾图形调节装置　2—空气管接头　3—涂料管接头　4—涂料喷嘴

5—空气帽　6—雾化空气孔　7—调节喷雾图形空气孔

五、无气喷涂设备的使用与维护

1. 设备使用注意事项

（1）喷涂作业所采用的压力应低于设备所允许的最高压力，应尽可能选用低压，以免漆雾过多地飞散和易损件过早损坏。

（2）作业开始空载运转或清洗时应采用低压，若压力过高，运动部件和密封垫易过早损坏。

（3）用压缩空气作动力源，切忌使压缩空气混入水分，以防止驱动部件生锈，损坏气缸。

（4）涂料中不能混入灰尘和异物，确保涂料喷嘴畅通，避免堵塞，涂料在使用前最好要过滤。

（5）每天喷涂作业完毕或更换涂料品种时，应清除喷涂设备和输送管道内的残存涂料，最好每天限用一种涂料。

（6）喷涂结束时，喷嘴与过滤网必须清洗干净，以免残存涂料干结固化，堵塞喷嘴。在停喷的间隙最好将喷嘴卸下，浸泡在溶剂中。

（7）应经常检查高压泵的密封衬垫与气门等易损件，及时发现隐患，如有损伤应及时更换。

（8）涂料输送管道不要极度弯曲，以免导致不必要的压力损失。但弯曲半径太小，也会影响管道的使用寿命。

（9）清洗时不要用喷枪喷射溶剂，溶剂雾化后极易引起爆炸火灾事故，且有害人体健康。

（10）气动高压泵噪声很高，排气管应设置消声器，尽量降低噪声。

（11）无气喷涂涂料压力很高，喷涂时要特别当心，不要射向人体，以免造成人身伤害。

（12）无气喷涂设备与涂料输送管道必须接地。涂料从喷枪高速喷出，会产生静电，且聚集在喷涂设备与被涂物表面，因此，必须采取接地措施消除静电，避免发生火花放电造成火灾。

2. 设备维护

无气喷涂设备常见故障和排除方法见表4—13。

表 4—13   无气喷涂设备常见故障和排除方法

常见故障	原因分析	排除方法
涂料喷出压力波动大	1. 压缩空气通道不畅，压缩空气流量不足，压力低（或电压、油压低） 2. 柱塞泵衬垫磨损，或球阀泄露，或蓄压过滤器堵塞 3. 喷嘴口径过大，或喷嘴沾附有污物 4. 涂料输送管道过长或管径太小 5. 涂料黏度过高	1. 疏通压缩空气管道、阀门（或提高油压，或对电源采取稳压措施） 2. 更换衬垫或球阀，清洗蓄压过滤器 3. 更换合适口径的喷嘴或清洗喷嘴上所黏附的污物 4. 缩短涂料输送管道的长度或改用管径较大的输送管 5. 适当添加稀释剂，降低涂料黏度
涂料喷出雾化不良或未雾化	1. 输入的压缩空气压力过低，致使涂料的喷出压力达不到雾化要求 2. 喷枪内的过滤网堵塞 3. 涂料黏度过高	1. 调整调压阀，提高输入的压缩空气的压力 2. 清洗喷枪内的过滤网，除去堵塞物 3. 适当增加稀释剂，降低涂料黏度
涂料喷出压力低	1. 高压泵的压力比达不到要求 2. 高压泵的高压部位有泄漏 3. 涂料输送通道不畅	1. 调整调压阀，提高压缩空气输入压力，或更换气缸磨损件 2. 检查柱塞泵的球阀，衬垫是否磨损，涂料输送通道连接处是否严实，并及时更换易损件 3. 清洗涂料输送管道和有关的过滤器及阀门

常见故障	原因分析	排除方法
涂料不喷出或喷出量少	1. 喷枪内过滤网的网眼过大或过滤网破损，致使喷嘴堵塞 2. 吸漆器的过滤网堵塞或吸漆管不畅 3. 柱塞泵衬垫磨损或球阀失灵 4. 涂料的固体分分散不良或涂料中混有异物且过滤不充分	1. 更换过滤网 2. 清洗吸漆器过滤网和吸漆管，除去堵塞物 3. 更换柱塞泵衬垫，清洗球阀 4. 涂料使用前应充分搅拌和过滤
喷雾图形不正常	1. 喷嘴选用不适当，造成喷雾图形过窄 2. 喷嘴磨损致使喷雾图形变形或出现横向断开条纹 3. 喷嘴过大或涂料喷出压力降低，造成喷雾图形出现横向断开条纹，或喷雾图形时宽时窄	1. 更换合适的喷嘴 2. 更换喷嘴 3. 更换合适的喷嘴，或检修高压泵增压系统

§4—8 静 电 喷 涂

静电喷涂技术是 20 世纪 20 年代首次应用到工业上的，它是涂装技术领域的一次革命。静电涂装具有喷涂效率高、涂层均匀、污染少等特点，适用于大规模自动涂装生产线，逐渐成为生产中应用最为普遍的涂装工艺之一，被广泛地应用于汽车、仪器仪表、电器、农机、家电产品、日用五金、钢制家具、门窗、电动工具、玩具及燃气机具等工业领域。近年来随着电子和微电子技术的发展，静电涂装设备，在可靠性及设备结构轻型化方面有显著的进步，为静电涂装工艺的发展提供坚实的基础。

一、静电喷涂的基本原理及特点

1. 基本原理

静电涂装是在喷枪（或喷盘）与被涂工件之间形成一高压静电场，一般工件接地为阳极，喷枪口为负高压，当电场强度足够高时，枪口附近的空气即产生电晕放电，使空气发生电离，当涂料粒子通过枪口带上电荷，成为带电粒子，在通过电晕放电区时，进一步与离子化的空气结合而再次带电，并在高压静电场的作用下，按照同性排斥、异性相吸的原理，带电的涂料粒子在静电场作用下沿着电力线方向向极性相反的被涂工件运动，放电后黏附在工件表面，形成均匀的涂层，如图 4—35 所示。在被涂物的背面靠静电环抱现象也能涂上涂料。

静电涂装也可以采用正极性电晕放电（即枪口带正高压），经研究表明，负极性电晕放电的起始电位较正极性的低，且形成的电晕放电比较稳定，不易击穿，便于掌握使用，因此，实际应用多为负极性静电喷涂。

2. 特点

静电涂装与空气喷涂相比有如下特点：

（1）涂料利用率大幅度提高，用空气喷涂时涂料的利用率仅为30%～60%，若工件为多孔网状结构，涂料利用率更低，采用静电涂装，涂料粒子受电场作用力被吸附于工件表面，显著减少飞散及回弹，涂料利用率比空气喷涂提高1～2倍。

（2）提高劳动生产率，静电涂装适于大批量生产，可实现多支喷枪同时喷涂，易于实现自动化流水作业，生产效率比空气喷涂提高1～3倍，圆盘式静电涂装效率更高。

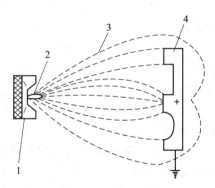

图4—35　静电涂装示意图
1—静电喷枪　2—负高压电极
3—电力线　4—被涂工件

（3）提高涂装产品质量，带电涂料粒子受电场作用放电沉积于工件上，并会按电力线的分布产生环抱效应，通过对喷枪的配置及喷涂参数的调节，可以获得均匀、平整、光滑、丰满的涂层，达到高装饰的目的。

（4）静电涂装是在喷漆室中进行，产生的飞散漆雾少，显著改善涂装作业环境和劳动条件。

（5）由于静电场的尖端效应，对坑凹部分会产生电场屏蔽，形成涂层较薄，故一般还要设手工补喷工位，以弥补缺陷。对塑料、木材、橡胶、玻璃等非导体工件，要经特殊表面预处理才能进行静电喷涂。

（6）静电涂装存在高压火花放电引起火灾的危险，当工件晃动或因操作失误造成极间距离过近时，会引起打火，因此，在静电喷漆室中设置安全灭火装置十分重要。

（7）涂装环境温度和湿度对涂装效果影响很大，而且对所用的涂料和溶剂也都有一定的要求。

二、静电喷涂设备的安全操作及维护保养

静电喷涂主要设备有：高压静电发生器、静电喷枪、供漆系统、传递装置、静电喷漆室、烘干炉等。

1. 高压静电发生器

高压静电发生器是提供静电喷涂用的高压直流电源设备。一般高压静电发生器由升压变压器、整流回路和安全回路组成，可产生30～120 kV的直流高压电。

高压静电发生器按产生高压静电的原理，可分为倍压整流高压静电发生器、高压静电发电机和气流动力高压静电发生器三大类。

（1）高压静电发生器的安全操作

1）不准超载输压。高压静电发生器都有最高额定使用负高压数值的规定，不得较长时间使用最高额定值，更不准超载使用。

2）要保证良好接地。高压静电发生器应设有专用电源插座，插座中的接地端应与专用地线良好连接，保证发生器牢固接地。

3）高压静电发生器的输出电缆应悬空吊架，与其他电线的距离不小于0.5 m，以免击穿放电。

4）检查发生器工作是否正常。当发生器工作时，在距喷枪1 m远时应使人的头发有竖起来的感觉，或者细纱线能竖起来或被吸上去。

5）调电压。先接通电源，高压发生器电源指示灯亮，表示电源已接通，按下杆式开关，接通高压电源，高压灯亮，表示高压已接通，此时拨动仪表指针到工艺规定的高压刻度线内，同时电流指针也自动显示在相应的刻度位置上。如果调整电压，电流指针在工艺规定的范围内时却出现静电喷涂效果差，说明静电场弱，即高压静电发生器有故障，应及时关机进行修理。

6）涂装暂停时应切断高压电源。生产线因故暂停操作时，要及时切断高压电源。若停止时间较短也可以不切断电源。恢复喷涂操作时，应重新调整电压和电流。

（2）高压静电发生器的维护保养

1）高压静电发生器应安装在洁净、干燥、通风良好并避开有热源、水和潮气的地方。

2）经常用清洁、干燥的非棉绒布擦拭其外表面，以保持其清洁。

3）认真检查专用电源插座，插座中的接地端应与专用地线牢固连接，同时高压静电发生器的外壳也应良好接地。

4）设计安装安全保护电路。高压静电发生器应设计安装有稳流、稳压和恒场强的安全电路，以使高压喷枪释放负高压时不产生静电打火。使用过程中，静电发生器出现故障或超载时，会自动跳闸切断高压电源，可避免造成火灾或电击事故。

5）经常检查电压表和电流表的读数是否与预定值一致。如果出现异常，须立即切断电源，进行检查修理。

6）工作结束后，应切断发生器的电源。

2. 静电喷枪

静电喷枪可分为手提式、旋杯式、旋盘式。

（1）手提式静电喷枪。手提式静电喷枪由枪体、高压放电针、喷嘴、电极扳机、高压电缆、接头等组成。雾化方式以压缩空气为主，并在喷枪口高压电极作用下使雾化涂料带电。喷枪结构轻巧，对于各种工件适应性较灵活，根据工件形状不同，还可选择圆形或扇形喷幅喷枪，以达到最佳喷涂效果。除可以喷涂一般涂料（阻抗 5 MΩ·cm² ～ 50 MΩ·cm²）外，特种手提式设备还可喷低电阻涂料（0.5 MΩ·cm²），如金属闪光涂料的喷涂。手提式静电喷枪有外接高压静电发生器的普通静电喷枪和高压静电发生器安装在枪体内的静电喷枪，其结构示意图如图 4—36 所示。

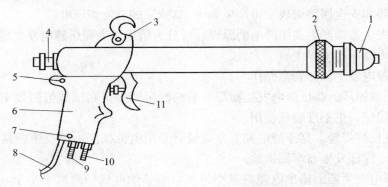

图 4—36　手提式高压静电喷枪结构示意图

1—喷头　2—连接螺母　3—横销螺钉　4—调漆螺母　5、7—螺钉

6—枪柄　8—电缆　9—输气管　10—输漆管　11—扳机

1）手提式静电喷枪的操作

①喷嘴应根据被涂件的大小、形状、喷涂要求来选择。枪头前的放电针不宜过长。

②工艺参数。压缩空气为 0.3～0.6 MPa，电压为 60～80 kV，喷头距离工件为 150～200 mm。

③喷枪的连接。喷枪有 3 个接头，即电缆、输气管、输漆管接头，分别接到高压静电发生器、油水分离器或储气罐、供漆装置的出口接头上。

④检查。操作前，应检查高压静电发生器、静电喷枪的外接管线是否连接牢固。发生器、枪体、工件是否良好接地。操作时，喷头应距离操作者 0.6 m 以上，高度不超过操作者身高，以免漆雾吸附在操作者身上。操作者应穿导电鞋，裸手握喷枪，以免发生电击。

⑤高压静电喷枪接电后，不准触及金属或指向人，不得随意撞击金属工件或喷涂室的金属壁板，以防止静电打火。

⑥喷涂结束后，必须首先关闭电源开关，将枪头触地放电。

2）手提式静电喷枪的维护保养

①静电喷枪的放电针极易损坏，因此喷枪不得随意放置，不准扔摔。操作暂停或结束时，应将其妥善挂在静电喷涂室开口侧的室壁，距离地面 1.5 m 的挂具上。

②喷涂完毕，及时用配套的稀释剂彻底清理喷枪内外，用压缩空气吹干，然后用清洁的非棉绒布擦净枪体。

（2）旋杯式静电喷枪。旋杯式静电喷枪靠高速旋转的旋杯产生的离心力，将涂料分散成细小的粒子，在静电场的作用下，涂料粒子被吸附在被涂物上，其结构示意图如图 4—37 所示。

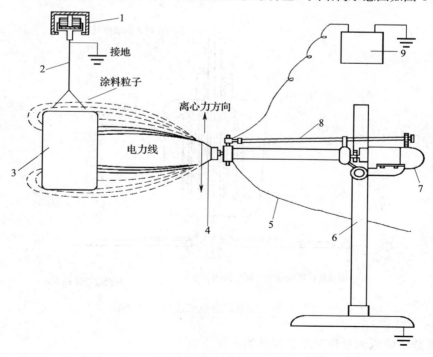

图 4—37　旋杯式静电喷枪结构示意图

1—传送带　2—挂具　3—被涂物　4—旋杯　5—输漆管
6—支架　7—电动机　8—喷涂机　9—高压电源

旋杯式静电喷枪可分为电动和风动两种，适用于直线式运输链生产线。旋杯式静电喷枪的操作和维护保养如下：

1）喷头。旋杯式静电喷枪的喷头一般选用铝合金制成，喷嘴的直径应根据被涂物形状、大小、涂料种类、喷出量等因素确定。喷嘴直径有：4 in、6 in、8 in、10 in、12 in（in 英寸，1 in＝25.4 mm）。对于大面积高装饰性涂膜，可选用大直径的喷嘴；对于小面积涂膜，可选用小直径的喷嘴。

2）喷流图像。喷流图像与所选用旋杯口径的大小、电场强度、涂料的雾化状态，及喷出量、转速、涂料的黏度及电特性等有关，应通过试验来加以选择。

3）支架固定及多枪布置。旋杯式静电喷枪为固定距离的自动喷涂，要安装在固定的支架上，应根据被涂物大小、形状、涂装质量要求，选定喷枪与工件之间的适宜喷涂距离，一般为 200～350 mm。旋杯式喷枪可单面或双面与运输链对喷。对面喷涂时，两枪之间间距不小于 1.2 m；单面喷涂时，两枪之间间距不小于 1 m。

4）转数。旋杯式喷枪的转速，当采用电动机时为 4 000 r/min 以下；采用风动马达时为 10 000～30 000 r/min，最高可达 90 000 r/min。

5）清理。旋杯式静电喷枪在喷涂结束后，要及时用配套溶剂将旋杯内外及支架清洗干净，以保证喷枪的正常使用。

（3）圆盘式静电喷枪。圆盘式静电喷枪的喷头呈盘状，可分为电动和气动两种。在喷涂时，被涂物是围绕圆盘的四周绕行，工件运行轨迹呈 Ω 状，圆盘可上下往复运动。圆盘式静电喷枪适用于中小件的涂装，其结构示意图如图 4—38 所示。

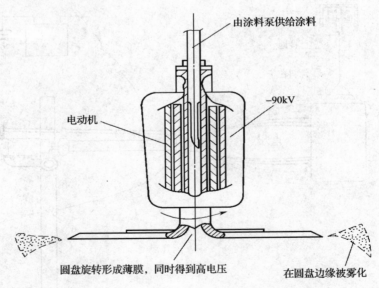

图 4—38　圆盘式静电喷枪结构示意图

圆盘式静电喷枪的操作和维护保养简介如下：

1）喷头。喷头的材质可用钢镀铬、不锈钢、铝合金等。喷盘的直径有 8 in、10 in、15 in、20 in、25 in 等几种。要根据被涂物的形状、大小、涂料性能和涂膜要求来选择喷盘直径。

2）圆盘式静电喷枪的操作。连接好圆盘喷枪和升降机构主件绝缘空心杆，并连到高压静电发生器上。调整好喷枪与工件之间的距离，一般为 200～350 mm（应通过试验来确定具体尺寸）。被涂件如果在运输链上能自转，可走一个 Ω 形状；如果被涂件不能自转，就需要走两个 Ω 形状或一个 S 形状。如果喷涂较大被涂件，可将圆盘喷枪安装在上下可往复运动的装置上。

3）喷枪的保养。每班工作前，应认真检查喷枪、升降杆、高压电缆接头的连接是否可靠。喷涂结束后，要切断高压电源，用配套的溶剂将圆盘喷枪彻底清理干净。回收滴料盘内的涂料，并用溶剂将滴料盘清洗干净。

3. 静电喷漆室

静电喷漆室可分为干式和湿式两种类型。静电喷漆室必须要有良好可靠的接地装置。静电喷漆室的专用接地线应深入地下不小于 1.5 m。由于喷漆室与工件有相同的电位，为了防止涂料喷到喷漆室壁上，要求喷枪与室壁应保持 1.3～1.5 m 的距离，室壁应采用塑料布遮蔽，以减轻清理工作。喷漆室内还应设有限流电阻，以防止高压整流装置的变压器在火花放电短路时发生电流过载；应设有自动放电器，以消除断开高压后静电喷枪上留下的电荷；安装联锁设备，以防止打开门时高压电源还继续接通；设置自动报警装置，可保证喷漆室内溶剂超过一定值时能自动报警；安装安全防火装置，应在喷漆室内入口、顶部、侧部安装二氧化碳自动灭火装置；供漆管路应有良好的接地。

4. 供漆系统

为保证静电喷涂质量要求，涂料输送要均匀、连续、压力要稳定。一般供漆系统可选用压力罐式和压力输送式。

三、静电喷涂的影响因素

1. 涂料

静电喷涂的效果不仅取决于静电喷涂设备的技术性能，而且还要考虑涂料的种类是否符合静电喷涂的要求，或者两者在技术上的配套性如何。

（1）一般溶剂型涂料。采用一般溶剂型涂料时，要考虑其装饰性、环保性和涂着效率，这就要求涂料具有以下性能：

1）涂料的电性能是静电喷涂的重要特性。涂料的电性能包括电阻值、介电常数和电偶极子。由于后两者测量有一定困难，因此一般采用电阻值来表示涂料的电特性。涂料的电性能直接影响涂料在静电喷涂中的带电性能、静电雾化性能和涂着效率。

若电阻值过高，涂料粒子不易带电，雾化性能和涂着效率差；若电阻过小，则在静电场中易发生漏电现象，使电喷枪的放电极电压下降，甚至送不上高压电。设计时应考虑涂料的电性能。通常在高电阻值涂料中，可加入低电阻值的极性溶剂；而在低电阻值的涂料中，可加入非极性溶剂。

2）涂料的黏度也是影响喷涂效果的一个重要因素。静电喷涂所采用的涂料黏度一般比空气喷涂所用的涂料黏度低，一般控制在 15～20 s（涂－4 杯），使用的溶剂为高沸点、溶解性好的溶剂。因为涂料黏度低，表面张力小，则雾化效果好。而雾化好的涂料粒子沿电力线方向运行时间长，溶剂挥发多，落到被涂物表面上的溶剂少，则流平性差，影响涂膜外观装饰性。所以，应选择高沸点的、溶解性强的溶剂。为了减少溶剂污染，多选用加热涂料，以降低涂料黏度，这样可以增加涂料的固体组分，使涂层有较好的光泽和丰满度。此类涂料多为高固体分涂料。

3) 由于高压静电容易产生火灾，所以在采用静电喷涂法涂布易燃涂料时，应加强防火灾措施。

（2）导电性涂料。由于一些涂料具有导电性，采用一般的静电喷涂设备常因漏电而无法进行涂装。这是由于施加于静电设备上的高压电沿输漆管路漏掉，使电压下降，甚至送不上高压电。采用静电喷涂法涂布导电涂料时，可靠的办法是将输漆管路与地绝缘隔离。

2. 静电电压

静电喷涂法所采用的电压一般为 40～90 kV。当电压高过 100 kV 时，电场过于集中，空气绝缘性差，容易产生火花放电。当电压低于 40 kV 时，喷涂效率仅 20% 左右，此后喷涂效率随电压的升高迅速增加，在 60 kV 时，可达 80% 以上，电压再升高，变化趋于饱和，即喷涂效率无明显增加。固定型静电喷涂一般选用 80～90 kV 电压；手提式静电喷涂则低一些，选用 40～60 kV 电压，虽然涂装效率低一点，但操作起来相对比较安全。

3. 电场强度

电场强度是静电涂装的动力，它的强弱直接影响静电涂装的效果（静电效应、涂着效率和涂膜的均匀性等）。在一定电场强度的范围内，电场强度越大，其静电雾化和静电吸引的效果越好，涂着效率也就越高。反之，静电场的电场强度越小，涂料粒子的带电量也就越小，当电场强度小到一定程度时，电晕放电变弱，甚至不产生放电，静电雾化和涂着效率则变差，使之无法进行正常的喷涂作业。根据实际生产经验，平均电场强度一般在 3 000～4 000 V/cm 时，静电喷涂的效果最佳。

4. 喷枪与工件距离

在压力确定的情况下，电场强度主要取决于电压和极距（即被涂物和放电极之间的距离）。它与电压的大小成正比，与极距的大小成反比。当喷枪与工件间的距离过短，就会产生火花放电。如果距离太远，漆雾附着力会降低，因此静电喷涂距离直接影响漆膜的喷涂效果。一般在 90 kV 电场强度下，喷涂距离以 25～30 cm 为宜。

5. 喷出量

若喷出量过大，有可能导致喷枪口的涂料液滴不能完全带电荷，静电效果得不到充分发挥；而若喷出量过小，就会降低生产效率。所以，为了提高生产效率，喷出量应在保证静电效应的前提下，越大越好。同时，也可以通过调节喷出量来调节所需的涂层厚度。

6. 喷漆室风速

静电喷涂室的风速不宜过大（0.2～0.3 m/s），只需及时排出溶剂蒸气，使其含量在爆炸下限以下即可。风速过大，会影响涂装效果。另外，应注意风向，不应产生与喷流交叉的层流。

7. 空气压力

在相同的管道输漆系统条件下，空气静电喷枪所需压力低于普通空气喷枪。过高空气压力一方面会影响涡轮发电机的正常工作，另一方面也影响了静电效果。

8. 输漆压力

与普通空气喷枪相比，静电喷枪喷涂所需漆压也略低。

四、静电喷涂的注意要点

静电喷涂需要特别注意安全问题，为此，国家专门颁布了相关安全标准。对于 PRO3500 型及其他同类空气静电喷枪，每次使用前还需要采取以下安全措施及安全检查。

1. 喷枪系统安全

系统必须安全接地，枪身对地电阻小于 $1\sim2$ MΩ。

2. 人身安全

操作者及所有进入作业区的人员必须穿导电鞋，操作者不允许戴绝缘手套，人体对地电阻小于 $1\sim2$ MΩ。

3. 工件状态

地链小车或导轨可接地，与工件呈点或线接触，工件对地电阻小于 2 MΩ，否则直接影响静电效果，甚至使漆雾回抱于操作者。

4. 作业区安全

作业区内所有可燃液体必须放在安全接地的容器中，所有导电体应接地。

5. 操作资质

所有操作者必须经过培训，可以安全使用静电喷涂系统，且掌握卸压技术。

§4—9　电泳涂装

一、电泳涂装的原理及分类

电泳涂装是一种特殊的涂膜形成工艺方法，仅适用于与一般涂料不同的电泳涂装专用的水溶性或水乳液涂料（简称电泳涂料）。

1. 电泳涂装的原理

电泳涂装是将具有导电性的被涂物浸渍在电泳涂料槽中作为阳极（或阴极），在槽中另设置与其相对应的阴极（或阳极），在两极之间加上直流电压并保持一定时间，在电场的作用下，带电荷的涂料离子移动到作为阳极（或阴极）的被涂物，在被涂物表面析出一层均匀的、不溶于水的涂膜。

2. 电泳涂装分类

根据被涂物的极性和电泳涂料的种类，电泳涂装可分为阴极电泳涂装和阳极电泳涂装。阴极电泳涂装的被涂物为阴极，所采用的电泳涂料为阳离子型。阳极电泳涂装的被涂物为阳极，所采用的电泳涂料为阴离子型。

二、电泳涂装工艺

与其他常规涂装工艺一样，电泳涂装工艺一般由表面预处理、电泳涂装、电泳后清洗、电泳涂膜烘干等工序组成。

1. 表面预处理

为了获得优质的、防腐蚀性好的电泳涂料涂层，电泳涂装前必须对被涂物进行表面处理。首先清洗掉各种油污、铁锈、焊渣、金属屑等，其次对工件进行磷化和钝化处理，使工件表面形成结晶致密的磷化膜，最后用去离子水进行清洗。如果将有油污的工件带入电泳槽内，会严重影响电泳质量，产生缩孔、针孔等现象。

2. 电泳涂装

将被涂工件送入电泳槽内，按设定的电压通电一定时间，使槽液中的成膜物质在电场的作用下泳涂到工件表面。

3. 电泳后清洗

为了提高电泳涂膜的外观质量，防止产生自溶解、二次流痕等弊病，电泳涂装后的工件表面需用超滤液清洗，最后用去离子水清洗。电泳后清洗工艺通常包括循环超滤喷淋、超滤浸洗、去离子水喷淋等，在整个超滤清洗过程中，超滤水构成封闭循环，并采用逆向工序补充清洗液。

4. 电泳涂膜的烘干

按电泳涂料的要求，在规定的温度下保持一定的时间，使涂膜固化。

三、电泳涂装设备的使用及维护保养

电泳涂装设备主要包括：电泳槽、循环搅拌装置、涂料过滤装置、温度调节装置、直流电源、超滤装置、涂料补加装置、电泳后冲洗系统、备用槽、烘干炉等。现分别简要介绍各种设备的结构、正确使用及维护保养。

1. 电泳槽

电泳槽有适用于间隙式生产方式的方形槽和适用于连续式生产的船形槽。电泳槽一般由 8～10 mm 的低碳钢板采用双面焊接而成。

电泳槽体要根据通过槽体的最大被涂件的尺寸来设计，被涂件与阳极隔膜之间的间隙为 300～400 mm，被涂件与槽底间隙不小于 400 mm，以避免被涂件碰撞槽体底部，被涂件顶部应保证至少有 300 mm 深度的漆液，以提供及加强被涂件顶部的漆液运动，最低限度地减少平面部位的涂料沉积，提高被涂件涂膜厚度的均匀性。槽体的长度应根据输送链的链速和泳涂时间来确定，对于大多数被涂件的浸入来说，30°的入槽角度较为理想，不易产生气袋。

电泳槽槽底应有一定的坡度，这样便于维修时电泳主槽中漆液向溢流槽排放，同时在电泳槽的出口设置一可调节的堰板，以维持主槽的液位及漆液的流动，表面漆液流动可把泡沫和灰尘从槽体的入口带到溢流槽，漆液到溢流槽的落差不应大于 150 mm，为防止因加料失误使漆液从槽中溢出，槽沿应超出正常漆液表面 200～300 mm，同时在槽子上部安装一个直径不小于 50 mm 的溢流管并连接到储存槽，以便于漆液回收。槽子的底部不应有搅拌液流的死角，以防止涂料沉积。槽体的最低处应设有排放口，以便排尽槽内的漆液。

电泳槽的出口应设有溢流槽，溢流槽的溶剂一般为主槽溶剂的 1/10。为防止大颗粒物进入漆液和堵塞管路，在主槽和溢流槽之间要安装有适当强度的不导电的筛网（一般用玻璃钢、玻璃纤维或涂了漆的不锈钢制成），筛网采用 60～80 目（孔径为 0.28～0.18 mm）的过滤网。国外目前在筛网后面加装磁棒，以排除电泳槽内由被涂物带入的焊渣、磨料及金属杂质。

电泳槽在使用前，应认真检查槽体的接地情况，是否有槽体和管路的渗漏，否则应及时修理后再使用。槽内壁的玻璃钢防腐层一般能使用 2 年，出现损坏现象应及时倒槽进行修理。修好后应进行打压试验，耐压应达到 15～20 kV。过滤网应定期进行清理和更换。定期

清理槽体边沿及周围地面，可用配套的稀释剂及纯水擦拭干净，注意勿使擦拭水及灰尘飞溅到电泳槽内。

2. 循环搅拌装置

循环搅拌装置的结构形式有槽内和槽外两种。槽内搅拌是采用叶片的机械搅拌，搅拌器安装在槽子两侧，搅拌器用不锈钢管制成。槽外搅拌是采用离心式搅拌器，管路中安装过滤器，将涂料从槽底部或溢流槽底部吸出，通过过滤器和热交换器再由喷嘴向槽内喷出进行循环，槽内的喷嘴安装在间隔为 500～800 mm 的管子上，喷嘴间距为 250～350 mm，水平或稍倾斜向底部喷出涂料。需注意喷嘴的安装方向是从出口沿槽底向入口方向喷射，应保证槽体上部液面流动方向与被涂件运行方向相同，表面漆液流速应达到 800～1 500 mm/min。循环管路内应尽可能无液流停滞区域。为防止涂料在管内沉积，涂料在管内流速应达到 2～3 m/s，且不宜设经常关闭的旁通分路，以免漆液沉淀堵塞，搅拌装置的所有零部件的连接部位应密封，不应吸入空气。如果吸入空气，则会在液面上产生大量的气泡而影响电泳涂装质量。在电泳槽中搅拌不彻底的任何区域都会引起颜料的沉积，像排放口、边角、管路死角等部位都会聚集颜料，要在这些区域设置喷射器，使漆液返回，以防止沉淀。为防止沉淀，每小时的循环搅拌量为电泳槽容积的 4～6 倍，在泳涂汽车车身类大型被涂件时，循环搅拌量应达到每小时为电泳槽体容积的 10～15 倍。

电泳循环搅拌泵有卧式泵和立式泵。卧式泵必须装有双机械密封及液体密封系统，还应安装一个低位排放口及一个去离子水接口，以便泵的清洗。立式泵应选用长轴的，以防止改变溢流液位时产生泡沫。泵吸口要延伸到距离溢流槽底不小于 1.5 倍的管径处，以尽量减少涡流及在清理溢流槽时能较大限度地抽空溢流槽。泵壳用灰铸铁制造，不宜使用球墨铸铁，而叶轮及轴采用不锈钢制造。

循环搅拌管路一般采用不锈钢管制造。槽内分布的喷管应采用 80 系列的 PVC 管，以消除用钢管在接地条件下会沉积漆液的情况。所有的管路都应倾斜布置，以便将管内漆液完全排净，排放口要安装得低一些。

电泳涂装系统用的闸阀、偏心阀、球阀、蝶阀，其结构材料及布置对延长其使用寿命非常重要，应正确选择和安装。

阀体材料可选用不锈钢、聚四氟乙烯、丙烯腈、丁二烯等材料。铜、黄铜、铝、镀锌件不能用于电泳涂装系统，因为这些金属材料与阴极电泳漆接触将很快溶解，导致组件损坏并污染漆液。在管路中，阀门应尽量靠近 T 型结构安装，以使阀面得到冲刷。在旁路管路上安装的阀门，必须在底部安装一个排放阀，以防止漆液沉淀。

循环搅拌装置操作前，应认真检查泵、阀、管路、压力表、过滤器等各组件是否渗漏和堵塞，出现故障时应及时修好再用。应定期更换过滤网。循环泵应加装防护罩，以防止灰尘进入泵体内。溅落的漆液应及时用配套的稀释剂擦拭干净。槽体、管路、阀门、压力表、过滤器在漆液投放前，必须做缩孔试验，合格后方可投入漆液使用。

3. 涂料过滤装置

电泳槽内的杂质、油、颗粒，一般是由被涂物带入的，或是从室内的尘埃、涂料的凝聚物以及运输链和吊具上掉落的。为此，应在槽外设置过滤器。过滤器有金属网式和滤筒式两种。其中，金属网式过滤器，一般采用不锈钢制成，规格为 50～100 目（孔径为 0.355～0.145 mm）。滤筒式过滤器，一般采用聚丙烯或丙烯系纤维烧结成滤心筒，安装在滤筒内，现在一般都是使用 10 μm 规格的。为了更好地去除颗粒状的尘埃，所有循环的漆液都要过滤，要根据压差定期更换过滤袋，其中规格为 20～50 μm 的一般更换频率为 1 个月，10 μm 的一般更换频率为 2 周。如果电泳漆中含有油分，会严重影响电泳质量，可以用脱脂过滤袋或者脱脂枕去除。一些涂装生产线，把磁棒放入过滤器中，以消除电泳槽内由被涂物带入的焊渣、磨料及金属杂质。

4. 温度调节装置

为使电泳涂装质量稳定，必须保持漆液温度恒定，通常控制温度为（28±1）℃，漆液温度变动因素主要有：电泳过程中电流产生的热量、被涂物带入的热量、泵及搅拌动力发热、周围气温的影响、运动停止时负荷转变的热量等。其中，电泳过程电流产生的热量最大，所以需要经常冷却漆液。加温漆液仅限于停车后的运转开始时。目前，电泳漆调温只采用冷却系统，而不采用加热系统。漆液的加热和冷却要通过热交换器。加热器可采用列管式和板柜式。加热的热源有：采暖水、高温热水、蒸汽。冷却可采用 10～20℃ 的冷水、地下水或靠制冷剂供给冷水。小容量的冷冻机可采用往复式，大容量的冷冻机可采用涡轮式或吸收式。大容量的冷冻机在季节变动或冷冻负荷非常低时仍可控制。冬季不可用冷冻机，而用冷却塔。

操作前，应认真检查加热、冷却装置是否正常，发现故障应及时排除。操作中，应随时观察记录漆液温度，超出工艺要求范围时，应及时启动调温装置，进行加热或冷却，将温度调整到工艺要求范围内。此外，还应随时检查加热、冷却装置的循环水泵、管路、阀门等设备，确保设备正常运行。

不可把漆液温度加热过高，ED 涂料是乳液型涂料，若加热，脂肪部分就硬化，如果温度过高，构成乳液的树脂就会凝聚产生颗粒，影响涂膜质量。

5. 直流电源

在阳极电泳涂装中，被涂件为阳极，槽侧的电极为阴极。阴极电泳涂装则相反。通电方式有全浸通电和带电入槽两种方式。通电电压有定电压和初期电压两种控制方式。初期电压控制方式又有连续式和分段式两种。此外，还有被涂件在电泳槽中停止状态的给电方式和被涂件在电泳槽内移动的供电方式。选择通电方式，取决于被涂件的形状、生产条件、涂料特性和电泳槽容量等。在间隙式电泳涂装时，一般采用初期电压控制的全浸没通电方式。在连续式电泳涂装时，一般采用定电压的带电入槽方式。向对地绝缘的被涂件供电，一般采用汇流铜排，通过滑动集电子与直流电源相连，汇流铜排用瓷绝缘子等绝缘物支架。在向接地的被涂件供电时，有靠汇流铜排供电和通过运输链及吊具供电两种方式。

阳极电泳涂装的电极可采用普通冷轧钢板。阴极电泳涂装的电极可采用不锈钢或碳棒。对于阴极电泳涂装来说，阴极和阳极面积比不能大于 4：1。阳极要沿槽壁布置，深度不小于全浸段垂直槽壁深度的 40%。阳极分为板式阳极和管式阳极。极板一般封闭在可冲洗的阳极罩中。极罩由不导电材料制成，敞开面安装有离子选择性隔膜。阳极液系统管路一般采用不锈钢或塑料制成，要能耐 pH 值为 2～5 的有机酸，每块极板要安装流量计，用于监视流量。如果阳极液返回管为塑料管，则应在每个极罩上安装一个不锈钢连接器并接地。

电泳涂装所需的电量，取决于涂料的特性值、被涂件的面积、生产批量、生产方式和通电方式以及电极布置等。考虑到安全系数，可放大到 1.5 倍来选择整流器，整流器的电压要求在 0～500 V 之间可调。

考虑停链之后工艺槽中有被涂件需要重新启动，要求用可调时间的渐升电压电路。这样的电路，可防止电流脉冲损坏涂膜及电气设备。从0V升到工作电压的升压时间以10～15 s为好，需要安装能控制在不生产时能向系统供电的备用电源。整流器的供电平滑度和输出脉冲率很重要，直流电要经过滤波，电压脉冲幅度不能超过平均直流电压的5%。在满负荷情况下，电压脉冲率要小于5%。为防止短路，直流电源装置中应安装过流保护回路，当被涂件落入槽内时或电极产生短路时，电源能自动切断，确保电源装置安全。

6. 超滤装置

超滤装置是一种多孔膜的分离装置。超滤装置的主要作用是除去漆液中的杂质离子，为闭路冲洗系统提供充足的超滤液，提高涂料的利用率。

超滤膜分为管式、卷式、板式和中空纤维式等几种，前两种应用较广泛。超滤器的通过量单位以 L/（m²·h）来标示。在一定压力范围内，通过量与漆液的固体分、温度和膜面的流速有关。

超滤装置可作为从电泳漆液中提取水的工艺装置，分离出来的水可以用于冲洗电泳后的被涂件，可使带出的漆液再返回电泳槽，这种技术称为闭路回路冲洗，从而使电泳涂装工艺更加经济可行。当超滤量减少到设计能力的70%时，就需要进行返洗，返洗可用去离子水或超滤器厂家提供的专用清洗剂来清洗。清洗液有害并具有腐蚀性，操作时必须特别小心，使用后应妥善保管。超滤液储槽和清洗槽，应采用不锈钢和塑料材质制造，以防超滤液或清洗液的腐蚀。普通钢在此系统中会溶解，铁离子会腐蚀超滤膜，并导致超滤效果不好，应对滤膜进行返洗，严重时需要更换超滤元件。

每班工作前，都需要认真检查过滤器、超滤器、输送泵、电磁阀、管道、压力表等系统元件运行是否正常，尤其需要检查超滤器是否有损坏现象，如有故障应及时更换超滤管。操作中，应观察并记录超滤量、超滤液颜色、出入口压力以及压差的变化，并按工艺要求调整到工艺范围内。检修或停止运行时，需要将超滤器内的电泳漆液打回电泳槽中，然后用去离子水清洗超滤器，并用去离子水浸泡。对于泵、阀、管道要定期检修、清理，以保持其清洁。

7. 涂料补加装置

连续生产时，漆液的固体分、颜料、溶剂消耗很大，需要及时补加。一般是根据固体分、灰分、pH值、电导率等化验参数来计算出补给量。电泳漆液采用双组分时（即树脂和颜料浆），应根据不同的配比来调整漆液参数，使之达到工艺要求的范围。补加的材料有：树脂、颜料浆、醋酸、去离子水和溶剂等。

向电泳槽中补加涂料的方式有以下三种：

（1）最简单的补给方法是，直接向电泳槽内倒入涂料，适用于小型槽、初配槽或补给涂料的含量与主槽含量差不大的场合。

（2）将补给涂料加入另设的稀释罐内，再将漆液和去离子水慢慢地向电泳槽内补加，稀释罐应配有高速搅拌分散机，用泵将稀释后的涂料输送到电泳槽中。

（3）将树脂、颜料、溶剂和醋酸分别用隔膜泵、卧式泵和柱塞泵按配比打到漆液循环管路内，依靠漆液循环将补给涂料搅拌均匀，同时向槽中加入超滤液或去离子水，以调整漆液的固体分含量。

在向电泳槽中补加涂料前，应先检查泵、阀、管路的运行情况，以及涂料的生产日期、批号、合格证及工艺参数，确认合格后，用搅拌器将颜料浆搅拌均匀，然后打入搅拌罐或管路中，再依次加入树脂、溶剂和去离子水等，搅拌均匀，取样测试，达到工艺要求范围即可。加料后，用配套的稀释剂和去离子水，将泵、管路等加料装置彻底清洗干净并封闭好，避免污染，以免影响下次加料质量。

8. 电泳后冲洗系统

为提高电泳涂膜的外观质量和减少被涂件带出漆液，一般可在电泳涂装后设水洗系统。水洗一般采用喷洗方式和浸洗方式，可单独采用或两者相结合使用。电泳后的冲洗系统一般设计成"闭路"冲洗系统或"回流"冲洗系统，这样逐工序向前溢流并返回电泳槽，以便回收漆液、减少涂料浪费和环境污染，最后一道工序应采用纯去离子水来冲洗。电泳后冲洗系统的壁板、顶板及防尘盘应采用不锈钢或普通钢板涂环氧树脂及聚乙烯制成。喷洗用的喷嘴可选用 V 型或 W 型，喷嘴材质可选用不锈钢或 PVC 材料。每道清洗液都要经 $10\sim25~\mu m$ 的过滤器过滤。所有冲洗工序之间的沥液时间应不小于 1 min。

槽上冲洗是第一循环冲洗液在被涂工件一出电泳槽就马上开始的冲洗，最好是在靠近或正好在溢流槽上方进行，以便收集由喷洗造成的泡沫，分散附着于被涂工件上的浮漆。此道冲洗可维持工件湿润，避免工件沾污或涂料干结，减少和避免涂料浪费。

喷洗时，喷嘴要调整到能喷到工件所有内外表面。外表面可采用 V 型或平型喷嘴，可避免喷射图形相互干扰而导致产生大量泡沫。底部喷嘴用于喷洗工件底部，必须配备单独的喷嘴，这样可以减少泡沫的产生。

浸洗能除去被涂工件内表面及空腔内的浮漆，浸洗槽体与电泳槽相似，其体积不宜过长，被涂工件在浸洗槽中能浸没就可以。浸洗槽可采用不锈钢或者普通碳钢涂环氧树脂制造。

9. 备用槽

为了对电泳槽进行检修、清除涂料中沉淀物、取走槽内掉落的被涂件和清洗喷嘴，必须将漆液全部放掉。为此，应设置能容纳电泳槽、管路、和其他装置内的所有电泳漆的备用槽。备用槽要尽可能靠近电泳槽，这样可使管路尽可能缩短，有利于每次转移后的系统清洗并避免浪费。远距离的备用槽，会给电泳漆的转移带来尘埃和颗粒，以及材料浪费等问题。备用槽与电泳槽一样，必须配备与电泳槽一样的冷却、过滤及循环搅拌装置，槽底要倾斜并设最低点排放口，以便漆液能完全排空。同时，也应配置废水排放口，用于排除槽内的清洗液。每次使用后，都要用去离子水将备用槽冲洗干净并密封，备用槽可采用不锈钢或普通碳钢涂环氧树脂制成。

10. 烘干炉

电泳底漆涂膜必须烘干固化，烘干炉的形式有通过式、桥式、Π式等。烘干热源有电、煤气、天然气等。烘干的温度和时间取决于电泳漆品种。烘干炉采用辐射与对流相结合的方式。自入口端的 $30\%\sim40\%$ 烘干炉长度段为辐射加热段，其余段为空气对流段。入口出口均应设有热风幕区，用于防止外界颗粒、尘埃进入烘干室，以保持炉内清洁。在空气对流段，热空气在进入此段之前都要经过过滤，以减少尘埃。补充的新鲜空气应达到烘干炉循环量的 $35\%\sim40\%$，新鲜空气也应过滤。烘干炉运行前，应仔细检查控制柜、仪表、炉体、加热元件、风机等设备是否处于正常状态。烘干过程中，应随时观察炉内温度的变化情况，使之符合工艺要求。工作完毕后，应先关闭加热器，后关闭风机，其滞后时间为 30 min。应定期清理烘干炉，保持炉内清洁。为便于清理尘埃，确保烘干炉内的清洁度，烘干炉内表面应设计成平整光滑的结构，原材料采用铝板和不锈钢板。应定期检修烘干炉辐射器元件、加热器、风机、电动机等，保持其良好的工作状态。如发现故障，应及时修复后再运行。

四、电泳涂装的操作要点

电泳涂装生产线在每天生产前和生产中要进行巡视和检查，车间和工艺管理部门要制定严格的操作规程和责任制，并且有相应的记录表格，所有的操作人员必须严格按照操作规程进行操作。

1. 在生产线启动前，应对主要设备的工作情况进行检查，检查的内容主要有：

（1）输送设备的工作是否正常。

（2）各工艺区循环泵的工作是否正常。

（3）喷嘴方向是否正确，是否有堵塞现象。

（4）各循环系统中的过滤器进出口压力差，如果压差超过规定的数值必须更换相应的过滤袋。

（5）热交换器进出口压力是否正常，如果压力差超过规定的数值，表明管路可能有堵塞现象，必须进行清洗。

（6）超滤液的流量计显示供水量是否达到规定的流量。

（7）阳极电泳液的流量是否正常。

（8）去离子水的供应是否正常。

（9）烘房是否达到规定的烘烤温度。

（10）各整流器的电压是否达到规定的数值。

（11）在工艺方面应检查电泳槽液的温度是否在规定的范围内，槽液的电导率、pH 值、固体分等参数由专业人员定时进行测量，并做好记录。

在确认设备运行正常，所有参数都在规定范围内的情况下，才能将工件上生产线进行电泳。

2. 在生产过程中需检查的内容主要有：

（1）上述设备及其参数应按规定周期进行巡视和测量，并做好记录，发现异常情况，如参数偏移、设备出现异常声音或异常现象，应及时记录并通知相关人员进行检查。

（2）在生产过程中，还要随时检查电泳烘房烘干工件的电泳涂膜质量，如电泳涂膜的厚度不符合要求、粗糙度高，电泳涂膜有灰粒、缩孔等，应及时将检查结果反馈给有关人员以便查找原因。

3. 生产结束后，应检查的内容主要有：

（1）整条生产线不应有工件，即未被电泳的工件不应上生产线，已电泳的工件应全部离开烘房。

（2）电泳槽液仍要保持循环。

（3）电泳槽液温控系统仍工作正常。

（4）超滤系统仍工作正常。

（5）阳极液电泳系统仍工作正常。

（6）电泳直流电源已切断。

(7) 输送设备停止工作。

(8) 根据需要和规定对设备进行维修、清洗和保养，特别是要对生产中出现问题的设备进行维修。

五、电泳涂装的优缺点

(1) 电泳涂装容易实现自动化流水线生产，从涂装前预处理到电泳可实现高机械化和自动化。

(2) 涂料的利用率高。电泳涂料是低固体成分的水稀释液，浓度低、黏度小，被工件带出槽外的涂料很少。采用超滤循环水洗系统后，带出槽外的涂料还可以回收。涂料的有效利用率可达 90% 以上。

(3) 涂层均匀，边缘覆盖性好。对于形状复杂的工件，内腔表面也能涂上涂料。由于湿膜含水量低，一般不存在流挂现象。调整电压能控制涂层的厚度，通过选择电泳涂料的品种和调整电压，电泳涂膜的厚度可控制在 $10 \sim 35 \ \mu m$。

(4) 电泳涂料属于水性涂料，不含有机溶剂，因此无火灾危险。涂料可回收，减少了废水处理工作量，而且电泳涂装过程中几乎不排出废气，是低公害的涂装作业方式。

(5) 一般电泳涂膜耐候性差，只能作为底层，因此表面需要再用其他方法涂装。

(6) 电泳涂装仅适用于有导电性的被涂物，对木材、塑料等物件不能采用电泳涂装。

(7) 电泳涂装设备复杂且投资较大，工艺和设备管理较复杂，不适合小批量生产。

§4—10 粉 末 涂 装

一、粉末涂装的原理

粉末涂装的工作原理是利用电晕放电现象，使粉末涂料涂覆在工件上，如图 4—39 所示。其过程是：粉末涂料由供粉系统借压缩空气送入喷枪，在喷枪前段加由高压静电发生器产生的高压，电晕放电，并在其附近产生密集的电荷，粉末由枪嘴喷出时，形成带电涂料粒子，在静电场的作用下，被吸到极性相反的工件上去，随着喷上的粉末增多，电荷积聚也越多，当达到一定厚度时由于产生静电排斥作用，便不继续吸附，从而使整个工件获得一定厚度的粉末涂层。

粉末静电的吸附分为三个阶段，如图 4—40 所示。

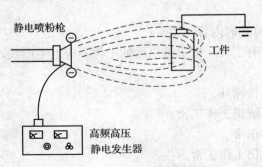

图 4—39　粉末静电喷涂原理图

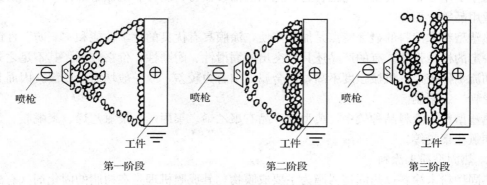

| 第一阶段 | 第二阶段 | 第三阶段 |

图4—40　粉末静电吸附情况

第一阶段：带负电荷的粉末在静电场中沿着电力线飞向工件，粉末均匀地吸附在作为正极的工件表面。

第二阶段：由于工件对粉末的吸引力大于粉末颗粒之间的排斥力，粉末颗粒密集地堆积并形成一定厚度的涂层。

第三阶段：随着涂层的不断增厚，涂层对继续飞来颗粒的排斥力增大，当工件对粉末颗粒的吸引力与涂层对粉末颗粒的排斥力相等时，继续飞来的粉末颗粒不再被工件吸附。

最后工件表面的粉末涂层经过加热熔融、流平、固化，在工件表面形成坚硬的涂膜。

二、粉末静电涂装的优、缺点

1. 优点

（1）粉末涂料为无溶剂涂料，在涂装时几乎不产生挥发性有机化合物的涂装公害，仅有少量粉末污染，也容易根治。

（2）一次喷涂最大可获得 $300 \sim 400\ \mu m$ 厚的涂膜，极易获得 $60 \sim 180\ \mu m$ 厚的涂膜，且无流挂、针孔等缺陷。

（3）涂装效率高，过喷粉末可回收利用，涂料损失少。采用此法和专用的回收装置配合，粉末涂料的损失率小于 5%。

（4）粉末涂料使用的是难溶于溶剂且相对分子质量高、性能优良的树脂，因而涂膜的物理、力学性能优良。

2. 缺点

（1）粉末涂装换色时间较长。一般的喷涂溶剂型涂料的自动换色仅需 10 min 左右。而粉末涂装换色时间较长，即使最新开发的换色方法也需要 30 min 以上。

（2）一次涂装涂膜厚度控制在 $30\ \mu m$ 以下很困难，而且膜厚不均匀，流平性较差。

三、粉末涂装的涂料种类

粉末涂料按使用的合成树脂，分为热塑型和热固型两大类。

1. 热塑型粉末涂料

热塑型粉末涂料的主要成膜物为合成树脂，具有遇热软化，冷却后又恢复到原来树脂的特性。其成膜过程主要是熔融塑化的过程。热塑型粉末涂料适宜用作防腐蚀、耐磨和绝缘等涂层。主要用于化工设备、化工管道、化工池槽、板材、线材、机械零部件、轻工器具和食品工业用品等方面。

热塑型粉末涂料的显著特点是加工简便，涂膜具有优良的化学性能和"三防"性能，并具有一定的机械强度。有的产品还具有突出的润滑性、耐磨性，价格较低。其不足之处是光泽性和流平件较差，机械强度不高，与金属的结合力较差，故一般均需涂底漆。因而其使用范围受到一定限制。

热塑型粉末涂料品种较多，典型的产品有聚乙烯、聚丙烯、聚氯乙烯、聚酰胺、热塑性聚酯和氯化聚醚等。

2. 热固型粉末涂料

热固型粉末涂料以热固型树脂为主要成膜物，其成膜机理是在树脂的固化剂（有的加促进剂）作用下，经加热熔融、流平、交联（固化）成网状结构的大分子。一经固化的大分子，则不熔不融，温度再升高也不会变软而只能分解。

热固型粉末涂料具有低的熔融黏度、流平性好、涂膜坚韧而牢固，因而适用于要求较高的防腐性和装饰性产品的涂装。热固型粉末涂料产品主要有环氧、聚酯、丙烯酸和聚氨酯等粉末涂料。随着热固型粉末涂料应用范围的扩大，又研制了高光、半光和无光粉末涂料。继装饰应用的扩大，美术型粉末涂料相继问世，其中有皱纹型、龟甲型、花纹型、金属闪光型、锤纹型和梨皮型等品种。

四、粉末涂装设备的使用及维护保养

粉末涂装设备如图4—41所示，由供粉装置、粉末涂装室、粉末回收装置、高压静电喷枪和高压静电发生器等组成。现简要介绍主要设备结构、正确使用及维护保养。

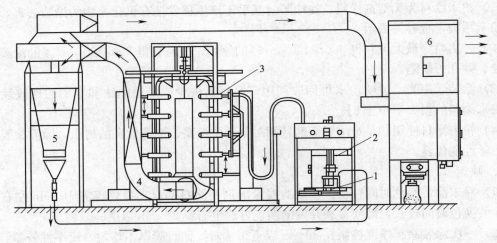

图4—41　粉末静电喷涂设备的组成

1—供粉桶　2—供粉泵　3—高压静电喷枪　4—排风管　5—旋风分离器　6—后过滤器

1. 供粉装置

供粉装置由粉末容器、粉末输送泵、粉末搅拌流动装置等构成，其作用是将粉末涂料均匀不断地输送到喷粉枪中。对供粉装置要求是供粉均匀，不易堵塞，出粉量可调，空气耗量少和容易维护。

（1）供粉装置种类。常用的供粉装置有压力容器式、抽吸式和螺杆式三种。

1）压力容器式供粉装置由粉桶、文丘里管、文丘里泵、接头等组成。工作时，从容器底部送入压缩空气，在文丘里管部形成负压，将粉末涂料吸到喷枪部位。这种供粉装置的优点是压力稳定，喷出量恒定。但缺点是补加粉末困难，不能应用于连续大批量生产线上。

2）抽吸式供粉装置由粉桶、多孔板、接头、文丘里管、文丘里泵、电磁阀、减压阀、管道等组成。粉末储存为敞口，可连续进行补加。这种供粉装置的优点是结构简单，维修方便，能多支喷枪共用。但缺点是粉末输送距离一般不能超过 10 m，空气耗量大，因受压缩空气压力的影响，喷粉量不恒定，流速快，需要比较大的加速能量，对管壁的磨损大。

3）螺杆式供粉装置由粉桶、电磁阀、减压阀、压力表、管道、旋转螺杆、电动机等组成。调节压缩空气压力，可使粉末在桶内雾化。调节送风螺杆的转速，可以控制供粉量。可通过控制电动机的转速来调节转速，用于对涂膜均匀程度要求高的场合。这种供粉装置的优点是空气耗量小，空气耗量与出粉量的关系是一定的，可以用于长距离的输送。但缺点是涂料在运送过程中被压缩，需要再度分散。特别是易结块的粉末和含有微粉的涂料，结块会使涂膜产生麻点等缺陷。

（2）供粉装置的正确使用。分离器分散的压缩空气，通过空气管可靠地接到流化床粉桶的接头上，将压缩空气以一定的压力通入粉桶的底部，将装入粉桶多孔板上的粉末吹起，使之产生沸腾状悬浮形成流化床，再通入二次风，使悬浮粉末随着空气进入输粉管并送至喷枪进行喷涂。换色时，将板扣打开，取下储粉桶，将原粉末清理干净后更换新颜色的粉末。

（3）供粉装置的维护保养。将粉末涂料装入供粉桶内，装入量不得超过粉桶容积的2/3，检查风管与粉桶上的快速接头的可靠性，应不漏气，应定期清理多孔板使之不堵塞，装入粉桶中的粉末不能潮湿，回收粉末需经过过滤后与新粉混合后使用。换色时，要彻底清理流化床粉桶内壁和多孔板。

2. 粉末涂装室

（1）对粉末涂装室的要求。粉末涂装室一般都采用干式。它应具备下列要求：

1）涂装粉尘不应向涂装室外飞散。

2）涂料粉尘不应落在操作者和涂装机器上。

3）涂装室内的气流不应影响涂装效果。

4）涂装室的温度应有利于涂料和涂装操作。

5）涂装室的结构应有利于过量的粉末涂料不残留在涂装室内。

6）涂装室内的粉尘含量应确保在爆炸极限以下。

7）涂装室的风速为 0.3～0.7 m/s（标准风速为 0.5 m/s）。

（2）静电粉末涂装室的结构与正确操作。粉末静电喷涂室分为大、中、小型三种，均为非标准设备。室体由硬质塑料围护、钢骨架和钢板焊接成型。可根据生产需要制成多种结构形式。一般的粉末涂装室，正面设有推拉式门，调整门的开度，即可达到调整涂装室入口的风量要求。涂装室正面两侧室壁开有被涂件进出口，开口的宽度、高度视被涂件的形状、大小而定。涂装室正面左、右两侧还应设有推拉式门，以适应不同形状、大小的被涂件进出。涂装室顶部设有一定宽度的沿输送链通过方向的开口，并在开口处设置被涂件旋转机构，以及喷粉枪移动机构。在涂装室一侧或左、右两侧下方设有引风口，使过喷粉末在足够引风量的作用下，随着气流进入引风管道的回收装置。各种结构形式的涂装室的推拉式门，均由铝合金边框、镶嵌有机玻璃板、白色薄塑料、薄钢化玻璃板等构成。在涂装室倾斜 60°的底部正中，设有圆形或方形的开口，开口底部装有推拉式盛粉盒。过喷粉末掉落于涂装室底部的倾斜面上后，可清扫落入盛粉盒中回收。所有类型的涂装室的金属构件都要可靠连接并可靠接地。否则，因金属构件在高压静电场内产生静电聚集，会危害操作者的安全或损坏设备。

涂装室内悬挂输送链上的猫头吊挂具是被涂件的专用挂具，旋转机构应灵活自如，以保证喷涂的覆盖率。静电涂装室内要有足够强度的静电场，以确保粉末的沉积效率。涂装室内的电气设备都应防爆。

喷粉操作时，除大部分粉末涂料吸附到被涂件表面上外，其余的粉末将飘落于静电涂装室的底部、室壁，需要通过引风气流进行收集。对于自动流水线喷粉、单工位的手工喷粉，涂装室开口的宽度应能满足被涂件在涂装室内完成高质量喷粉操作的要求。单侧自动喷粉，应当达到上述同样效果。布置在悬挂输送链两侧的自动或手工被涂件，除应达到单侧自动或手动工位喷粉效果外，工艺上严格规定不允许在同一涂装室的两侧对喷，这样会在涂装室内产生静电排斥，也会使过喷涂料在涂装室内浓度超标，不但影响喷涂质量，还会严重损害操作者的健康。对于双工位对喷的工位布置应当相对错开一定的距离。

（3）静电粉末涂装室的维护保养。静电粉末涂装室要定时清理，工作结束后应及时清理室壁黏附的粉末和沉落在室底的粉末，不使过喷粉末在涂装室内过多积聚，以消除意外事故隐患。要经常检查涂装室的可靠接地，注意调整涂装室内的气流量的相对稳定，防止过喷粉末对室壁的污染。并及时检查有无损坏现象。操作时，不允许粉尘外逸，以减少对环境的污染和粉末浪费。

3. 粉末回收装置

（1）粉末回收装置的结构型式。粉末回收装置的结构型式主要有以下几种：

1）振荡布袋式粉末二级回收装置由箱体、离心式引风机、振荡电动机、布袋滤布、管道等组成。

2）旋风式布袋粉末回收装置由箱体、离心式引风机、振荡电动机、旋风式吸尘器、布袋滤尘器、排料阀、管道等组成。

3）脉冲袋式滤布粉末回收装置由电动机、空气过滤器、电磁阀、压力传感器、离心式引风机等组成。

4）双旋风布袋二级粉末回收装置由离心式引风机、双旋风吸尘器、布袋收尘器、排料阀、管道等组成。

5）静电式粉末回收装置由电源、高压静电发生器、离心式引风机、金属板、粉末回收料斗等组成。

6）袋式滤布粉末过滤循环回收装置由电源、离心式引风机、箱体、振荡电动机、筛粉机、管道等组成。

（2）粉末回收装置的正确操作。旋风布袋式二级回收装置的正确使用方法是：打开引风机，静电涂装室内的过喷悬浮粉在引风气流作用下，随着引风气流被吸入引风口，经管道进入旋风吸尘回收器中，旋风吸尘器的引风管道与引风机的进风口相连，在旋风吸尘器中没有被回收的部分粉末，经引风机的回收容器后被压入布袋收尘器，并在布袋中积存下来，过细粉末随着较清洁的空气从排风口排入大气，被布袋收集的粉末从排料阀放出进入布袋后回收。

回收装置在操作前要可靠接地。每班工作前，应认真检查引风电动机、回收装置、引风管道是否正常。否则，应及时修理后再使用。更换粉末涂料品种、类型、不同厂家生产的粉末或涂料改变颜色时，应拆开回收装置，彻底清理干净后重新安装使用。

（3）粉末回收装置的维护保养。引风机应加装防护罩，防止灰尘、杂质和粉末落入，应定期检修及维护保养，如果出现故障应及时修理后再使用。每个工作班后，都应清理回收装置中的粉末、回收通道和管路中积存的粉末，保证回收管路的畅通。涂装室正面的开口宽度、高度，应保证有足够的引风量进入涂装室。涂装室的引风口应定时清理，不能堵塞。按工艺要求，应定期彻底清理旋风吸尘器。如需更换粉末颜色，需要彻底地清扫干净积存于管道、旋风吸尘器及布袋收尘器中的粉末、以防混色。

4. 高压静电喷枪

（1）高压静电喷枪的特点与结构。高压静电喷枪的特点是：出粉均匀，雾化好，手提式喷枪要轻巧，使用方便、安全，绝缘可靠，手柄接地良好。

高压静电喷枪主要由喷嘴、枪身和手柄组成。喷枪的类型较多，有内带电喷枪和外带电喷枪。按结构、外形，可分为自动静电喷粉枪、手提式静电喷粉枪、摩擦式喷粉枪等。手提式静电喷枪出粉量为 $50\sim300\ g/min$，自动静电喷枪出粉量为 $50\sim250\ g/min$。粉末喷枪的分散结构和带电机构很重要，其代表性分散结构是向喷嘴送二次空气压力来实现的。在喷枪前段设有反射板，使喷嘴中喷出的粉末和空气喷射到反射板上，靠反射板的位置、形状、大小来控制喷射速度和喷射角度。

（2）高压静电喷枪的正确操作。喷枪通过专用风管、输粉管、高压电缆线（即两管一线），与静电喷枪柄尾接头连接好。喷枪使用前和使用过程中，应随时注意检查上述两管一线连接是否牢固可靠。否则，要及时修好后再使用。两管一线的另一端电缆应牢固可靠地连接在高压静电发生器负极接头上。风管一端应可靠连接在油水分离器或储气罐的出气口接头上。输粉管一端应可靠地连接在供粉装置的出粉口接头上。操作前，认真检查高压电缆与喷枪柄连接处是否安全可靠、电缆线管有无破损，否则要及时修好后再使用。更换粉末颜色或不同类型品种的粉末时，应先卸下枪头，然后用经油水分离器的压缩空气清理干净。喷枪出粉效果不好时，要及时将枪口积粉清理干净。自动喷枪应安装在 $1.5\ m$ 高度左右的自动喷涂枪架上，高压电缆应与高压静电发生器专用电源插座、电源专用接地线可靠连接，应在接地状态下使用。导流阀的大小应选择适当，否则会使涂膜的厚薄不均匀。根据被涂件的大小、形状、涂装质量要求，采用工作气压控制喷枪的出粉量。工作电压不宜过载，喷枪接通高压电源后，静电喷枪的放电针不准随意撞击金属或指向他人，防止高压击穿、静电打火和伤人。

（3）高压静电喷枪的维护保养。高压静电喷枪使用完毕后，要用压缩空气清理干净，必要时卸下枪头吹净，喷枪应对地放电，释放出喷枪内积存的静电。喷粉过程中断或结束时，喷枪应当吊挂保管，决不可随意乱丢乱放，以免损坏枪体和放电针。枪体要定期检查，要维护好绝缘部位，保证喷粉不堵塞和使用安全。

5. 高压静电发生器

高压静电发生器与静电喷涂用的高频高压静电发生器的结构和原理基本相同。主要有以下几种：

（1）第一种是由箱体、高压发生器电路元件、组装板、开关等组成，用有机玻璃制成的变压器油箱，内装 20—25 号变压器油。高压发生器元件组通过电缆输出高压。

（2）第二种是采用电子管、晶体管的高压静电振荡器，采用两束速射管组成推挽电路，选择一只合适的电子管作为帘栅电压控制管，通过计时电路，待电子管丝极预热达到规定时间后，再开启高压电源进行升压、调压，可使振荡电子管不易产生老化。

（3）第三种为全晶体管框式分离电路结构，此种高压静电发生器是由静电发生器、静电屏联合组装。高压静电发生器由高频振荡电路、倍压整流电路、保护电路、恒场强电路、电源控制、指示开关板等组成，通过金属电缆输出高压。全晶体管电路的发生器采用的是晶体管脉冲电路，将稳压后的低压直流变成负压直流电输出。有高压油箱的一种是高压电缆线从油箱顶部插入，输出的高压则经其他管路输出。

（4）第四种为小型的高频高压静电发生器，有恒流输出的自动控制电路、多层次的保护电路和过载保护电路。对元件的保护，采用他激方波励磁方式获得高频振荡，以提高静电发生器的效率。高频高压发生器为高电压小电流，应与成套设备仪器可靠接地，不会因短路损坏设备和危害操作者人身安全。

除了第一种在 20 世纪 80 年代初期生产的高压发生器无恒场电路外，其余三种结构的高压静电发生器的电路均装有恒场电路，喷枪与被涂件接触不会打火造成短路。目前，高频高压静电发生器正向小型化方向发展，并与其他成套设备组成可移动式的静电喷粉设备。

第五章　涂膜的缺陷与防治措施

涂料及涂膜的病态或缺陷是在涂料设计、生产制造、运输、贮存、涂装全过程中质量环节出现问题的综合体现。在涂料设计中，配方的合理性、树脂基料、颜填料、溶剂、助剂品种和用量的选择，特别是原材料的规格和稳定性影响等都会直接影响涂料产品的质量。在涂料生产过程中，对生产设备的选择、生产工艺流程和质量的控制、生产过程的气候条件等与生产合格的涂料产品有较大关系。而在涂装过程中，优良的底材表面处理，正确的涂装方式选择，熟练的涂装操作技能，以及涂装时间、气温、湿度等因素都是保证形成高质量涂膜的重要因素。因此，产生涂层缺陷的原因是多方面的，有时是极为复杂的。根据使用涂料时，各种缺陷出现的先后时期，可将涂料及涂膜缺陷分为三大类，既涂装前的缺陷、涂装过程中出现的缺陷、涂装后及使用过程中产生的缺陷。

下面重点介绍涂装过程中和涂装后及使用过程中产生的主要缺陷及其防治。

§5—1　涂装过程中出现的缺陷及防治

一、刷痕

1. 定义及现象

刷涂后，在干漆膜上留下的一条条脊状条纹现象。这是由于涂料干燥过快，黏度过大，漆刷太粗硬，刷涂方法不当等原因使漆膜不能流平而引起的。

刷痕主要影响漆膜外观的光滑平整、光泽及涂层的厚度，常发生在氯化橡胶醇酸涂料、硝基涂料、水乳化涂料和其他厚浆型涂料的涂装过程中。

2. 原因

(1) 涂料的流平性不佳。如涂料中颜料量过多或颜料局部凝聚，稀释不足，涂料过稠等。

(2) 在夏季高温情况下施工，溶剂挥发过快，使漆刷拉不开或刷后来不及流平即干燥，漆膜硬干后留下漆刷刷过的线条、痕迹。

(3) 涂装方式不当，漆刷或辊筒来回涂刷或滚动过多。

(4) 涂装工具选择不当，漆刷刷毛过硬或不齐、不清洁。辊筒不清洁，过硬等。

(5) 被涂物底材吸收性过强，涂料涂刷后即被吸干，也会造成涂刷困难而出现刷痕。

3. 防治措施

(1) 防止在储存过程中溶剂的挥发和颜料的凝聚，开罐施工前，应调整涂料适当的黏度和搅拌均匀并过滤。通常刷涂的黏度掌握在 30～50 s（涂－4 杯）为宜，加入相应的稀释剂。对厚浆型高固体分涂料，应加入流平剂，选用流平性好的涂料防止刷痕的产生。流平剂的品种很多：溶剂型流平剂，如 BYK 公司生产的 BYKETOLOK，用量为涂料量的 2%～7%。丙烯酸类流平剂，如 BYK 公司生产的 BYK－VP－354.3529，Tego 公司的 Tego

Flow300 等，用量为涂料量的 0.2%～1%。硅油和有机硅类流平剂，如 Henkel 公司生产的 Perenol S4、S400、S43；BYK 公司的 300 系列，Tego 公司的 Tego Glide100、ZG400 系列等，添加量为涂料量的 0.1%～1%。

流平剂主要作用是降低涂料与底材间的表面张力，改善涂料的流动性，降低表面张力，减少因表面张力梯度差而引起的各种表面状态的弊病。

（2）避免在温度过高的环境下施工。在高温施工时，考虑选用挥发速率较慢的溶剂和稀释剂，如用高沸点芳烃溶剂 S100、S150、S180 代替二甲苯，加入石脑油、环乙酮、乙二醇醚类等，降低溶剂的急剧挥发性。对烘干型涂料黏度要适中，涂漆后在室温下静置 15 min，烘烤时先以低温预热，按规定控制温度和时间，让溶剂能正常挥发。

（3）尽量选用喷涂方式，可避免刷痕的产生。采用刷涂和辊涂施工时，涂料一次不要蘸取过多，且不要来回多次拖动漆刷或辊筒。

（4）选用的漆刷和辊筒一定要清洁，避免有杂物和碎屑的混入。要选择软质的漆刷，刷漆时厚薄均匀。

（5）底材要经过严格的处理，在喷砂除锈的情况下，虽底材有一定的粗糙度，但不宜过大。对吸收性强的底层上先刷一道底漆。

（6）对出现刷痕的涂层，在表面要求不高时，并不影响防腐保护效果。对有装饰性要求的面漆涂装，需用细砂纸将刷痕磨平，去除尘屑，再涂装一道面漆。

二、流挂

1. 定义及现象

涂料施涂于垂直面上时，由于其抗流挂性差或施涂不当、漆膜过厚等原因，使湿漆膜向下移动，形成各种形状的下边缘厚的不均匀涂层。涂装过程中，漆液向下流淌的现象叫流挂，它是影响漆膜外观的一种病态，多出现在垂直面、棱角处、合页连接处及水平面与垂直面交接的边缘线处。

常见的流挂病态有三种：流挂可由整个垂直面上涂料下坠而造成的类似幕帘状漆膜外观，称为幕状流挂；由局部窄缝或钉眼等处的过量涂料造成的窄条状下坠，称为条状流挂；第三种为泪状流挂，是条状流挂的一种特殊形式。

2. 原因

（1）涂料配方不合适，溶剂挥发缓慢，涂料黏度过低，颜填料中含有密度较大的颜料（如硫酸钡、红丹等）、分散不良的色漆，颜填料研磨不均匀等。

（2）在涂装过程中，一次涂装得过厚，漆液由于重力的作用向下流淌。

（3）施工方式不当，刷涂时，漆刷蘸漆过多又未涂装均匀，刷毛太软漆液稠，涂不开，或刷毛短漆液稀；喷涂施工时，喷枪的喷嘴口径过大，气压过小，距离物面太近，喷枪移动速率过慢，有重叠喷涂现象等；浸涂时，涂料黏度过大使涂层厚产生流挂，有沟槽零件易于存漆也会溢流，甚至在涂件下端形成泪状流挂不易干透。

（4）涂件表面凹凸不平，几何形状复杂。在边缘棱角处、合页连接处，由于涂装后没有及时将这些不明显部位上的残余漆液收刷干净，造成余漆流到漆面上形成泪状流挂。

（5）涂装前处理不好，物面含有油或水，涂料对被涂物面的附着力不佳，在旧涂层上直接涂覆新漆等，都会造成流挂。

（6）涂装场所气温过低，涂料实干较慢，或在不通风的涂装环境中施工，周围空气中溶剂蒸气含量高，溶剂无法挥发。对烘烤型涂料，过高温度烘烤时，涂料黏度下降引起流挂。

3. 防治措施

（1）充分考虑涂料的防流挂特性，采用挥发速率适中的溶剂，提高涂料黏度，延长研磨过程。可在涂料配方中加入防流挂助剂，有多种颜填料或助剂可供选择，如有机膨润土、蓖麻油衍生物、DISPARLON 公司的 A630 聚酰胺蜡、4200 聚乙烯蜡系列，BYK410 改性脲系列等，加入量一般为配方总量的 1%～2%。

（2）涂装前，应检测涂料的防流挂性能，即能形成的最高湿膜厚度。对一般性能涂料湿膜厚度不应过高。出现流挂现象时，在流痕未干时，可用刷子或手指轻轻地将痕道抹平；如果流挂已经干燥，可用小刀将流痕轻轻铲平，或用砂纸将痕道打磨平整再进行涂装。

（3）涂装时对操作工的技能应进行严格考核，对喷涂的各种参数，如压力、喷枪距离、角度、行进速率、喷嘴口径等按说明书或本书中的涂装技巧进行调整。漆刷一次不能蘸漆过多，要在桶壁上刮一下刷子。漆液稀刷毛宜软，漆液稠刷毛宜短，刷涂厚薄均匀适中。喷涂时喷枪应距物面 20～30 cm，不能过近，并与物面平行移动。在喷涂高固体分涂料时，应采用较高的压力。油性漆或烘干漆不能过度重叠喷涂。

（4）对凸凹物面进行涂装时，在漆流未干时，可选择刷毛长，软硬适中的漆刷，用漆刷将多余的漆液刷去，防止涂料的储存。

（5）做好各种基材的前处理工作，防止油水的附着，提高涂层的附着力。对于旧漆膜可先打磨，将涂层打毛后，再涂装新漆。

（6）适当换气，保持通风，气温应在 10℃ 以上。温度低时，可适当采用快挥发溶剂，提高固化剂用量。对烘干漆可采用"湿碰湿"的涂装方法。

三、粗粒、起粒、表面粗糙

1. 定义及现象

漆膜干燥后，其整个或局部表面分布着不规则形状的凸起颗粒的现象。在涂装后的干漆膜上产生凸起物，呈颗粒状分布的整个或局部漆膜表面，通常大的称为"疙瘩"，小的称"痱子"，有的呈极细微的（针尖状）颗粒分布，不仅影响漆膜外观、光泽，而且容易损坏，形成局部腐蚀。

2. 原因

（1）涂料生产时，颜填料研磨不细，未达到规定的细度；在涂料储存过程中，产生凝胶，而未经过滤等处理；涂料结皮经摇动碎裂成碎片，混入涂料中；涂料变质（基料析出、返粗、颜料凝聚等）。

（2）涂装前，采用的稀释剂与涂料不匹配。

（3）涂漆场所不清洁或在风沙天气施工，有烟尘、碎屑、风沙落在未干燥的涂膜表面；刷涂施工时，漆刷上的颗粒或砂子留在漆膜上；喷枪不清洁，用喷过油性漆的喷枪喷双组分涂料（如环氧等），溶剂将漆皮咬起形成残渣混入涂料中。

（4）喷涂时，喷枪与被涂物的距离过远，使喷雾落在物面上之前涂料中的溶剂已经挥发，造成漆液失去了流动性而形成颗粒。当喷漆时喷嘴口径小、压力大，也会造成粗颗粒的喷出。

3. 防治措施

（1）在涂料生产中，严格控制材料的颗粒度，尽量选择细度小的颜填料，在生产过程中，当细度合格后，才能停止研磨。防止在储存过程中的弊病，过滤去除漆皮、碎屑、凝胶等杂质。

（2）采用与涂料相溶性好的稀释剂，防止树脂等不溶析出。稀释剂用量一般不超过5％。对析出的涂料，可添加有良好溶解性的酯类溶剂进行挽救。

（3）保持施工环境的清洁，避免在大风气候环境下的施工。在施工前清扫场地，将工件擦拭干净。涂装工具，如喷枪、漆刷、辊筒在涂装前和涂装完成后要用适当的稀释剂清洗干净，防止杂物的混入。

（4）喷涂时，调整适当的喷嘴口径和压力，喷距不要超过 30 cm，涂料需过滤。在更换涂料品种前，应对喷枪和管道及装涂料容器进行清洗。

（5）漆膜出现颗粒以后，一般应等漆膜彻底干透后，用细砂纸仔细将颗粒打平、磨滑、擦净灰尘、再在表面涂装一遍涂料。如果是硝基面漆，可用棉纱团蘸取稀释的硝基涂料擦涂几次，再用砂蜡、光蜡抛光处理。

四、针孔

1. 定义及现象

一种在漆膜中存在着类似用针刺成的细孔的病态。它是由于湿漆膜中混入的空气泡和产生的其他气泡破裂，且在漆膜干燥（固化）前不能流平而造成的，也可由底材处理或施涂不当造成。

涂膜干燥过程中或形成漆膜后，表面出现圆形小圆，状如针刺的小孔，或像皮革毛孔状的孔，较大的像麻点；针孔的病态，也就是在成膜过程中出现有些部位空白无漆，形成腐蚀的"通道"，必须及早补救。一般是在清漆或颜料含量较低的磁漆，用浸涂、喷涂或辊涂法施工时容易出现。

2. 原因

（1）涂料的配方和生产上的原因。清漆的精制不良，溶剂的选择和混合比例不当，颜填料的分散不良，在涂料生产中夹带有空气气泡和水气。

（2）储存温度过低，使涂料各组分的互溶性变差，涂料黏度上升或局部析出，易引起颗粒或针孔弊病（特别是沥青涂料）。

（3）长时间激烈搅拌，在涂料中混入空气，生成很多气泡。

（4）施工环境湿度过高，喷涂设备油水分离器失灵，空气未过滤，喷涂时水分随空气管带入喷出，引起漆膜表面的针孔，甚至气泡。喷涂时压力过高，距离过远，破坏了湿漆膜的溶剂平衡。刷漆时用力过大，辊涂时转速太快等，使产生的气泡无法逸出。

（5）涂漆后在溶剂挥发到初期成膜阶段，由于溶剂挥发过快，或在较高气温下施工，特别是受高温烧烤，漆膜本身来不及补足空档，形成针孔。

（6）被涂物表面处理不当，在有油污的表面上涂漆。木材含水率高，腻子和底漆未干透。涂膜一次涂得过厚，溶剂无法及时挥发被包裹在涂层中，经一段时间后挥发逸出时形成针孔。

3. 防治措施

（1）在生产过程中防止空气和水分的混入。采用合适的分散和混合工艺，生产设备加盖，调节设备的转速，生产批量的大小要和设备的大小相互匹配等。加入适当品种的消泡剂和流平剂，特别是对于黏度较大的涂料，加入量一般为涂料总质量的 0.1%～1%，过多将影响涂料性能。常用品种有：矿物油消泡剂、有机硅消泡剂、有机硅聚合物消泡剂等。主要来源是进口，BYK、Henkel、Tego、EFKA 等公司都有多种品牌。在乳胶漆、丙烯酸涂料等品种中，通常需要加入消泡剂。

（2）在适宜的温度下储存，防止析出、结皮、凝胶等弊病的产生。在使用前需经过过滤，除去杂质和碎屑。

（3）涂料要混合均匀，但不要长时间剧烈搅拌，在搅拌后要待气泡基本消失后再进行涂装，双组分涂料要有一定的活化期，一般在混合后 15 min 再涂装。

（4）不要在湿度过大时施工，一般相对湿度不大于 85%。保证施工机具的清洁与可靠使用。喷涂时，油水分离器需正常且压力不能过高，压缩空气需经过滤，保证无油。刷涂时，漆刷不能蘸涂料过多，要纵横涂刷，有气泡时需用刷子来回赶几下，挤出气泡。辊涂时也需来回辊动，速度不能过快，将混入夹带的气泡赶出。

（5）涂料中的溶剂挥发需平衡，在较高温度下施工时，可加入挥发速度较慢的溶剂，如用高沸点芳烃溶剂 S100、S150、S180 代替二甲苯，加入溶剂石脑油、环己酮、乙二醇醚类等，降低溶剂的急剧挥发。烘干型漆黏度要适中，涂漆后在室温下静置 15 min，烘烤时先以低温预热，按规定控制温度和时间，让溶剂能正常挥发。

（6）底材处理要无油且除尘和达到一定的表面处理等级。腻子层要刮光滑，涂层控制一定厚度，特别对于容易积存涂料的部位。涂装要具有一定的时间间隔，在底层涂料实干后，再进行下道涂料的施工。

（7）对已经形成针孔的漆膜表面，可补涂配套涂料。对沥青漆的针孔，可用喷灯微温漆膜表面。对表面不平整的状况，可磨平后再涂漆。

五、气泡、起泡

1. 定义及现象

涂层因局部失去附着力而离开基底（底材或其下涂层）鼓起，使漆膜呈现似圆形的凸起变形。泡内可含液体、蒸气、其他气体或结晶物。

一般由溶剂蒸发产生的泡称溶剂泡；如因搅拌涂料时产生的气泡，在涂装成膜过程中未消失产生的泡称为气泡。气泡用手指掐压可感到弹性，重压时气泡还会向四周扩大或胀破面层。烘干型涂料特别容易产生气泡。

2. 原因

气泡和针孔产生的原因基本相同，只是气泡处于涂层内，而针孔等在表面开口而已。

（1）在没有干透的基层上涂漆，当漆膜干燥后，内部的溶剂或水分受热膨胀而将漆膜鼓起，形成气泡。

（2）金属底层处理时，凹坑处积聚的潮气未予除尽，因局部锈蚀而鼓泡。或未除净的锈蚀、氧化皮等与涂料中某些物质或从涂膜微观通道内渗入的水、气体、腐蚀介质反应，生成气体。特别是木质器件潮湿，涂上漆后遇热蒸发冲击漆膜，尤其在加热烘烤中易起气泡。含有—NCO 的聚氨酯涂料与空气中的湿气反应产生二氧化碳气体等。

（3）涂料在搅拌和涂装过程中混入气泡，未能在干燥前逸出。

（4）在强烈的日光下或高温下涂装，涂层厚度过大，表面的涂料经曝晒干燥，热量传入内层涂料后，涂层中的溶剂迅速挥发，造成了漆膜起泡。

（5）在多孔表面涂装时，没有将孔眼填实，而在干燥过程中，孔眼中的空气受热膨胀后鼓成气泡。

（6）烘烤型涂料急剧加热，涂膜易起泡。

3. 防治措施

（1）涂装要有一定的时间间隔，在底层涂料实干后，再进行下道涂料的施工。

（2）防止在潮湿气候下施工，底材处理要无油且除尘并达到一定的表面处理等级，特别要排除表面的凹陷和孔洞中的水分。

（3）避免搅拌和施工过程中的气泡产生，可加入一定的消泡剂，并注意施工技巧。一般涂料的表面张力越低、喷雾粒子越细、涂料黏度越低，就越不易产生气泡。

（4）工件涂装时和涂装后，不应放在日光或高温下，并应根据涂料的使用环境，合理地选择涂料品种，避免用带汗的手接触工件，选用挥发速率较慢的稀释剂品种。

（5）在多孔的表面上，先涂一层稀薄的涂料，使封闭的空气及时逸出。墙面涂装应选用透气性好的乳胶漆或其他建筑涂料；木材加涂虫胶漆封闭，腻子层要刮光滑，涂层控制一定厚度，特别对于容易积存涂料的部位。

（6）烘烤涂料涂漆后在室温下静置 15 min，烘烤时先以低温预热，按规定控制温度和时间，让溶剂能正常挥发。

（7）漆膜如有气泡，应视弊病情况来决定是局部修补还是铲除后重新涂装。

六、咬底

1. 定义及现象

在干漆膜上施涂其同种或不同种涂料时，在涂层施涂或干燥期间使其下的干漆膜发生软化、隆起或从底材上脱离的现象。

涂面漆后在短时间内，面漆漆膜会出现自动膨胀、移位、收缩、发皱、鼓起，甚至使底层膜失去附着力，出现下层涂层被咬脱离的现象。易出现咬起底层的涂料有：硝基漆、环氧涂料、聚氨酯等含有强溶剂的涂料。

2. 原因

（1）涂层的配套性能不好，底漆和面漆不配套。在极性较弱溶剂制成的涂料上层施涂含强极性溶剂的涂料。如在醇酸或油脂漆上层加涂硝基漆；含松香的树脂成膜后加涂大漆；在油脂漆上涂装醇酸涂料；在醇酸或油脂漆上加涂氯化橡胶涂料、聚氨酯涂料等。强溶剂对漆膜的渗透和溶胀使下层涂膜咬起。

（2）涂层未干透就涂装下一道涂料。如过氯乙烯磁漆或清漆未干透，加涂第二道涂料。

（3）在涂装面漆或下道漆时，采用过强的稀释剂，将底层涂料溶胀。

（4）涂装时涂得过厚。

3. 防治措施

（1）严格按照涂料说明书和涂料的配套原则进行涂装。一般同类涂料可以相互配套。不同种类涂料配套采用下硬上软的原则；如底漆采用强溶剂涂料（环氧、聚氨酯等），面漆用溶解力弱的涂料（氯化橡胶、醇酸、酚醛等）。在松香树脂漆膜上加涂大漆是不合适的，若要漆涂，必须先经打磨处理，刷涂过渡层，干燥后用干净抹布清除表面粗糙颗粒，用砂纸打磨后，再涂装大漆。

（2）涂料要干透，按照最佳涂装间隔执行，必须达到最短涂装间隔。在冬季施工时，可适当延长涂装间隔，保证底层涂料的实干。对特殊品种的涂料，可采用"湿碰湿"的涂装工艺，在涂装完第一层未干时随即加涂一层，可提高涂层的附着力。

（3）涂料涂装时选用的稀释剂不能超过涂料总量的5%，品种在涂装过程中也要固定，不能在底层用弱极性稀释剂，上层涂料采用强极性溶剂，如丙酮、酯类和高沸点芳烃溶剂等。

（4）为防止咬起，第一道涂料应涂装较薄，待彻底干燥后再涂装第二道涂料，不能一次涂装过厚，使内部溶剂无法挥发，延长干燥时间。

（5）对发生"咬底"弊病的涂料，不能再起到保护和装饰作用。应铲去咬底部位的涂层，补涂并改进配套。

七、露底、不盖底

1. 定义及现象

涂于底面（不论已涂漆与否）上的色漆，干燥后仍透露出底面颜色的现象。

涂覆一道涂料后，仍能凭肉眼看清底层。易产生这一缺陷的涂料为着色颜料含量少的涂料和颜色鲜明的涂料等。

2. 原因

（1）涂料中颜料含量过低或颜料遮盖力太差，或使用透明性颜料。

（2）涂料搅拌混合不均匀，沉淀未搅起。

（3）涂料的黏度过低，或过量加入稀释剂。

（4）底材处理时未到达要求，主要体现在清漆在木器涂装中露底，出现白木。

（5）涂装时漆膜过薄，在刷底、面漆不同颜色的色漆时，面漆只涂装了一遍，并有漏涂现象等。喷涂过薄或喷枪移动速率不匀，来回喷路的间隔较大而使漆液不能均匀分布，出现露底。

3. 防治措施

（1）选用遮盖力强的涂料，增加涂料中颜填料的用量，使用遮盖力强的颜料，例如选用钛白作为白色颜料，而氧化锌和硫酸钡等虽为白色但遮盖力较差。

（2）涂料应充分搅拌均匀，特别是颜填料在储存过程中容易沉底，应搅拌桶底的硬结使之进入涂料。

（3）适当控制涂料的黏度，不要过量加入稀释剂，加入量不超过涂料总量的5%。

（4）对木器底材，可用少许较浓的虫胶漆作为底层，再涂装涂料。

（5）仔细涂布，注意防止漏涂现象，喷涂时喷枪移动速度均匀，注意每一喷涂幅度的边缘，应当在前面已经喷好的幅度边缘上重复1/3，且搭界的宽度应保持一致。

（6）对轻微露底者，可用毛笔或漆刷蘸取该涂料补匀；若普遍出现星星点点的露底时，可用细砂纸将该漆膜打毛，除去灰尘后，重新涂覆；对不能盖住底色的，可再涂装一道面漆。

八、橘皮

1. 定义及现象

漆膜呈现橘皮状外观的表面病态。喷涂施工（尤其是喷涂底材为平面）时，易出现此病态。

喷涂施工时，不能形成光滑的干漆膜面，而呈橘皮状的凹凸现象，凹凸度约为 3 μm。易产生橘皮缺陷的涂料有：硝化纤维素涂料、氨基醇酸涂料、丙烯酸涂料、粉末涂料等。

2. 原因

（1）涂料本身流平性差，黏度过大。

（2）涂料的溶剂和稀释剂挥发过快、施工温度过高或过低、过度通风等。

（3）喷涂施工方式不当，如喷涂距离太远，压力不足、喷嘴口径过小，喷枪运行速率过快等。

（4）被涂物的温度高，或过早地进入高温烘箱内烘干。

（5）被涂物表面不光滑，影响涂料的流平或对涂料的吸收。

3. 防治措施

（1）采用低固体分涂料、相对分子质量低的树脂以及低颜填料含量。在涂料生产和应用过程中，加入适量流平剂。有溶剂型流平剂，一般用量为涂料量的 0.2%～1%；硅油和有机硅类流平剂，一般添加量为涂料总量的 0.1%～1%。

（2）避免在温度过高的环境下施工。选用合适的溶剂或添加部分挥发较慢的高沸点有机溶剂，如芳烃溶剂 S100、S150、S180 代替二甲苯，加入石脑油、环己酮、乙二醇醚类等，降低溶剂的急剧挥发。减小喷漆室内的风速。

（3）按照喷涂施工技巧正确施工，选择合适的喷枪，控制空气压力，保证涂料充分雾化。同时控制漆膜厚度，保证足够的干燥时间和流平。

（4）对烘干型涂料黏度要适中，涂漆后在室温下静置 15 min，烘烤时先以低温预热，按规定控制温度和时间，让溶剂能正常挥发。被涂物的温度应冷却到 50℃以下，涂料温度和喷漆室气温应维持在 20℃左右。

（5）底材要经过严格的处理，在喷砂除锈的情况下，虽底材有一定的粗糙度，但不宜过大。对吸收性强的底材上先刷一道底漆，使其平整光滑。

（6）对出现橘皮的涂层，需用细砂纸将痕迹磨平，去除尘屑，再喷涂或涂刷一道面漆。

九、起皱

1. 定义及现象

起皱也称为皱纹，漆膜呈现有规律的小波幅波纹形式的皱纹，它可深及部分或全部膜厚。皱纹的大小和密集率可随漆膜组成及成膜时的条件（包括温度、湿膜厚度和大气污染情况）而变化。

直接涂在底层上或已干透的底涂层上的漆膜在干燥过程中产生皱纹的现象。主要出现在油性漆和醇酸类涂料上。

2. 原因

（1）大量使用稠油调制的涂料或需空气干燥的涂料，或干燥快的涂料和干燥慢的涂料掺和使用。由于涂层表面干燥并迅速成膜，隔绝了内层和空气的接触，内层涂膜的干燥受到影响，两层漆膜干燥速度的不同，导致了皱纹。

（2）在涂料中过多使用了促进表面干燥的钴和锰催干剂，含有 0.5%～2%亚麻油酸锰或松焦酸钴的厚漆也易产生起皱现象。

（3）涂料黏度过大，形成漆膜过厚。特别是转角凹陷处涂料积聚过多，厚处便起皱纹。

（4）对烘烤型涂料，骤然高温加速烘烤干燥，漆膜将会起皱。

（5）涂膜未完全干透，就在其上涂覆下一道涂料，使内部溶剂无法完全挥发。

（6）涂层之间配套不合理，当涂层发生"咬底"现象时，上层漆膜出现皱纹。

（7）易挥发的有机溶剂比挥发较慢的有机溶剂涂层更易起皱。

（8）涂装油性或醇酸涂料，恰遇高温及日光曝晒，或施工场所通风不良等，使漆膜表面提前干燥，而内部的油漆漆膜来不及干燥，形成皱纹。

3. 防治措施

（1）尽量不用油性涂料或醇酸类需空气干燥的涂料。干燥快慢不同的涂料不能掺和使用。涂装后要有足够的干燥时间。可在涂料中加入防起皱的流平剂或湿润分散剂。

（2）减少钴锰催干剂的用量，多用铅或锌催干剂和新型复合催干剂。对于烘烤型涂料加用锌类催干剂防止起皱的效果特别突出。

（3）减小涂料的黏度，在喷涂过程中喷枪移动速率不能过慢，喷距不能过近；刷涂时蘸取涂料不宜过多，注意形成涂膜的厚度不要过大，防止在边角凹陷处积存涂料。

（4）对烘烤型涂料，要按照烘烤干燥技术条件制定逐步升温烘烤的干燥工艺规范，应在晾干室内先晾干 15 min 后，再进入烘干室逐步升温。如在需烘干采用醇酸树脂磁漆的场合，在醇酸漆中加入少量氨基树脂（5%以下）作为防起皱剂，可大大减少起皱。

（5）保证涂膜的完全干燥，严格按照一定的涂装间隔时间涂装。

（6）如出现"咬底"现象时，按上述针对"咬底"的防止措施执行，注意涂料的配套性能。

（7）采用挥发较慢的溶剂系统，稀释剂不能加入过多。高沸点芳烃溶剂、石脑油、环己酮、乙二醇醚类等，可降低溶剂的急剧挥发。

（8）避免在高温高湿情况下施工，加强室内通风。涂装后不可在烈日下曝晒。

（9）对于起皱现象严重的涂膜，需铲去重新涂装，注意底材处理需光滑。对于轻微的起皱，一般可用细砂纸将皱纹磨平，去除尘屑，再喷涂或涂刷一道涂料。

十、发白、白化、变白

1. 定义及现象

有光涂料干燥过程中，漆膜上有时呈现出乳白色的现象。这是由于空气中的水汽在湿漆膜表面凝露或涂料中的一种或多种固态组分析出引起的。

涂料干燥成膜后，涂膜呈现云雾状白色，产生无光、发浑、呈半透明状，严重的失光，涂膜上出现微孔和丝纹，涂层机械性能下降。通常产生于单组分溶剂挥发干燥型的清漆涂装场合。硝基、过氯乙烯涂料易产生这种现象。

2. 原因

（1）施工时的温度和湿度，在低温和潮湿的环境中施工，低于露点温度，被涂物表面结露。湿度过大或结露，空气中的水分凝结渗入涂层产生乳化，表面变为不透明，待水分最后蒸发，空隙被空气取代成为一层有孔无光的涂膜。

（2）涂料生产过程中的溶剂和颜填料含水，或施工过程中稀释剂含水。稀释剂沸点低、挥发快，导致涂膜表面温度急剧下降，从而引起湿气凝结。

（3）喷涂施工中，净化装置的油水分离器失效，水分混入。

（4）被涂物底材没有干燥好，冬季在薄板件上施工，漆膜易变白。

（5）溶剂和稀释剂的配合比例不恰当，当部分溶剂迅速挥发后，剩余的溶剂对树脂的溶解能力不足，造成树脂在涂层中的析出而变白。

（6）虫胶漆液与较热物品接触也会变白。

3．防治措施

（1）相对湿度应低于80％，环境温度应高于露点温度3℃以上，方可施工。在阴雨季节和冬季施工，应选用专用型涂料。施工时应选择湿度小的天气，如需急用，可将涂料经低温预热后涂装，或在被涂物周围用红外灯等加热，等环境温度上升后再涂装。

（2）严格防止涂料生产中水分的混入。稀释剂要将水分分离，同时采用高沸点稀释剂，如高沸点芳烃溶剂、石脑油、环己酮、乙二醇醚类、丁醇、丁酯类等。同时可加入防潮剂，也叫防泛白剂，主要品种有乙二醇或丙二醇醚类化合物，它们既可与水，也可与有机溶剂混溶，促使水分挥发，但加入量要严格控制。

（3）喷涂设备中的凝聚水分必须彻底清除干净，检查油水分离器的可靠性。

（4）被涂底材表面要干燥，最好保证其温度高于环境温度。木材表面要烘干处理或者涂装封闭底漆。对于采用高压水除锈的底材或表面不断有水分渗出而无法防止时，可采用专用的带湿、带锈防腐底漆。

（5）树脂和溶剂体系及稀释剂严格配合，防止聚合物在涂装过程中的析出。合理选择溶剂和稀释剂。

（6）当虫胶漆液发白时，可用棉团蘸虫胶漆液或乙醇涂于发白之处，即可复原。

（7）对漆膜已出现发白现象，可用升温的方法，缓缓加热被涂物；也可在漆膜上喷一层薄薄的防潮剂，或两种方法结合使用。对于严重发白而无法挽救的漆膜，可用细砂纸轻轻打磨后，除去尘屑，在适合的环境中，重新涂装。

十一、光泽不良

1．定义及现象

漆膜的光泽因受施工或气候影响而降低的现象称为光泽不良或倒光。

面漆漆膜干燥后没有达到应有的光泽，或涂装后数小时，长至二三个星期内产生光泽下降的现象，光泽暗淡、甚至无光。易产生此种弊病的涂料为硝基纤维素涂料和烘烤型涂料。外用涂料的漆膜经长时间使用，由于老化的作用而光泽逐渐消失的自然现象不属于这一漆膜弊病，后者称为失光；但常常把光泽的失去统称为失光。

2．原因

（1）涂料生产配方和工艺问题。如油脂和树脂含量不足或聚合度不好，颜填料和溶剂量过多，树脂的相互混溶性差，涂料的细度不够，有尘屑混入等。

（2）被涂物面处理不当，表面过于粗糙，留有油污、水分、蜡质等。木质表面底漆封闭性不好，面漆的树脂会渗入到木材的细孔，漆膜呈现暗淡无光；新的水泥墙面呈碱性，与油性涂料皂化而失光。

（3）涂料没有充分搅拌，树脂等沉在下部，涂装时上半桶颜料少、漆料多，涂后有光；下半桶颜料多、漆料少，涂后无光。加入的稀释剂过量，冲淡了有光漆的作用。

（4）在寒冷、湿度大的气候条件下施工，使水汽凝结膜面，涂料失光。施工场所不清洁，灰尘太多或在干燥过程中遇到风、雨、煤烟等，漆膜也容易出现半光或无光。特别是桐油涂膜，如遇风雨，漆膜无光。

（5）面漆漆膜过薄，涂装面不平整等引起失光。

（6）底漆或腻子层未干透就涂装面漆，面漆未干透就抛光，也会造成失光。

（7）烘漆选用溶剂不当，尤其采用挥发性快的溶剂或过早放入烘烤设备中，烘干时温度过高，或烘干换气不充分等，会造成光泽的下降。

3. 防治措施

（1）涂料中的树脂基料需占有一定比例，否则不仅无光泽而且防腐保护性能也不好。采用两种或两种以上树脂拼用的涂料，树脂间要有良好的相溶性。涂料生产中防止水分和灰尘的混入；涂料一定要达到较好的细度，研磨得越细，涂料的光泽越高，一般汽车漆的细度要求在 20 μm 以下。

（2）加强涂层表面的光滑处理，面漆下要加涂底漆或腻子层。木器或水泥墙面要涂装相应的封闭底层，防止涂料渗入孔隙。

（3）涂料在施工前要充分搅拌均匀并过滤，稀释剂不能加入过多，一般在涂料用量的5％以下，否则影响光泽。

（4）避免在阴冷潮湿的环境中涂装，防止水分混入涂膜，在冬季施工场地，必须防止冷风袭击或选择合适的施工场地，加入适量的催干剂，排除施工环境中的煤烟等有害气体。

（5）涂层应有一定的厚度才能显现光泽；虫胶漆和硝基漆，必须在平整光滑的底层上经过多次涂装，才有光亮。涂装时应有一定的顺序，喷涂或刷涂需均匀且厚薄一致，否则会出现光泽不匀的现象。

（6）涂装需有一定的涂装间隔，底漆和腻子层应干透再涂装面漆，面漆应干透后，才能抛光打蜡。

（7）烘干室内不能急剧加热，换气要适当，严格控制烘干温度，可在溶剂中适当加入防潮剂（10％～20％）。

（8）漆膜失光，在涂膜干燥后，重新涂装。

§5—2 涂装后及使用过程中产生的缺陷及防治

一、漆膜变色

1. 定义及现象

漆膜的颜色因气候环境的影响而偏离其初始颜色的现象。它可包括褪色、变深、变黄、变白、漂白等。

漆膜的颜色在使用过程中发生变化而转变为其他颜色。特别是某些白色、浅色涂料或透明清漆的漆膜在日光、紫外光照射时或加热时转变为黄色，以至褐色。多数有机红颜料不耐曝晒，失去红色；有些色漆漆膜的颜色因受气候环境的影响而逐渐变深、变暗等现象。

2. 原因

（1）变色、褪色、变黄等最主要的原因是涂膜与环境因素作用的结果。涂膜长期处于日光和紫外线的强烈曝晒下，有酸雨的情况，海洋大气环境，工业大气环境，高温多湿，低温干燥，剧烈温变等不同的使用环境条件作用的结果。

（2）涂料中的树脂等在环境因素作用下发生化学物理变化，例如对树脂类型的选择上，含干性油的醇酸树脂、古马隆树脂、含芳香环的环氧树脂、TDI型聚氨酯、酚醛树脂等不耐晒，有变黄趋向；氯化橡胶、高氯乙烯等含氯聚合物，若没加入足够的稳定剂，在高温时有氯化氢分解析出，漆膜变黄。

（3）涂料中的颜填料大多数不耐光或不耐热。如有机颜料中的黄色和红色颜料不耐光和热；某些无机颜料不耐酸碱；普鲁士蓝遇碱变褐色；含铜、铅的颜料与硫化氢气体接触变黑；锌钡白和锐钛型钛白粉不耐光等。

（4）涂料中加入的催干剂、防结皮剂等助剂过量也容易变黄。

（5）白色、浅色或清漆的漆膜，受热烘烤过久，温度控制不匀，可造成漆膜变黄。

3. 防治措施

（1）漆膜一定要干透，经过2个星期以上的保养时间，才能放置于腐蚀环境中。易变色物件，尽量防止过度曝晒和接触腐蚀介质环境。

（2）防止变色最重要的是选择耐候性能良好的涂料作为面漆。如脂肪族聚氨酯、丙烯酸涂料、有机硅涂料、氟碳涂料和氯化橡胶、高氯乙烯等品种。选用满足使用环境要求，价格适当的涂料是基本前提。在树脂的选择上，除上述可选用的树脂外，短油度的涂料防变色性能优于长油度涂料，脂肪族树脂耐候性能高于芳香族同类树脂。在含氯聚合物涂料中，要加入适量的稳定剂防止氯化氢的析出；常用品种有含铅和锡的稳定剂、磷酸三苯酯、三乙醇胺、环氧氯丙烷等，用量为0.2%～1%。在涂料中加入适量的抗氧剂、紫外线吸收剂等助剂是防变色的有效方法。

（3）选用耐候性优良的颜填料，对上述易变色的颜填料尽量少用或不用，为了提高颜料的耐候性，可选用对它们进行表面处理的特殊品种。白色颜料中金红石型钛白粉适于户外使用，而国外进口的金红石型钛白粉性能明显优于国内某些品牌。对黄色颜料，国外Du Pont、BASF、Cappelle公司和大日精化等公司有经表面处理过的优良的铅铬黄高耐久性产品，因内902耐光柠檬黄、903耐光黄等品种，都提高了耐光性。

（4）须严格控制涂料中加入的催干剂、防结皮剂等助剂的用量。最好采用新型的复合催干剂，并根据涂料中树脂的用量，计算催干剂中所含金属的百分含量。防结皮剂的用量控制在0.1%～0.3%，在白漆中使用甲乙酮肟，经长时间储存和使用会变黄，严格控制添加量或使用丁醛肟可避免，同时环己酮肟还具有保光性。

（5）白漆或清漆需经过一定的晾干时间再放入烘箱。严格控制烘箱温度不能过高，同时加强通风。

（6）对变色的涂膜，只轻微变色未出现粉化、锈蚀、裂纹等现象的涂膜，可在其上再涂装一层面漆，或继续使用。严重变色且出现粉化等其他弊病，需将漆膜除去或打磨，重新涂装。

二、失光、粉化

1. 定义及现象

漆膜受气候环境等影响，表面光泽降低的现象称为失光。在严重失光后，表面由于其一种或多种漆基的降解以及颜料的分解而呈现出疏松附着细粉的现象，称为粉化。

长期户外使用的漆膜表面光泽下降，表面黯淡等情况，当严重失光后一般出现粉层并脱落的现象。若用手触摸，便有细微粉状颗粒沾附在手指上；一般粉层为白色，也有其他颜色的情况，粉化的变化只限于表面，随着粉化过程的不断进行，全部漆膜将被破坏。

2. 原因

（1）涂膜长期处于日光和紫外线的强烈曝晒下，受到日光、暴雨、霜露、冰雪、气温骤变等长期侵蚀。

（2）未选择耐候性能优良的涂料，将耐候性较差的涂料用于户外，如油性漆、醇酸涂料等，双酚 A 型环氧涂料做底漆，防腐性能和附着力极佳，但用作面漆，在短时间内会出现失光、粉化现象。涂料中的颜料选择不当，未加入合适品种的助剂等。

（3）涂膜未干透时，即受到强烈的日晒等侵蚀。

（4）涂料生产中未达到一定的细度。

（5）在施工中，面漆的黏度过低或涂膜厚度不够。

3. 防治措施

（1）对被涂物尽量避免处于长期日晒雨淋的户外环境中，避免工业大气等腐蚀侵害。在户外使用的物件，需选用耐候性能优良的涂料品种。

（2）选择耐候性能优异的涂料品种。户外使用的涂料需精心选择耐候性能良好的树脂和耐粉化颜料配制；聚氨酯、丙烯酸、含氯聚合物类涂料作为外防腐效果较好；以金红石型钛白粉替代锐钛型钛白粉，少用硫酸钡和氧化锌类填料，采用经表面处理除去高能活性中心的颜填料；降低涂料的颜基比；采用紫外吸收剂和抗氧剂对提高抗粉化性能有显著的效果。紫外线吸收剂的主要类型有二苯甲酮类化合物、苯并三唑类化合物、芳香酯类化合物、取代丙烯酸酯类、羟基均三嗪、草酰苯胺类、甲脒类；国产的主要品牌是 UV 系列，常用品种有UV－9、UV－4；Ciba 公司的 TINUVIN 328、1130、900，BASF、SANDOZ 等公司也有系列产品生产。受阻胺光稳定剂也能赋予漆膜表面优良的光稳定效果，可以单独使用或与紫外吸收剂合用，主要品种有 Ciba 公司的 TINUVIN292、744、770622、144 等，BASF、日本精化等也有系列产品；国内的产品为 PDS，GW－540 等。紫外吸收剂与受阻胺光稳定剂使用于银色金属闪光漆、面漆、聚酯氨基铝粉漆、罩光漆、丙烯酸氨基漆等，用量有严格的控制，一般用量为固体树脂量的 0.1%～2%。紫外吸收与受阻胺光稳定剂配合使用效果最佳，如 TINUVIN292 0.5%～1%，拼用 TINUVIN328 1%～2%。

（3）漆膜具有一定的涂装间隔，在涂装完毕后，涂膜应有足够的保养时间，一般为 2 个星期以上。在此期间，避免受到雨、雾、霜、露的侵蚀，防止其他腐蚀介质的侵入。

（4）涂料研磨得越充分、颗粒小、细度好，涂膜的光泽度高，越不易粉化。

（5）漆液的黏度要适中，漆膜要达到防腐所需的干膜厚度。一般在室内涂装二道面漆，在室外需用三道外防腐面漆。

（6）对出现失光而未粉化的涂层，在轻微表面打磨除尘后，可涂装新的外防腐面漆。对出现粉化的情况，需用刷子等将粉层除去，直到露出硬漆膜的漆层，将表面打磨平整，除去尘屑后重新涂装面漆。

三、开裂

1. 定义及现象

漆膜在使用过程中出现不连续的外观变化，通常是由于漆膜老化而引起的。

漆膜在使用中，产生可目测的裂纹或裂缝，裂纹从小到大，从浅至深，最终导致漆膜完全破坏。开裂是一种较为严重弊病，根据裂纹的深浅可分为：细裂（细浅的表面裂纹且大体上以有规则的图案分布于漆膜上）；小裂（类似于细裂，但其裂纹较为深宽）；深裂（裂纹至少穿透一道涂层的开裂形式，最终导致漆膜完全破坏）；龟裂（宽裂纹且类似龟壳或鳄鱼皮样的开裂形式）；鸦爪裂（裂纹图案似乌鸦爪样的开裂形式）。

2. 原因

（1）漆膜长期处于日晒、雨淋和温度剧变的使用环境中，受空气氧化影响，漆膜失去弹性而开裂。

（2）底面涂料不配套，如在长油度醇酸底漆上涂刷漆膜较硬的面漆，造成两层涂膜膨胀率不一致，易开裂。

（3）底漆涂装得过厚，未等干透就涂装面漆。面漆过厚，或在旧漆膜上修补层数过多的厚层，都易开裂。

（4）涂装使用前没有搅拌均匀，上层含基料多，而下层含颜料多，如只取用下层部分，就容易出现裂纹。

（5）涂料选择不当，未选用耐候性能优良的涂料作为面漆。涂料的机械性能不好，柔韧性不佳，在涂膜受温度剧变或压缩外力时，容易开裂。

（6）涂膜内部存在针孔、漏涂以及气泡等缺陷，使漆膜承受应力，特别是在急冷过程、漆膜疲劳过程等应力存在时，容易发生漆膜开裂。

（7）丙烯酸、过氯乙烯、氯化橡胶等涂料中加入增塑剂过多，增塑剂迁移使漆膜变脆。

（8）对底材处理不严格，如含有松脂未经清除和处理的木质器件，在日光曝晒下会溶化渗出，造成局部龟裂；在塑料、橡胶等表面光滑的底材上涂装过厚的底漆，因附着力不好，容易出现裂纹。

3. 防治措施

（1）防止涂膜长期处于严酷的腐蚀环境中，避免在高温、低温场合，或急剧温变的场合使用。漆膜一定要干透，经过至少 2 个星期的保养，再放入腐蚀环境，特别是在修补场合和新涂层早期曝露在严寒中容易出现裂纹。

（2）增强涂层之间的配套性，强调底涂层和面涂层的膨胀性能相接近。配套采用"底硬面软"的原则，在容易开裂的场合加入片状或纤维填料。

（3）涂膜一次涂装不能过厚（厚膜涂料，可保证一定的机械强度的除外），按工艺要求严格控制底、面漆厚度。涂装应有一定的涂装间隔，底漆要干透再涂面漆。

（4）涂料使用前应搅拌均匀并过滤，对双组分涂料，除加入适量的固化剂并搅拌均匀外，还有一定的活化期和使用期限。

（5）选用耐候性能良好的涂料作为外用面漆，特别是处于长期日晒雨淋的环境中的物体。具体涂料品种的选择见"漆膜变色、失光、粉化"的相关内容。涂料的机械性能应良好，柔韧性1~2级，附着力1~2级，抗冲击强度达到40 cm以上。

（6）避免涂膜中"针孔、气泡"等缺陷的产生，具体防治措施见本章第一节相关内容。

（7）选用内增塑和外增塑良好、粘接强度高的树脂。涂料中所用的增塑剂的品种和用量严格筛选和控制，防止过多加入引起增塑剂迁移漆膜变脆。

（8）加强底材的处理，底漆不仅除油、防锈、除污，还应有一定的粗糙度，必要时用细砂纸轻微打磨。处理木器时，需将松脂铲除，用乙醇擦拭干净，松脂部位涂虫胶清漆封闭后再涂装。

（9）漆膜开裂的防止应针对上述原因加以纠正。如漆膜已轻度起皱，可用水砂纸磨平后重涂。对于肉眼可见的裂纹，涂膜已失去保护功能，应全部铲除失效漆膜，重新涂装。

四、剥落

1. 定义及现象

一道或多道涂层脱离其下涂层，或者涂层完全脱离底材的现象，称为脱落或脱皮。

由于涂膜在物面或下涂层上的附着劣化，或丧失了附着力，而使漆膜的局部或全部脱落的现象。脱落之前往往出现龟裂脆化而小片脱落，称为鳞片剥落或皮壳剥落；有时也发生卷皮而使涂膜成张脱落，其中上涂层与底涂层之间的脱落称为层间剥落。

2. 原因

（1）涂装前表面处理不佳，被涂物底材上有蜡、油污、水、锈蚀、氧化皮等残存。被涂底材过于光滑，如在塑料、橡胶上涂装。在水泥类墙面或木材表面未经打磨就嵌刮腻子或涂漆等。

（2）底面漆不配套，造成面漆从底漆上整张揭起，此类现象在硝基、过氯乙烯、乙烯类等涂料中较多出现。

（3）涂料附着力不佳，存在层间附着力不良等弊病。在涂装时，加入过量的稀释剂或涂料内含松香或颜填料过量。

（4）底漆过于光滑、干得太透、太坚硬或有较高光泽；在长期使用的旧漆膜上涂装面漆等，容易造成面漆的剥离。

（5）烘烤时，烘箱温度过高或时间过长。

（6）漆膜在高湿、化学大气、严酷腐蚀介质浸泡等条件下长期使用，涂膜易产生剥落。

3. 防治措施

（1）涂装前要进行严格的表面预处理。去除底材上的污物同时保持一定的粗糙度。对塑料和橡胶，不仅要用砂纸等打磨底材，还应选用相应的专用涂料品种。在水泥类墙面涂装前，先刷清油，再嵌刮腻子，然后涂装涂料。

（2）增强底面漆的配套性，在施工工艺中采用："过渡层"施工法或"湿碰湿"工艺。例如过氯乙烯涂完后，在涂第二道漆时，可再以磁漆与清漆1∶1调匀后，再涂一道"过渡层"，然后涂清漆达到规定的道数。在以环氧涂料为底漆时，中间涂装氯化橡胶"过渡层"再涂装丙烯酸、醇酸等面漆。

（3）选择附着力强的涂料，特别是在严酷腐蚀环境中使用的底漆，附着力都应达到1级，一般以环氧、聚氨酯类涂料作为底漆。涂料中可加入增强附着力的助剂，如我国生产的

KH550以及美国DOW公司的附着力促进树脂等。涂装时采用刷涂、辊涂的方法，可比其他涂装方法提高涂层附着力，不应加入过多的稀释剂。涂料中的树脂分应达到一定的含量，颜基比过高会降低涂料的附着力，对脆性树脂要加入一定的增塑剂或增韧剂。

（4）底漆过于光滑时，要打毛处理，或涂装"过渡层"。涂装要有一定的时间间隔，按照最佳涂装间隔执行。旧漆膜检查是否存在弊病，要除去尘屑等污物，打毛除尘后，选择合适的面漆。

（5）严格遵守工艺规定的干燥条件，防止过度烘干。

（6）防止在严酷的腐蚀环境中使用性能不佳的涂料，按照使用环境的需要，选用不同的配套涂料。

（7）如漆膜整张脱皮，应铲去该漆膜，重新涂漆。对局部出现弊病的涂膜，酌情修补后，再重涂面漆。

五、起泡、锈蚀

1. 定义及现象

漆膜下面的钢铁表面局部或整体产生红色或黄色的氧化铁层的现象。它常伴随有漆膜的起泡、开裂、剥落。

涂漆的钢板产生生锈的现象，这一现象的早期涂膜透黄色锈点，有时出现起泡，泡内含液体、气体等，而后涂膜破裂，出现点蚀、丝状腐蚀直至孔蚀。

2. 原因

（1）涂漆前，被涂物未进行良好的表面处理，残留铁锈、酸液、氧化皮等未彻底清除，日久锈蚀蔓延。

（2）表面处理后，未及时涂漆，被涂物在空气中重新生锈，特别是在阴雨潮湿天气施工。

（3）涂层在涂装时存在表面缺陷，如出现针孔、气泡、漏涂等弊病，而未加防治。

（4）漆膜未达到防腐所需的总干膜厚度，漆膜过薄，水分和腐蚀介质容易透过涂膜到达金属，导致生锈。

（5）漆膜在使用过程中，遭外力被碰破，或旧漆膜即将破坏，而未及时涂装新漆膜。

（6）在使用外加电流进行保护时，保护电位过高，船舶等停泊水域内有杂散电流或用电时供电线路不正确、焊接等造成的电腐蚀。

（7）被涂物长期处于严酷的腐蚀环境中。

3. 防治措施

（1）对底材要经过良好的表面处理，其中包括除油、除锈、磷化、钝化等处理。其中除锈要达到 Sa2.5 级以上的标准，有可能要进行磷化处理。

（2）表面处理后，要及时涂装防锈底漆，如富锌底漆等。对于采用高压水除锈方式或在阴雨天施工等，要涂装专用的带湿、带锈底漆。带锈底漆可降低除锈的等级标准（可以在允许范围内降一级），但必须除去油污和松散的浮锈，还要根据涂料配套原则进行选择。

（3）防治在涂料施工中出现的"气泡、针孔"等弊病，具体防治措施见本章第一节相关内容，同时检查漆膜是否有漏涂现象，可用漏涂检测仪进行验收，特别注意边角、焊缝处的涂装，确保涂层的完整性。

（4）涂层严格按照施工要求，需达到一定的干膜厚度，一般防腐涂层的总干膜厚度要在 200 μm 以上，并按配套原则进行涂装。

（5）漆膜在涂装后，要经过 2 个星期的保养，在此期间应避免处于腐蚀环境中。涂膜要防止机械损伤，如涂膜刮破，要及时修补，防止以此为腐蚀源而蔓延。旧漆膜要经常检查，防止失效。

（6）防止电腐蚀。如对水上船舶焊接时，须杜绝单线供电；将保护电位降低，选用阴极保护涂料；防止杂散电流等措施。

（7）尽量避免涂膜长期处于严酷的腐蚀环境中，或使用相应的防腐蚀涂料，并保证处于保护年限内。

（8）对出现局部锈点时，要及时清理并修补；当出现大面积锈蚀时，除去涂层，将锈蚀打磨除净，重新涂装。

六、沾污

1. 定义及现象

漆膜由于渗入外来物所导致的漆膜局部变色的现象，也称为污染、污斑、污点。

漆膜处于腐蚀介质中，由于液体、油污或腐蚀性气体的侵入，漆膜发黏，溶胀，硬度明显降低，同时漆膜表面失去部分光泽，发生变色现象，并黏附污物。

2. 原因

（1）涂料本身封闭性能不佳，或厚度不够，使腐蚀介质（特别是油污、酸碱等）渗入，造成漆膜软化变色。

（2）涂料表面光洁度不够，细度不高，沾附污物。

（3）对处于海洋环境中的船舶等，般底涂覆的防污漆使用寿命已到，失去防护效果，或防污漆涂前未调匀，厚度不够，选择品种有误等。

（4）涂膜长期处于腐蚀性气体环境中。

3. 防治措施

（1）采用具有防腐效果的配套涂料，并达到一定的总干膜厚度，涂料要在完全干透后，经过一定的保养时间，再投入使用。

（2）表层面漆的光洁度要高。涂料的细度越细，光泽越高，粗糙度越好。同时，在涂料中的颜基比不能过高，可适当加入少量流平剂或分散剂（0.1%～1%），加入氟碳表面活性剂（0.1%～0.5%）可以提高涂料的流平性能和粗糙度。

（3）对船底或其他浸没于海洋环境中的被涂物，要涂装防污漆，防止海生物的附着。涂装品种可根据被涂物使用要求进行选择，一般对于航行的船舶采用无锡自抛光防污漆比较适用，对长期固定不动的物件，应涂装含毒料的防污漆。防污漆涂装应达到一定厚度，并要求均匀涂覆。

（4）避免将涂膜长期放置在污染源附近。

（5）对于表面沾污涂膜，在无影响涂膜保护效果的前提下，可用适当稀释剂将沾污擦去，对船底的海生物可用高压水冲刷或刮除；出现漆膜破损等情况要及时修补；当漆膜已软化发黏，须将失效漆膜除去并重新涂装。高压水在除去失效漆膜，并保留硬质完好涂膜的方面，具有速度快、效率高等优点。

第六章　涂装的质量检测

涂装作为最表层的内容，是最直观的。涂装质量的好坏直接影响客户对产品的印象。因此，做好涂装生产的过程控制是控制涂装质量的关键。

涂装质量检查首先是涂料的检查，涂料虽是化工产品，但它的质量检查同一般的化工产品不同。其检验重点是判定其是否符合所要求的性能。涂料产品的质量检测主要体现在涂膜性能上，应以物理方法为主，化学方法为辅。涂料是由多种原料组成的高分子胶体混合物，用来作为一种配套性工程材料使用的。在检查涂膜性能时，必须事先按照严格的要求制备试样板，否则是得不到正确结果的。所以，在每一涂料产品的质量标准中，都规定了制备其涂膜样板的方法，作为涂料质量检查工作标准条件之一。

涂料产品的质量检测应包括施工性能的检测，涂料产品种类繁多，应用极广，同一涂料产品可以在不同的场合应用。每一涂料产品只有通过施工部门，将它施涂在被涂物上，形成牢固附着的连续涂膜后，才能发挥它的装饰和保护作用。这就要求每种涂料必须具有良好的施工性能，所以，在进行涂料的质量检查时，必须对它的施工性能进行检查。涂料产品质量检测范围包括如下三个方面：涂料产品性能的检测；涂料施工性能的检测；涂膜一般使用性能的检测。

涂装后的质量检测主要是对涂膜使用性能的检测，包括涂膜的机械性能（如附着力、柔韧性、冲击强度、硬度、光泽等）和具有保护功能的特殊性能（如耐候性、耐酸碱性、耐油性等）两个方面。其中机械性能是涂装质量检测中必须检测的基本常规性能，而具有保护功能的特殊性能则可根据不同使用要求选择性地进行检测。涂装后质量检测是评判涂装质量的最终依据和确保质量的重要环节。涉及涂装后质量检测的标准及检测方法如下。

（1）GB 1720—1989（79）漆膜附着力测定法。

（2）GB/T 1731—1993 漆膜柔韧性测定法。

（3）GB/T 1732—1993 漆膜耐冲击性测定法。

（4）GB/T 1730—1993 漆膜硬度测定法摆杆阻尼试验。

（5）GB/T 6739—1996 涂膜硬度铅笔测定法。

（6）GB 5210—1985 涂层附着力的测定法　拉开法。

（7）GB 1743—1989（79）漆膜光泽测定法。

（8）GB 1768—1989（79）漆膜耐磨性测定法。

（9）GB 1769—1989（79）漆膜磨光性测定法。

（10）GB 1770—1989（79）底漆、腻子膜打磨性测定法。

（11）GB 9286—1988 清漆和色漆漆膜的划格试验。

（12）GB 6742—1986 漆膜弯曲试验（圆柱轴）。

（13）GB/T 1733—1993 漆膜耐水性测定法。

（14）GB/T 1734—1993 漆膜耐汽油性测定法。

（15）GB 1735—1989（79）漆膜耐热性测定法。

（16）GB 1738—1989（79）绝缘漆漆膜吸水率测定法。

（17）GB 1739—1989（79）绝缘漆漆膜耐油性测定法。

（18）GB 1740—1989（79）漆膜耐湿热测定法。

（19）GB 1741—2007 漆膜耐霉菌性测定法。

（20）GB 1761—1989（79）漆膜抗污气性测定法。

（21）GB 1763—1989（79）漆膜耐化学试剂性测定法。

（22）GB/T 1766—1995 色漆和清漆涂层老化的评级方法。

（23）GB/T 1771—1991 色漆和漆耐中性盐雾性能的测定。

（24）GB 1865—1989（80）漆膜老化（人工加速）测定法。

（25）GB 5370—1985 防污漆样板浅海浸泡试验方法。

在上述这些检测项目中，使用者应按照 GB 1727—1992 漆膜一般制备方法制备标准试验样板，检测较常规的涂膜机械物理性能，用以评判涂膜的基本性能的优劣。

§6—1　涂装过程中的质量检测

产品涂装过程中的质量检测包括多个方面，比如涂料自身性能检测，底材的前处理检验，涂料施工性检测等。在整个涂装过程中，质量控制和检查工作将贯穿于以下重要阶段：

（1）表面预处理的检查。

（2）施工前和施工中的检查。

在质量控制和检查过程中，应该检查并记录下当时的工作情况，是否按良好的施工工艺进行，是否符合涂料供应对于产品的要求。如果没有按要求施工，要及时采取修正措施，并在工作继续进行前进行确认。

一、工件预处理检查

工件预处理主要指工件喷砂、除油、除锈等方面。它要求工件底漆有良好的施工性能。

1. 工件预处理的检查要点

（1）对喷砂用的磨料钢丸、钢砂的规格和质量进行检查。

（2）钢板等级要求根据 ISO 8501—1：1988，达到原始锈蚀等级 A 级和 B 级。

（3）钢板表面没有油脂和其他污物。

（4）喷砂除锈要求达到 ISO 8501—1：1988 Sa 2.5 级。

（5）喷砂后的清洁度要达到 ISO 8502—2：1993 的等级 2。

（6）喷砂除锈后的钢板表面粗糙度达到 $Rz40\sim75\ \mu m$。

2. 表面处理检查

表面处理的检查如下：清洁度、原始状态的评定、表面处理、表面处理后的清洁度、气候条件。

（1）清洁度。溶剂清洗（X—9）除去盐分、油脂和灰尘等污物。

清洁度的检查工作一般包括两次。第一次是溶剂清洗，首先除去油脂灰尘污物。第二次是评定施工喷涂前的清洁度。

（2）原始状态评定。ISO 8501—1：1988 规定钢材表面原始程度按氧化皮覆盖程度和锈蚀程度分为 A、B、C、D 四个等级。

1）大面积覆盖附着氧化皮，而几乎没有铁锈的钢材表面。

2）已开始锈蚀，且氧化皮已开始剥落的钢材表面。

3）氧化皮已因为锈蚀而剥落或者可以刮除，但在正常视力观察下仅见少量点蚀的钢材表面。

4）氧化皮已因为锈蚀而剥离，在正常视力观察下，已可见普遍发生点蚀的钢材表面。

（3）表面处理等级。喷射清理。以喷射方式进行的表面预处理，以字母 Sa 表示。

Sa1　轻度喷射清理：在不放大的情况下进行观察时，表面应无可见的油脂和污垢，并且几乎没有附着不牢的氧化皮、铁锈、涂料涂层和异物。

Sa2　彻底喷射处理：在不放大的情况下进行观察时，表面应无可见的油脂和污垢，并且几乎没有附着不牢的氧化皮、铁锈、涂料涂层和异物。任何残留物应当是牢固附着的。

Sa2.5　非常彻底的喷射处理：在不放大的情况下进行观察时，表面应无可见的油脂和污垢，并且没有附着不牢的氧化皮、铁锈、涂料涂层和异物。任何残留的痕迹应仅是点状或条纹状的轻微色斑。

Sa3　使钢材表观洁净的喷射处理：在不放大的情况下进行观察时，表面应无可见的油脂、污垢、氧化皮、铁锈及涂料涂层等附着物，该表面应具有均匀的金属光泽。

对喷砂等级要求为 Sa2.5 级以上，由于喷砂等级没有标准仪器测量，多年来一直依靠人工目测。对操作员和检验员有一定的要求。

（4）粗糙度。钢材经过喷砂清理后，就会获得一定的表面粗糙度或表面轮廓，同时钢板表面积会明显增加很多，也获得了很多的对于涂层系统有利的锚固点。粗糙度不是越大越好。一般保持在涂层总膜厚的 1/3 左右，通常为 $Rz40 \sim 75 \ \mu m$。为了测定钢板表面粗糙度，有一些不同的仪器可以使用，测量值以 μm 为单位。

测定粗糙度的方法有以下几种：①电子显微镜；②光学显微镜；③金相截面；④电子粗糙度仪（触针法）等，但不太适合涂装现场使用。

另有一些适用于现场使用的方法是：粗糙度样板法，ISO 8503—1~4 表面粗糙度基准样块比较（见图 6—1）；烙印胶带法，Testex。

（5）灰尘清洁度。钢材表面的灰尘首先会使涂料对于钢板表面没有附着力或大大降低附着力，其次灰尘的存在会使涂层浸水后发生起泡问题。检查方法按照 ISO 8502—3。把胶带摩擦着压在钢板表面，然后取起放在白色的背景下（通常是白纸），灰尘的多少和粒度就会清晰地表现出来。把它与标准进行对比判断其级别。级别以 0~5 级表示。

0——10 倍放大镜下不可见的微粒。

1——10 倍放大镜下可见但肉眼不可见（颗粒直径小于 50 μm）。

2——正常或矫正视力下刚刚可见（直径为 50~100 μm）的颗粒。

3——正常或矫正视力下明显可见（直径小于 0.5 mm）的颗粒。

4——直径为 0.5~2.5 mm 的颗粒。

图 6—1　粗糙度基准样块

5——直径大于 2.5 mm 的颗粒。

灰尘清洁度的接受程度根据使用部位和不同规格书要求都有不同。

（6）气候条件。气候条件的检查控制内容有以下几点：

1）周围的空气温度。

2）相对湿度。

3）钢板表面温度。

4）露点温度。

必须注意：钢板温度总是要高于露点温度 3℃。空气相对湿度不高于 85%。

二、涂装施工前和施工中的检查

在涂料施工之前，必须对技术说明书和施工工艺进行了解，以知道正确的混合和稀释涂料；要求涂层道数；涂层间的干燥时间，最小和最大涂装间隔等。检查施工设备和方法，灯光照明，通风状况等。

施工前和施工中质量检测要点有：涂料黏度的测定；涂料遮盖力的测定；涂料湿膜厚度测定；涂料流平性能测定；涂料流挂性能测定；涂膜干燥时间测定；施工间隔时间控制。

1. 涂料黏度的测定

黏度是液体内部阻碍其相对流动的特性，液体在外力作用下，该液体分子间相互作用而产生阻碍其分子之间运动的能力，这种特性称为黏度，又称为绝对黏度或动力黏度。

对涂料的生产来说，控制黏度是控制涂料质量的重要指标；对施工单位来说，了解涂料的黏度，就能控制施工时涂膜的厚度。无论涂料的生产单位和施工单位，都要将黏度控制在一个合适的范围内。

生产现场涂料检查一般使用流量杯法，流量杯是在实验室、生产车间和施工场所最容易获得的涂料黏度测量仪器。由于流量杯容积大，流出孔粗短，因此操作、清洗均较方便，且可以用于不透明的色漆。流量杯黏度计所测定的黏度为运动黏度，即为一定量的试样。在一定温度下从规定直径的孔所流出的时间，用秒表示。因为可以在很多场合方便地使用，因此在世界各地得以广泛的应用。

常用的黏度杯有两种：一种是涂－1 黏度计，主要用于测定黏度较大的硝基漆；另一种是涂－4 黏度计，主要用于测定大多数涂料产品的黏度。

2. 涂料遮盖力的测定

涂料的遮盖力是指均匀的涂刷在物件表面上，能遮没物面原来底色的最小用漆量，以 g/m² 为单位。详细测定标准见国家标准 GB 1726—1989（79），此标准规定了刷涂法和喷涂法两种涂装方法。刷涂法是采用按照标准规定黏度的涂料，用漆刷将漆料均匀地刷涂于黑白格玻璃上，在散射光下或在规定的光源设备内，以刚好看不见黑白格为止，用减量法求得黑白格板面积的涂料用漆量，计算出涂料的遮盖力。喷涂法是用喷枪将适当黏度的涂料喷涂于黑白格玻璃板上，目测看不到黑色格的颜色，待漆膜干燥后，剥下称其质量，计算出涂料的遮盖力。

涂料遮盖力计算公式如下：

喷涂法：
$$X = (B - A)/S \times 10^4$$

式中 B——喷涂漆膜恒重后的板质量，g；

A——喷漆前的板质量，g；

S——黑白板涂漆面积，cm^2。

两次测定值之差不大于平均值的 5%。

3. 涂料湿膜厚度测定

在涂装工程中，涂膜厚度是控制涂装质量的重要手段之一，以测量干膜厚度为确保工程涂装质量的方法叫膜厚管理。合理地控制适当的膜厚，这与涂装过程中出现的各种因素有关，如施工方式，施工时的不挥发分，底材的表面处理和吸附能力，以及稀释剂的挥发速率等。

为了有效地控制涂膜厚度，必须对涂装过程中的湿膜厚度进行测定，每道湿膜必须达到一定的厚度在干燥成膜后，才能得到合乎要求的干膜，湿膜厚度与干膜厚度的关系如下：

$$干膜厚度＝湿膜厚度×涂料固体份$$

测定湿膜厚度对确保涂装工作的保质保量完成十分重要。湿膜厚度的测定必须在涂漆之后立即进行，以免由于溶剂的挥发而使涂膜收缩。

常用的测定湿膜厚度的仪器为湿膜厚度规，各种涂料施工后，立即将湿膜厚度规稳定垂直地放在平整的湿膜涂层表面，将湿膜厚度规从湿膜中移出，即可测得湿膜涂层的厚度。湿膜厚度应是在被湿膜浸润的那个最短的齿及邻近那个没有被浸到的齿之间。以同样方式在不同的位置再测取两次，以得到一定范围内的代表性结果。涂装作业人员可利用湿膜厚度计边检测、边施工、随时调整湿膜厚度。在施工中，湿膜厚度的检测频数可以是任意的，在喷涂大而平整的表面，操作熟练时，检测频数可小些。在被涂物面结构复杂或操作不熟练的情况下，检测频数可大些。

大多情况下，湿膜厚度的测定，只是保证干膜膜厚的辅助手段，对无机富锌涂料和一些快挥发性的涂料，干、湿膜厚度变化很大，仅用湿膜厚度估算干膜厚度，可能会带来错误的结果，这时评价总厚度，还是以干膜厚度为准。

4. 涂料流平性能测定

涂料的流平性又称为展平性或匀饰性等，是衡量涂料装饰性能的一项重要指标。国家标准 GB 1750—1989（79）规定了测定流平性的具体方法。

通常使用的方法是将涂料调配至施工黏度，涂刷在已有底漆的样板上，使之平衡均匀，然后在涂膜中部用刷子纵向抹一刷痕，观察多长时间刷痕消失。涂膜又恢复平滑表面。一般不超过 10 min 为良好；10～15 min 为合格；经过 15 min 尚未均匀为不合格。

对流平性能的评价与涂料的品种和黏度有极大的关系，一般黏度大的涂料流平性差。

5. 涂料流挂性能测定

涂料的流挂性能是测定厚浆（厚涂型）涂料的最重要指标，由于在被涂物垂直表面上的涂料流动不恰当，使得漆膜产生不均一的条纹和流痕就是流挂现象，它反映在施工时，防流挂性能就是涂料一次可涂的最大湿膜厚度。

如图 6—2 所示为流挂试验仪，该仪器由三个多凹槽刮涂器（测试范围分别为 50～275 μm；250～475 μm；450～675 μm）及底座组成。每个刮涂器均能将待试色漆刮涂成 10 条不同厚度的平行湿膜。每条湿膜宽度为 6 mm，条膜之间的距离为 1.5 mm，相邻条膜间的厚度差值为 25 μm。底座为带有刮涂导边和玻璃试板挡块的表面平整的钢质构件。

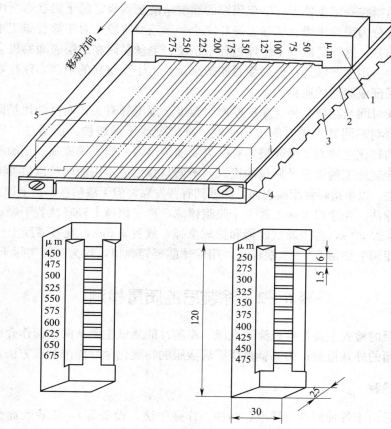

图6—2 流挂试验仪及装置
1—多凹槽涂刮器 2—玻璃试板 3—底座 4—玻璃试板挡块 5—导边

试验时有以下步骤及注意事项：

（1）将玻璃板放在底座适宜位置上。

（2）将涂刮器置于试板面顶端，刻度朝向操作者。

（3）将足量的充分搅匀的样品均匀倒在涂刮器前面的开口处，注意双组分涂料应搅拌均匀且有一定的活化期和使用期效，单组分涂料不能让溶剂过度挥发。

（4）双手握住涂刮器两端，使其平稳连续地从上到下进行刮拉，同时应保持平直而无起伏，在2～3 s内完成这一操作。

（5）将刮完涂膜的试板立即垂直放置，注意放置时应使条膜呈横向并保持"上薄下厚"，即将试板横向且刻度小的条膜放于上端。观察读数时，检查流挂情况，若该条厚度涂膜不流到下一个厚度条膜内时，即分界线清晰时，此条膜的厚度为不流挂的湿膜厚度，以 μm 计。因涂刮原因，涂膜两端各 20 mm 内区域不计，观察条膜中段的分界线。

防流挂性能的测定可判断一次成膜涂料的干燥厚度和涂料用量。一般厚膜型涂料的防流挂性能都应在 400 μm 湿膜以上，可保证防腐所需干膜厚度。有些特殊品种的一次成膜涂料，其湿膜一道喷涂或挤涂可达到 1 200 μm，其防流挂测试在 1 200 μm 以上，而判定

600 μm以上防流挂性能的刮涂器需向厂家订制。

6. 涂膜干燥时间测定

干燥时间是指在一定条件下，一定膜厚的涂层从液态到规定的干燥状态所用的时间。涂层的干燥状态可分为表面干燥、实际干燥和完全干燥三个阶段。对于涂装施工来说，涂层的干燥时间越短越好，这样就减少了干燥过程中杂质、毛丝黏附在涂层表面的机会，同时降低了施工周期和少占用生产场地；但对涂料制造来说，由于受材料的限制，往往要求一定的流平时间，才能保证成膜后的质量。

涂料的干燥时间与涂料品种、涂层厚度、温度、湿度等有关，而且即使是同一品种，所用的溶剂及稀释剂不同其干燥时间也不相同。挥发型漆干燥较快，而通过"氧化"与"缩聚"干燥成膜的转化型漆则干燥较慢，有的需要加热烘烤才能干燥成膜。正确测试膜层的干燥时间有利于涂装施工的管理及质量的提高，下面只介绍最常用的两种以供参考：

（1）指触法。以手指轻触漆膜表面，如感到有些发黏，但无漆粘在手指上即为表面干燥。

（2）压棉球法。在漆膜表面上放一个脱脂棉球，再于棉球上轻轻放置干燥试验器，同时开动秒表计时，经 30 s，将干燥试验器和棉球拿掉，放置 5 min，观察漆膜上无棉球的痕迹及失光现象，漆膜上如留有 1～2 根棉丝，用棉球能轻轻弹掉，均为漆膜实际干燥。

§6—2 涂装后的质量检测

涂膜施工后的检查主要是检查涂膜性能，涂膜性能测试主要从两方面作介绍，第一就是烤漆后漆膜表面的外观检测；第二就是烤漆后漆膜的物理化学性能的测试方法。

一、外观检验

涂料成膜后由于各种原因（环境、油漆、作业手法、设备等），漆膜表面会出现一些杂质、毛丝、划伤、擦花等外观不良，这些外观不良在不同的等级面上有不同规格要求，只有不良程度在规格允许的范围之内才算是良品。

1. 表面及缺陷等级定义

表面等级面分为五个等级；缺陷等级通常有八个等级，不同的等级面允许的缺陷等级要求又根据同色和异色有不同的要求，以下分别给予介绍：

表面等级的定义

AA 级面：信息显示区；

A 级面：正常使用时能直接观察到的表面；

B 级面：正常使用时不能观察到的次要表面；

C 级面：正常使用时不能直接观察到的表面；

D 级面：非外观面（必须满足防护及功能要求）。

根据各部分使用次数或重视程度的不同，对涂膜的要求可以适当放松，在允许的缺陷范围内即视为合格。

2. 外观检视条件及烤漆不良模式

（1）检视条件

检视人员：裸眼视力 1.0/1.0 以上

照明条件：30.5～38 m 烛光冷白荧光

检视距离：305 mm（12 英寸）

检视：初始检视时应于 90°角或垂直于零件表面的方向进行，如初始检视时未检查出缺陷，则零件应按相反的表面等级顺序进行翻转晃动检查，以从不同角度进行检视。

（2）检视注意事项

1）当产品以检视条件进行检视时，不良缺陷难以发现，近观不良缺陷超过规格，此类不良视情况判定为是否合格。

2）各级面不良大小以直径计算，当某级面有多个不良缺陷时，不良大小以多个缺陷直径和作为缺陷大小比对。

（3）涂膜不良模式及定义

油污：黏附在零件表面上外来油脂。

毛边：因划伤力，在边沿或孔上呈突起状。

脏污：外来物所致的变色或吸附在表面上的异物。

变形：局部形状产生变异。

间隙：两个或多个结合面之间的缝隙。

流挂：因油漆喷涂过多致油漆流动形成。

溢漆：油漆喷到不须烤漆的表面。

毛丝：空气中的纤维或油漆刷的毛落入油漆中。

薄漆：油漆膜厚不足。

裂纹：漆膜表面裂开的细缝。

硬度 NG（HardnessNG）：油漆硬化不够，硬度测试不合格。

二、性能检验

涂料成膜后的性能在涂料产品质量检测中占有重要位置。为得到正确的检测结果，在检测时必须对涂膜的制备方法作出严格的规定。不同涂料产品和不同检测项目，对其制备涂膜的要求是不同的，因此在涂料产品的质量标准中，都规定了测定项目的涂膜制备方法，作为质量检验工作的标准条件之一。为比较不同涂料产品的质量好坏，对涂膜一般性能的测试都必须在相同的条件下进行，因此对涂膜的制备也做了统一的规定。

涂层性能受到涂料品种、涂装施工等众多因素影响。从涂料本身来说，其技术性能就是一个内在的矛盾统一体，某些性能是相互矛盾、相互影响和相互消长的，如成膜物质分子间的内聚力和涂层与被涂物表面的附着力之间就是相互矛盾的。一般来说成膜物质分子间的内聚力越大，涂层的机械强度、耐化学腐蚀性等性能就越好，使用寿命就越长，但涂层对被涂物表面的附着力就越差。又如涂料的硬度与韧性也是一对矛盾统一体，硬度高的韧性就差，韧性好的硬度就低，这是由涂料本身所决定的。因此在选择涂料品种时，应着重考虑其涂层性能的主要方面而适当兼顾其他方面。

1. 涂层厚度

涂层厚度是涂装施工需要控制的一项重要指标，涂层厚度控制得是否合理将直接影响到涂层的其他性能，尤其是机械性能。因此测定涂膜性能都必须在规定的厚度范围之内进行测定，测试涂层厚度可以随时检查涂装施工质量是否符合要求，一旦发现问题可以及时补救，从而可以避免由于涂层厚度不够而达不到防护要求的现象发生，所以厚度是一个必须首先加以测定的项目。

前面已介绍过湿膜厚度，这里着重介绍干膜厚度，干膜膜厚主要是通过干膜测试法实现的。常用的是磁性测厚仪法和切片法，现场测试膜厚一般使用磁性测厚仪测试。下面重点介绍磁性测厚仪法。

磁性测厚仪法测试精度为 2 μm，其原理是测定磁铁与涂层或者磁铁与底材之间的磁引力，也可以测定通过涂层和底材的磁通量。而磁引力与磁通量的大小则依据漆膜的非磁性层在磁体和底材之间的厚度而变化，可根据其变化测定漆膜的厚度。

操作步骤：

（1）用标准校正片归零校正

1）检查归零板（铝制板）是否干净，如不干净加以处理。

2）将探头放在归零板上连续测试 3～5 次调整归零并确认。

3）按校正键，放标准膜厚片（校正膜片）至归零板上。

4）连续测试 3～5 次标准膜厚片，用箭头键调节屏幕显示数据与标准膜片厚度一致并确认。

（2）测试膜厚

1）选择对应的测试状态。

2）带涂层的表面测试 10 次，得出一个平均值 X_o。

3）在不带涂层之表面测试 10 次，得出又一个平均值 X_m。

4）膜厚即为：X_o—X_m。

2．涂层硬度

硬度是表示涂层机械强度的重要性能之一，其物理意义可理解为涂层被另一种更硬的物体穿入时所表现的阻力。

涂层硬度的测试可采用如下方法：铅笔硬度测试法、压痕硬度测定法和摆杆硬度测定法。常用的是铅笔硬度测试法，下面予以重点介绍：

铅笔硬度测试法是采用一套已知硬度的绘图铅笔芯来进行漆膜硬度的测定，漆膜硬度可由能够穿透漆膜而达到底材的铅笔硬度等级来表示。按照要求采用的是中华高级绘图铅笔，其硬度等级为 6H、5H、4H、3H、2H、H、F、HB、B、2B、3B、4B、5B、6B，其中以6H 为最硬，6B 为最软，由 6H—6B 硬度递减，两相邻笔芯之间的硬度等级差视为一个硬度单位。以下是所用设备及步骤：

（1）设备名称

1）重量可调式铅笔硬度计。

2）铅笔。

（2）步骤

1）操作前准备

①用规格为 400 的砂纸研磨铅笔芯。

②将铅笔插入铅笔定位孔中，角度为 45°。

③将定位块置于铅笔夹持块下，移动硬度计使铅笔芯与待测样品接触，然后轻轻地旋紧按钮。

④按要求沿着刻度线移动砝码调整载荷质量至 500 g 处并旋紧按钮。

2）测量

①接通 220 V 的电源并旋转开关至左侧，硬度计将以 1 cm/s 的速度向前推动铅笔从样品上划过并留下铅芯划痕，划线长度大约为 6.5 mm。

②用橡皮擦擦拭后若有划痕则换用其他硬度的铅芯，测试时须从最硬的铅芯开始直至找到不能留下划痕的铅芯为止（此时的铅芯硬度即为所测样品的最终硬度等级）。

（3）操作注意事项

1）设备应放置在稳定的平台上，防止跌落或震动。

2）小心削铅笔，不能破坏铅芯并使铅芯成光滑的圆柱状。

由于生产现场测试铅笔硬度不一定具备质量可调式铅笔硬度计，所以铅笔硬度也可以采用手涂方式，手涂时应注意尽量接近以 5 N 的力度移动铅笔。

3. 附着力

附着力是指涂层与被涂物表面之间或者涂层与涂层之间相互结合的能力，良好的附着力对被涂产品的防护效果至关重要，一种涂料产品的其他性能无论多么优异，但如果与被涂物表面的结合力太差致使产品在使用或运输过程中过早脱落，就谈不上有什么防护作用了。

涂层附着力主要取决于两个因素：一是涂层与被涂物表面的结合力，二是涂料施工质量尤其是表面处理的质量。其中，表面处理的目的是尽可能消除涂层与被涂物体表面结合的障碍，使得涂层能与被涂物表面直接接触。此外还可以提供较粗糙的表面，加强涂层与被涂物表面的机械结合力。因此，表面处理的质量与涂层附着力密切相关。

常用测试附着力的方法有划格法、画圈法等。目前常用的附着力测试方法是划格法，下面给予重点介绍：

划格法就是采用切割的方式，将涂层按格阵图形切割，其割伤应贯穿涂层直至基体表面，然后在切口的涂层上粘贴胶带，通过观察剥下胶带后涂层的附着状态来评价其附着力。具体用具及步骤如下：

（1）使用工具

1）划格刮刀或不锈钢刀片。

2）划线范本。

3）Permacel99 胶带、 3 M 610 胶带。

4）软毛刷或脱脂纱布。

5）橡皮擦。

（2）步骤

1）将样品置于测试台上，在样品上选择一个无污点和无次要表面缺陷的区域，按如下要求划格。

①若涂层膜厚小于或等于 50 μm，用刀片和划线范本或划格刮刀在样品表面划出水平和垂直方向各 11 条并行线，间距为 1 mm，划线须穿透涂层。

②若涂层膜厚为 50～125 μm，用刀片和划线范本或划格刮刀在样品表面划出水平和垂直方向各 6 条并行线，间距为 2 mm，划线须穿透涂层。

③所有划线长度约长 20 mm。

2）涂层切割完成后，用脱脂纱布或软毛刷轻刷切割面，以刷去涂层剥落碎片或带状漆膜。

3）通过基体的反光来检查切口，若未深达基体，则另选部位切割网格。

4）用 Permacel99 胶带完全覆盖地贴在网格面上，用橡皮擦将胶带压平整，胶带下的表面形状可显示是否粘贴良好。

5）计时至 60～120 s，以近 180°的角度拉住胶带未贴在工件上的一端迅速（不能猛拉）撕掉胶带。

6）用立体显微镜检查网格区域涂层的剥落情况，附着力等级分为：

5B：切线边缘完全光滑平整，网格区域无剥落。

4B：切线交叉区域有轻微脱落，脱落面积小于网格区域的 5％。

3B：沿切线边缘和切线交叉区域有少量脱落，受影响面积为网格区域的 5％～15％。

2B：沿切线边缘和在样品网格面上涂层均有脱落，受影响面积为网格区域的 15％～35％。

1B：沿切线边缘有大的带状涂层脱落及整个网格表面有剥落，受影响面积为网格区域的 35％～65％。

0B：涂层脱落和剥落严重度超过 1B 等级。

（3）操作注意事项

1）刀片要保持锋利。

2）划格刮刀或刀片应进行防潮、防化学品、防侵蚀性气体的维护，以避免生锈。

3）划线模板应每天进行清洁并避免受化学品的腐蚀。

4. 涂层光泽

光泽是涂层表面把投射在其表面的光线向一个方向反射出去的能力，反射率越高，则光泽越高。涂层光泽是评价涂层外观质量的一个重要性能指标。涂层光泽不仅与所用涂料有关而且还与涂料的施工质量有关，施工得当的涂层表面比较光滑，对光的反射能力就强，而有流挂、针孔、橘纹及黏附有杂质的比较粗糙的表面对光线的反射率就较低。

涂层光泽度的测定常采用光泽计来进行，其结果以从涂层表面来的正反射光量与在同一条件下从标准表面来的正反射光之比的百分数表示。所以涂层光泽一般是指与标准板光泽的相对比较值。根据光泽计光源的入射角的不同，可以将其分为固定角光泽计（如 45°、60°）、多角度光泽计（如 0°、20°、45°、60°）和变角光泽计（20°～85°之间均可测定）。对于高光泽涂层（60°光泽高于 70％）宜采用入射角为 20°的光泽计，对于低光泽涂层（60°光泽低于 30％）宜采用入射角为 85°的光泽计，这样可使测试结果更加精确。

（1）设备。光泽度计。

（2）作业程序

1）操作

①开关：按 ON 键打开仪器开关，若在 20 s 内没有按其他的操作键，仪器将自动关闭。

②获取读数：把待测样品放在仪器测试面的测量孔上，按 READ 键，约 1 s 后显示屏上将出现测量值。

③显示统计值：按 STATS/PRINT 键，显示屏将显示一组测量值的最大值、最小值、平均值和标准差。若要开始新的一组统计，则按两次 CLR 键，再按 STATS/PRINT 键。

④删除读数：按 CE/BATT 键，在未清晰地出现电压值前再按一次该键，则该数值即

被删除，显示屏将显示上一个读数。重复该操作可删除所有读数。

2）自主校正

①校正方法。把校正板放在测试面上并使其与测试面完全吻合，然后打开开关，按 CAL 键进行校正，整个校正过程用时约 2 s。

②校正参考值的调整。当仪器中的校正参考值与校正板上的参考值不一致时，让仪器自行关闭，按住 CAL 键，然后按 ON 键，松开所有的键，显示屏显示 60°时的校正参考值，按 READ 键增加读值，每次增加 0.1GU（光泽单位），按 STATS/PRINT 键减少读值，每次减少 0.1 GU，直至获取需求值为止。如按住 READ 键或 STATS/PRINT 键超过 2 s，仪器自动进行调整。按任意键离开该模式，新的校正参考值将被存储。若重新设置校正参考值，当仪器关闭后，同时按住 CE/BATT 键、CAL 键和 CLR 键，然后按 ON 即可。

③校正时机。每天使用前校正一次。

（3）注意事项

1）工作环境：温度 15～35℃，湿度≤80% RH。

2）仪器测试面必须保持干净。

3）维护保养时不能使用任何化学药品。

4）电压低于 6 V 时需对电池进行充电，当显示屏上显示的电压值在 8 V 以上时可结束充电。

5. 颜色及色差

颜色是产品涂装后给人的第一印象，不同的产品对于颜色有不同的要求，一些要求装饰性高的产品除了需要涂层颜色符合人们的欣赏习惯外，还需要在其使用过程中变色性小。目前涂层颜色测定常采用目视法，一般是将试样和标准样品在相同的条件下分别在铁板（常用马口铁板）上制备漆膜，待漆膜实干后，将两块板重叠 1/4 面积，在天然散射光线下检查，眼睛与样板距离 30～35 cm，约成 120°～140°角，根据产品标准检查颜色，若试样与标准颜色无显著差别，即认为符合技术允许范围。这种测试只是一种粗略的测试方法，有时需要采用光电色差仪或者分光仪进行定量的测定。

分光仪法进行测试的介绍。

（1）设备名称及使用环境

1）分光仪。

2）操作环境温度范围：（21±3）℃。

3）操作环境湿度范围：40%～70% RH。

（2）作业程序

1）打开一个模式或菜单，按选择键选择所需模式或菜单并进入。

2）按选择键选择并检视颜色数据参数。

（3）测量

1）将仪器目标窗口对准测量样品。

2）压低仪器头并保持测量姿势直到读数完成。

3）释放仪器头，测量数据显示在屏幕上。

（4）注意事项

1）为了获得准确的测量结果，仪器基座底部必须与被测面保持水平。

2）当使用基座展开测量时，仪器校正必须移去目标窗口。

3）仪器应进行防潮、防化学品、防侵蚀性气体的维护。

4）当测量过程中出现黄灯闪动时，测量将被忽略，仪器必须校正。

6．耐腐蚀性

腐蚀主要包括天然介质引起的腐蚀和工业介质引起的腐蚀，天然介质包括空气、水、土壤等，它引起的锈蚀是普遍存在的；工业介质是在工业生产过程中产生的，例如酸、碱、盐以及各种有机物等，他们引起的腐蚀较为严重。涂层起着保护被涂物不受腐蚀的作用，耐腐蚀性是评价涂层防护外界介质能力的指标，涂层的耐腐蚀性主要由涂料的结构组成决定，同时与涂层厚度、配套体系、施工质量有很大关系。

评价涂层耐腐蚀性的方法主要有：

（1）实物观察法。就是指将涂料涂在被涂物整体或局部表面上，在实际使用过程中长期观察涂层的破坏过程和被涂物腐蚀情况，以确定涂料的耐腐蚀性能，但是该法牵涉面大，时间长，较难实现。

（2）挂片模拟试验。将涂料制成样板代替实物模拟试验。该方法比较客观，但实验周期太长。

（3）实验室模拟加速法：包括盐雾试验、耐溶剂试验等，是目前常采用的测试方法，试验周期短、效率高，但只能得到相对的、有局限性的结论，它只对相同类型的涂料产品具有可比性。

7．其他性能

除上面提及的几种常见的测试项目外，还有许多不太常见的测试项目。例如：老化试验、湿热测试、耐水测试以及冲击强度测试等。

老化测试：产品涂装后在使用过程中受到各种不同因素的作用，使涂层的物理化学性能和机械性能引起不可逆的变化，并最终导致涂层的破坏，这种现象一般称为涂层的老化。涂层老化是由于涂层在大气中经受光、热、氧气、风、雪、雨、露、温度、湿度及各种化学介质等因素的影响，涂料中的高分子聚合物的链状结构逐渐断裂、涂层强度随之下降而引起的结果。老化的主要表现为失光、变色、起泡、斑点、脱落等现象。测试老化的最直接、最可靠的方法是大气老化测试，即把试样置于一定的大气条件下暴晒，通过试样的外观变化来检查并鉴定其耐久性。但此法周期长，可用人工加速老化法代替，两者之间可通过系数转变。

湿热、耐水测试：湿热测试是检验涂层耐腐蚀性能的一种方法，主要检验实验过程中饱和水蒸气对涂层的破坏。涂层耐水性的好坏与成膜树脂所含极性基团、颜填料、助剂等的水溶性有关，也与被涂物质表面处理方式、程度和涂层的干燥条件有关。

冲击强度测试：是指涂膜受到机械冲击时，涂膜不发生破损或者起皱的承受能力。冲击强度的测定是用 1 kg 的重锤，从一定高度上冲击涂膜，以不破坏涂膜的最大高度与千克的乘积（kg×cm）来表示，涂膜通过冲击的高度越高（同样重物），涂料产品的冲击强度就越好。

试 题 库

理论知识试题

一、判断题

1. 所谓涂料就是油漆。 （　　）

2. 合成涂料的生产过程，一般既有化学的聚合或缩聚反应，又有物理的混合与分散过程。 （　　）

3. 镀锌铁板是在铁板上覆盖一层锌，构成局部电池，锌为阳极而溶解，保护铁不受腐蚀。 （　　）

4. 在碱液清洗过程中加以搅拌，可以使油污受到机械冲击作用而加快脱离金属表面。 （　　）

5. 漆膜质量的病态大部分是油漆原材料的质量问题引起的。 （　　）

6. 涂装前表面处理的好坏决定涂装的成败。 （　　）

7. 汽车工业中常用侧抽风喷漆室和上供风下抽风的大型喷漆室。 （　　）

8. 涂料类别代号"T"代表天然树脂类涂料。 （　　）

9. 涂料涂装是金属防腐蚀方法，只适用于金属。 （　　）

10. 涂刮腻子层可以提高工件表面的平整度和整个涂层的机械强度。 （　　）

11. 磷化膜是一种防腐层，它对涂层的表面附着力无明显作用。 （　　）

12. 涂装底漆的目的是增加被涂物件的防腐作用和美观作用。 （　　）

13. 单质根据性质的不同可以划分为单一化学性和多化学性两种。 （　　）

14. 催干剂也可做固化剂使用。 （　　）

15. 将来汽车领域涂装发展趋势是在不提高成本的条件下提高产品质量，减少对环境的污染。 （　　）

16. 涂层一般是指两层或两层以上的涂膜所组成的复合层。 （　　）

17. 溶剂的挥发速度越快，则涂膜越易产生流挂现象。 （　　）

18. 附着力不好的涂膜，易产生脱落和起泡等病态。 （　　）

19. 在底漆施工时，由于刷涂可以使涂料更容易渗透到工件的细孔缝隙中，起到防护作用，因此头道底漆采用刷涂法比喷涂法能起到更好的防腐效果。 （　　）

20. 空气喷枪喷漆时雾化不良的原因可能是涂料黏度过高，也可能是辅助空气孔喷出的气流速度太快。 （　　）

21. 金属的腐蚀既有外部原因又有内部原因，后者起主要作用。 （　　）

22. 涂膜的好坏，不仅取决于涂料本身的质量，还取决于施工质量的好坏。 （　　）

23. 由同种分子或原子构成的物质叫纯净物，由不同元素组成的物质叫混合物。 （　　）

24. 制作腻子刮刀的材料一般使用橡胶薄板或钢皮。 （　　）

25. 目前国内粉末涂料主要应用在汽车行业。 （　　）

26. 调配油漆颜色的顺序是由深入浅。 （ ）

27. 油漆涂层能完全阻止金属的腐蚀破坏，从而延长金属制品的寿命。 （ ）

28. 采用净化喷漆室是今后喷涂技术的发展方向。 （ ）

29. 喷漆是将涂料雾化后喷涂到工件表面上，形成一层均匀的致密涂层的涂漆方法。 （ ）

30. 若皮肤沾上油漆时，注意尽量不要用苯类溶剂擦洗。 （ ）

31. 化学钝化膜只是对基体有保护作用，对涂层的附着力没有多大贡献。 （ ）

32. 粉末涂装法是比较古老的传统涂装方法。 （ ）

33. 如果在涂装前不清除表面的油污、氧化皮等腐蚀污染物，将会影响涂层质量。 （ ）

34. 高压无气喷枪适合喷涂黏度不高、固体分含量较高的涂料。 （ ）

35. 淋涂不适用于双组分涂料的涂装。 （ ）

36. 涂料的黏度过低容易产生橘皮。 （ ）

37. 矿物油是一种不可皂化的油污。 （ ）

38. 溶剂的易燃点温度应当高于闪点温度。 （ ）

39. 涂料中必含溶剂或稀释剂。 （ ）

40. 不锈钢也能被腐蚀。 （ ）

41. 材料进厂检验是把握涂装质量的第一关。 （ ）

42. 阴极电泳涂装的涂料粒子带负电。 （ ）

43. 金属在干燥条件或理想环境中不会发生腐蚀。 （ ）

44. 环氧树脂类涂料的绝缘性能很优良。 （ ）

45. 粉末喷涂的缺点是换色难。 （ ）

46. 配色时白色或黑色量加入过多都容易调整黑色。 （ ）

47. 金属漆喷涂时，空气压力和金属漆的黏度无关系。 （ ）

48. 含苯量不大于 2% 的溶剂称为无苯溶剂。 （ ）

49. 车间进行生产管理时，5S 是 3S 的发展。 （ ）

50. 电动式高压无气喷涂机采用的工作电压是 380 V。 （ ）

51. 涂膜表面颜色与使用涂料的颜色有明显色差称为发花。 （ ）

52. 在电泳涂装方法中，涂装质量最好的是阳极电泳。 （ ）

53. 长时间吸入甲醇可能引起操作者失明和癫狂。 （ ）

54. 刮涂法的特点是涂膜质量差，打磨工作量大。 （ ）

55. 为防止中毒，涂装后禁止立即饮酒。 （ ）

56. 聚氨酯油漆形成的漆膜表面坚硬、美观。 （ ）

57. 漆膜的实际干燥过程只需要有足够的干燥时间，与干燥温度无关。 （ ）

58. 手工除锈后的清洁度表面可以划分为 S—1 级和 S—2 级两个等级。 （ ）

59. 空气喷涂法喷涂面漆，一般喷嘴距离物面的距离是 200～300 mm。 （ ）

60. 常用体制颜料大白粉的化学分子式是 $CaCO_3$。 （ ）

61. 化学分析行业中，分析纯试剂的标识符号是 CP。 （ ）

62. 天然大漆的主要成分是苯酚，所以操作者在施工过程中很容易皮肤过敏。 （ ）

63. 若皮肤上沾上油漆时，只要用溶剂擦洗即可。 （　　）

64. 油漆施工对环境的温度和湿度都有一定的要求。 （　　）

65. 在不同的涂装物面上涂刮腻子需要选择不同的刮刀。 （　　）

66. 氨基烘漆施工后需要经过烘烤才能成膜固化。 （　　）

67. 油漆过程中的三废是指废油漆、废稀释剂和废油漆桶。 （　　）

68. 内装饰油漆一般选用亚光或低光漆。 （　　）

69. 在高温条件下金属被氧化是可逆的反应。 （　　）

70. 粉末喷涂得到的涂膜厚度一次只能在 30 μm 以下。 （　　）

71. 金属腐蚀只有外部原因，与金属内部结构无关。 （　　）

72. 戴近视眼镜之后看物体会影响物体的颜色。 （　　）

73. 静电法是浸涂方法中清除工件多余涂料装置最先进的方法。 （　　）

74. 铝及铝合金阳极氧化是将铝合金挂在电解槽的阴极上，阳极用不溶性的铅板的化学处理方法。 （　　）

75. 多层腻子涂刮时，腻子层的厚度应当依次减薄。 （　　）

76. 涂膜厚度一般以 cm 为单位。 （　　）

77. 涂料检验结果是否准确，主要取决于抽取的样品。 （　　）

78. 木材染色用的染料溶解一般使用玻璃杯和铁桶。 （　　）

79. 磁漆、脱漆剂、硝基漆都属于易燃的危险油漆。 （　　）

80. 把含碳量在 2.41% 以上的铁碳合金叫作生铁。 （　　）

81. 油漆中加入防潮剂可以加速油漆的干燥。 （　　）

82. 湿漆膜与空气中的氧发生氧化聚合反应叫氧化干燥。 （　　）

83. 不含有机溶剂的涂料叫作粉末涂料。 （　　）

84. 在涂装工业中，常用硫酸、盐酸等用来进行表面除锈，工业上习惯叫作钝化。 （　　）

85. 钢铁的氧化处理又称之为发蓝。 （　　）

86. 苯类溶剂的飞散，在喷烘房内对人的危害不大。 （　　）

87. 硝基漆常用的稀释剂是松香水。 （　　）

88. 对工件进行遮蔽所用的时间不算作操作时间。 （　　）

89. 油漆调配工作在施工工艺中不重要。 （　　）

90. 色漆中体质颜料的作用是增加色的颜色作用。 （　　）

91. 铝的纯度高，耐腐蚀性能高，所以铝在正常温度的干燥环境中不会被氧化。（　　）

92. 自动辊涂设备中的辊子要求有较高的硬度。 （　　）

93. 钢铁氧化处理时会有析氢现象，故而会产生氢脆。 （　　）

94. 阴极保护法通常不与涂膜配套使用。 （　　）

95. 辅助材料不是 17 大类材料中的一大类。 （　　）

96. 白光部分被吸收，物体成彩色。 （　　）

97. 涂料的添加剂一般对涂膜有较多益处，因此在有可能的情况加的越多越好。（　　）

98. 调腻子的石膏粉就是无水硫酸钙。 （　　）

99. 醇酸树脂漆类是应用最广泛的合成树脂涂料。 （　　）

100. 涂料的自然干燥仅适用于挥发性涂料。 （　　）

101. 硝基漆类的突出特点是干燥迅速，但在常温下难自然干燥。 （　　）

102. 涂料样品储存在大气温度下即可。 （　　）

103. 涂膜的标准试板只要表干后即可进行测试实验。 （　　）

104. 氧化皮是金属腐蚀的媒介物。 （　　）

105. 纯铝在干燥的大气中的耐腐蚀性能不如钢铁。 （　　）

106. 辊涂工艺中，非金属板辊涂液的黏度比金属板辊涂液的黏度要高。 （　　）

107. 涂料的施工性能是体现涂料在涂装过程中获得优良涂膜的难易程度。 （　　）

108. 钢铁发蓝时氧化膜虽然很薄，但对零件的尺寸和精度要求的影响较为显著。 （　　）

109. 溶剂的种类很多，按溶解能力可以分为主溶剂、助溶剂两种。 （　　）

110. 稀释浓硫酸时，应当把浓硫酸慢慢加入水中并不断搅拌。 （　　）

111. 金属表面结露腐蚀是金属腐蚀的内部原因。 （　　）

112. 不是所有的光用肉眼都能看得见。 （　　）

113. 涂料产品取样装入容器后，标签上应当注明产品的名称及型号、生产批次、样品多少等资料。 （　　）

114. 辅助材料中的"F"代表防腐剂。 （　　）

115. 金属表面处在潮湿和水的条件下就会被腐蚀。 （　　）

116. 不需要烘烤的油漆称为烤漆。 （　　）

117. 马口铁的应用是阴极保护防锈法。 （　　）

118. 涂膜烘干不良是因为烘干温度较低所致。 （　　）

119. 金属在气体中的腐蚀和在导电溶液中的腐蚀称为化学腐蚀。 （　　）

120. 表面活性剂清洗虽然效率不高，但不易着火和中毒，因此是目前涂装前除油的较好的手段。 （　　）

121. 环氧树脂类涂料的绝缘性能优良。 （　　）

122. 橡胶类涂料是以天然橡胶为主要成膜物质的一类涂料。 （　　）

123. 国产涂料的分类命名是按涂料的基本名称进行分类的。 （　　）

124. 涂装三要素中涂装材料是获得优质涂层，达到预期涂装效果的基本条件。 （　　）

125. 涂料产品取样装入容器后，样品容器内应当留有10%的空隙。 （　　）

126. 钢铁进行氧化处理得到氧化膜的主要组成是 Fe_2O_3。 （　　）

127. 油漆中的主要成膜物质是油料。 （　　）

128. 清漆是在漆料中加入一定的防锈颜料。 （　　）

129. 油漆中含有的酚醛树脂不属于天然树脂。 （　　）

130. 性质不同的清漆有时可以混合使用。 （　　）

131. 任何一种稀释剂都不能通用。 （　　）

132. 油漆材料的性质不同，涂装方法也一定不同。 （　　）

133. 铝和铝合金及其他金属工件可以共用喷砂机和砂料进行喷砂处理。 （　　）

134. 所有木材在涂装之前都需要进行漂白处理。 （　　）

135. 辊涂施工工艺中涂料的黏度和固体分含量的多少是影响涂膜质量的重要因素。 （　　）

136. 辊涂工艺中涂料黏度太高会使涂膜流平困难，干燥后会出现不光滑的现象。

（　　）

137. 铝及铝合金磷酸盐氧化的氧化膜的质量和耐腐蚀性比用碱性溶液氧化所得到的要好。

（　　）

138. 多层腻子涂刮时，每次腻子涂刮的厚度不能超过 0.5 mm。　　（　　）

139. 钢铁件氧化后用肥皂液浸涂或经铬酸盐处理可以提高氧化膜的防腐性和润滑性。

（　　）

140. 高压涂料管必须具备承受高压力和耐腐蚀的性能。　　（　　）

141. 涂料检验结果是否准确，主要取决于抽取的样品是否有代表性。　　（　　）

142. 阻尼涂料是承受薄钢板的震动和保护钢板不受腐蚀作用。　　（　　）

143. 空气喷涂是一种应用最广泛的涂装方法。　　（　　）

144. 外加电流保护法常用在海洋中的船体防腐保护上。　　（　　）

145. 涂层厚薄程度不能作为防腐蚀性能好坏的一个因素。　　（　　）

146. 发亮的物体叫作光源。　　（　　）

147. 辊涂的特点是生产效率高、涂层均匀、节省稀释剂，但不能使用高黏度的涂料，因此不能得到较高的涂层厚度。　　（　　）

148. 涂装工艺是涂装生产全过程的技术指导性文件。　　（　　）

149. 在不同的涂装物面上涂刮腻子，要使用不同尺寸、种类的刮刀。　　（　　）

150. 配油漆的颜色先后顺序是由浅到深。　　（　　）

151. 当电解质中有任何两种金属相连时，即可构成原电池。　　（　　）

152. 国外发达国家汽车用面漆正向水性涂料发展。　　（　　）

153. 涂料组成中的树脂包括天然树脂、合成树脂和改性树脂。　　（　　）

154. "三合一"的表面处理方法，可同时达到脱脂、除锈、阳极氧化的要求。　　（　　）

155. 风道中产生的噪声，可通过加厚壁板来减轻和消除。　　（　　）

156. 噪声对人身体的危害不大，不应作为污染来管理。　　（　　）

157. 刷涂时，只要油漆不滴在周围就没有污染。　　（　　）

158. 腻子里的有机物也会给环境带来危害。　　（　　）

159. 废酸液和废碱液可以先通过混合处理然后再投放药剂的方式来处理，可降低成本，减少污染。

（　　）

160. 将涂装前表面预处理的废料收集利用，既可消除污染，又可增加效益。　　（　　）

161. 固体分越高的涂料，其成膜厚度也较高。　　（　　）

162. 涂面漆后底涂层被咬起，可能的原因是两涂层之间有水。　　（　　）

163. "橘皮"，顾名思义是指油漆施工后涂膜表面出现像橘子皮一样的皱纹。　　（　　）

164. 含酸废水可以用中和法来处理。　　（　　）

165. 即使给金属提供较好的储存条件，如不采取防腐措施也不能幸免腐蚀。　　（　　）

166. 选择涂料时，要考虑其使用环境和工件特点。　　（　　）

167. 油漆施工时产生流挂，只和施工人员操作方法有关系。　　（　　）

168. 油漆中渗入油或水，就会在施工后产生缩孔。　　（　　）

169. 咬底是指涂完面漆后，底涂层的油漆颜色返到上面来造成的。　　（　　）

170. 各种涂料的成膜机理是一样的。 （　　）
171. 工业废水不仅在生产过程中产生，也在生产后清理阶段产生。 （　　）
172. 表面活性剂的除污原理，是其具有润湿、乳化、增溶和分散等多种复杂作用的综合。 （　　）
173. 油漆在正常干燥后如果发生不干返黏现象，可加入催化剂进行调整。 （　　）
174. 在水溶液中能导电的化合物是电解质。 （　　）
175. pH 值是表示酸碱性的一种方法，它的中点为 0，碱为 +7，酸为 -7。 （　　）
176. 在氧化-还原反应中，电子移动不能产生电流。 （　　）
177. 铝合金表面的自然氧化膜，对铝合金表面没有任何防护作用。 （　　）
178. 去除木材中的松脂可以采用碱洗和溶剂洗两种方法。 （　　）
179. 国内轿车车身的涂装工艺以四涂层体系为主。 （　　）
180. 高级、豪华型轿车车身一般采用四涂层或五涂层体系。 （　　）
181. 高装饰性的涂膜，必须进行多层涂装才能满足要求。 （　　）
182. 国内外的轿车涂装前表面预处理均采用钝化处理工序。 （　　）
183. 对焊缝进行防锈处理的最有效方法是采用焊缝密封胶。 （　　）
184. 涂料中的固体分质量分数达到 65% 以上才算是高固体分涂料。 （　　）
185. 油脂漆是以干性油为主要成膜物质的一类涂料。 （　　）
186. 油性调和漆也能打磨、抛光。 （　　）
187. 油脂漆的刷涂性比较好。 （　　）
188. 涂料只要烧烤一下就可以干燥。 （　　）
189. 手工喷涂的作业时间，包括喷涂时间及等待时间。 （　　）

二、单项选择题

1. 适用于大平面涂刮腻子的工具是（　　）。
   A. 牛角刮刀　　　　B. 橡胶刮刀　　　　C. 横式钢制刮刀　　D. 竖式钢制刮刀

2. 下列涂装方法中，（　　）是按被涂物材质分类的方法。
   A. 汽车涂装　　　　B. 木工涂装　　　　C. 装饰性涂装　　　D. 防腐性涂装

3. 涂膜表面颜色与使用涂料的颜色有明显色差，称为（　　）。
   A. 变色　　　　　　B. 色差　　　　　　C. 涂色　　　　　　D. 渗色

4. 判断调配的涂料颜色是否准确，应当在涂样板（　　）与标准色卡或色板进行对比。
   A. 表干后　　　　　B. 实干后　　　　　C. 触指干时　　　　D. 半干后

5. 高固体分涂料适宜（　　）。
   A. 刷涂　　　　　　B. 辊涂　　　　　　C. 高压无气喷涂　　D. 静电喷涂

6. 下列涂装生产工序正确的是（　　）。
   A. 打磨→喷底漆→喷中间层→打蜡→喷面漆
   B. 喷底漆→刮腻子→喷中间层→喷面漆→打蜡
   C. 打磨→刮腻子→喷底漆→喷中间层→喷面漆
   D. 喷底漆→打磨→刮腻子→喷中间层→喷面漆

7. 铝粉颜料属于（　　）。
   A. 天然颜料　　　　B. 金属颜料　　　　C. 人造颜料　　　　D. 有机颜料

8. 使用涂－4 黏度杯测量油漆黏度时，要求环境温度在（　　）℃为宜。

　　A. 35　　　　　　　B. 10　　　　　　　C. 25　　　　　　　D. 20

9. 化学醇试剂的表示符号为（　　）。

　　A. CP　　　　　　 B. CR　　　　　　 C. AR　　　　　　 D. CB

10. 原子中质子的数量等于（　　）。

　　A. 中子和电子数之和　　　　　　　　　B. 中子数

　　C. 电子数　　　　　　　　　　　　　　D. 离子数

11. 磷化后得到的磷化膜按重量级分可分为四种，对于变形较大的钢铁工件表面应当采用（　　）磷化膜。

　　A. 次轻量级　　　　B. 轻量级　　　　　C. 次重量级　　　　D. 重量级

12. 木材去皮是为了（　　）。

　　A. 防腐　　　　　　B. 紧密结合　　　　C. 防潮　　　　　　D. 防霉变

13. "C" 代表（　　）树脂类涂料。

　　A. 聚酯　　　　　　B. 硝基　　　　　　C. 醇酸　　　　　　D. 丙烯酸

14. 能与碱起反应生成肥皂和甘油的油类叫作（　　）。

　　A. 皂化油　　　　　B. 非皂化油　　　　C. 矿物油　　　　　D. 植物油

15. 黑白格板用来测量涂料的（　　）。

　　A. 光泽　　　　　　B. 固体分　　　　　C. 遮盖力　　　　　D. 颜色

16. 高纯铝－镁合金的电化学抛光液是由（　　）和铬酐组成。

　　A. 硝酸　　　　　　B. 磷酸　　　　　　C. 盐酸　　　　　　D. 硫酸

17. 结晶型磷化膜中的主要阳离子来源于（　　）。

　　A. 溶液　　　　　　B. 基体金属　　　　C. 磷酸铁　　　　　D. 电解液

18. 工件进行交流电流硫酸阳极氧化处理时，如果向溶液中加入（　　）6～10 g/L，可消除铜的影响。

　　A. 盐酸　　　　　　B. 醋酸　　　　　　C. 硝酸　　　　　　D. 硫酸

19. 在含铬酐 30～90 g/L、硫酸 15～30 g/L 的溶液中，可以退除（　　）工件表面的氧化膜。

　　A. 铜合金　　　　　B. 铝合金　　　　　C. 镁合金　　　　　D. 铝镁合金

20. （　　）在重铬酸封闭中，会起破坏氧化膜的作用，如果它的含量达到或超过1.5 g/L时，一定要更换并稀释溶液。

　　A. Cl^-　　　　　 B. SiO_4^{2-}　　　 C. K^+　　　　　　D. Ca^{2+}

21. 喷漆最普遍的方法是（　　）。

　　A. 静电喷涂法　　　　　　　　　　　　B. 高压无气喷涂法

　　C. 空气喷涂法　　　　　　　　　　　　D. 混气喷涂法

22. 磷化底漆的稀释剂使用（　　）混合溶液。

　　A. 二甲苯和汽油　　　　　　　　　　　B. 甲苯和丁醇

　　C. 乙醇和丁醇　　　　　　　　　　　　D. 甲醇和乙醇

23. 软刮具是用（　　）制成的。

　　A. 耐油橡胶　　　　B. 钢材　　　　　　C. 木材　　　　　　D. 塑料

24. 喷涂喷出的漆雾流方向，应当尽量（　　）于物体表面。
　　A. 平行　　　　　　B. 垂直　　　　　C. 呈45°角　　　　D. 呈60°角

25. 湿打磨与干打磨相比，湿打磨的质量（　　）。
　　A. 好些　　　　　　B. 差些　　　　　C. 差不多　　　　　D. 相同

26. 锌与铁之间产生金属腐蚀属于（　　）类型。
　　A. 氢腐蚀　　　　　B. 晶间腐蚀　　　C. 化学腐蚀　　　　D. 电偶腐蚀

27. 涂料产品取样时，分为A型、B型、C型，其中A型样品的含义是（　　）。
　　A. 单一均匀液相　　　　　　　　　B. 黏稠状
　　C. 粉末状　　　　　　　　　　　　有两个液相组成的流体

28. 下列那些内容不是设计的原始资料（　　）。
　　A. 环保要求　　　B. 工厂状况　　　C. 车间生产情况　　D. 产品资料

29. 浓硫酸可以用铝罐来盛装，其原因是（　　）。
　　A. 浓硫酸的浓度不够高　　　　　　B. 铝罐内部有塑胶衬里
　　C. 铝本身有很强的耐蚀性　　　　　D. 浓硫酸与铝表面形成钝化层

30. 高红外快速固化技术最显著的特点是（　　）
　　A. 设备占地面积小　　　　　　　　B. 固化速度快
　　C. 温度容易控制　　　　　　　　　D. 节能

31. 电泳涂装的最终过程为（　　）。
　　A. 电解　　　　　　B. 电泳　　　　　C. 电渗透　　　　　D. 电沉积

32. 下列物体中可以称作光源的是（　　）。
　　A. 蜡烛　　　　　　B. 玻璃　　　　　C. 月亮　　　　　　D. 镜子

33. 在合成树脂涂料中，应用最广的一类涂料是（　　）。
　　A. 环氧树脂漆　　　B. 硝基漆　　　　C. 醇酸树脂漆　　　D. 氨基树脂漆

34. 下列那些条件不适合做取样器皿（　　）。
　　A. 磨口玻璃瓶　　　B. 表面光滑　　　C. 有小凹槽　　　　D. 容易清洗

35. 工厂生产中只有第（　　）班为7小时工作。
　　A. 一　　　　　　　B. 二　　　　　　C. 三　　　　　　　D. 四

36. 我国漆膜附着力的测定方法有（　　）。
　　A. 划格法　　　　　　　　　　　　B. 划圈法
　　C. 粘接法　　　　　　　　　　　　D. 划格法和划圈法

37. 制作腻子刮刀不能应用（　　）材质。
　　A. 木质　　　　　　B. 弹簧钢　　　　C. 硬塑料　　　　　D. 玻璃钢

38. 国际上涂料的分类方法很多，但应用较为广泛的是按照涂料的（　　）进行分类的方法。
　　A. 作用　　　　　　B. 成膜物质　　　C. 用途　　　　　　D. 性能

39. 根据涂料命名原则，其颜色的命名位于名称的（　　）。
　　A. 最前面　　　　　B. 中间　　　　　C. 最后面　　　　　D. 下面

40. 矿物油属于（　　）。
　　A. 皂化油　　　　　B. 油脂　　　　　C. 非皂化油　　　　D. 脂肪

41. 形成铁、锰或锌系磷化膜的槽液成分是磷酸铁和（   ）。

    A. 磷酸锰   B. 磷酸锌   C. 磷酸钙   D. 磷酸镉

42. 采用有机溶剂脱脂，最有效的是三氯乙烯和（   ）。

    A. 汽油   B. 甲苯   C. 四氯化碳   D. 乙烯

43. 除锈效果最好的方法是（   ）。

    A. 机械法   B. 碱液法   C. 化学法   D. 物理法

44. 工作采用交流电硫酸阳极氧化处理时，如果溶液中的含铜量达到（   ）g/L，氧化膜质量会变坏而出现斑点或暗色条纹。

    A. 0.02   B. 0.2   C. 2   D. 20

45. 在常用的碱性乳化剂中，Na_2SiO_3 属于（   ）。

    A. 离子乳化剂   B. 表面活性物质   C. 非离子乳化剂   D. 非表面活性剂

46. 如果重铬酸钾封闭溶液中的（   ）含量超过 0.2 g/L，将会使氧化膜封闭后的颜色变淡、发白。

    A. SO_4^{2-} B. Cl^- C. CO_8^- D. NO_3^-

47. 下列底漆涂装方法中涂布效率最低的是（   ）。

    A. 刷涂   B. 辊涂   C. 电泳涂装   D. 喷涂

48. 下列哪一种状态是由物体表面干涉引起的。（   ）

    A. 绿色的树叶   B. 水面的油花   C. 猫眼在夜晚发光   D. 水面的涟漪

49. 通常情况下，反射率（   ）时的物体定义为白色。

    A. 小于75%   B. 小于70%   C. 大于75%   D. 大于70%

50. 下列金属中最容易受到电化学腐蚀的是（   ）。

    A. 汞   B. 铜   C. 铁   D. 铝

51. 将压敏纸胶带黏在被涂物的漆膜上，然后用手拉开是为了检测漆膜的（   ）性能。

    A. 耐磨性   B. 耐擦伤性   C. 附着力   D. 遮盖力

52. 手工辊涂法最适宜于（   ）。

    A. 自干型   B. 厚浆型   C. 烘干型   D. 快干型

53. （   ）涂装方法不易发生火灾。

    A. 电泳涂装   B. 空气喷涂   C. 粉末喷涂   D. 高压无气喷涂

54. 皂化反应的产物是肥皂和（   ）。

    A. 水   B. 脂肪酸   C. 甘油   D. 脂肪

55. 喷丸除锈时，用于铸件除锈除丸的直径为（   ）mm。

    A. 0.2   B. 2   C. 1   D. 3

56. 目前国内粉末涂料主要应用在（   ）行业。

    A. 建筑   B. 家电   C. 轻工   D. 轨道

57. 下列金属与水反应最剧烈的是（   ）。

    A. 铁   B. 铝   C. 钠   D. 镁

58. NO_2 的读法为（   ）。

    A. 一氮化二氧   B. 二氧化一氮

C. 二氧化氮　　　　　　　　　　　D. 氧化氮

59. 涂料基本名称代号为 50～59 代表（　　）。
　　A. 船舶漆　　　B. 防腐漆　　　C. 特种漆　　　D. 防锈漆

60. 油脂的主要成分是（　　）。
　　A. 甘油　　　　B. 脂肪　　　　C. 脂肪酸盐　　D. 油

61. 清除被处理工件表面的氧化皮，所使用的砂粒标准是（　　）目。
　　A. 30～40　　　B. 180～200　　C. 320～400　　D. 100～150

62. 亚硝酸钠和硝酸钠可作为钢铁工件发蓝时的（　　）。
　　A. 氧化剂　　　B. 络合剂　　　C. 活性剂　　D. 催化剂

63. 在磷酸盐—铬酸盐氧化处理液中，磷酸盐最合适的含量是（　　）mL/L。
　　A. 0.5～0.6　　B. 5～6　　　C. 50～60　　　D. 500～600

64. 在特定条件下，外加小火焰引致挥发性可燃物质上方的蒸气在空气中发生一闪即逝的燃烧的最低温度叫（　　）。
　　A. 闪点　　　　B. 着火点　　　C. 自燃点　　　D. 可燃点

65. 钢铁零件喷砂时，水中可加入（　　）和 $Na_2Cr_2O_3$ 作缓蚀剂。
　　A. Na_2CO_3　　　　　　　　　　B. NaOH
　　C. $Na_3PO_4 \cdot 12H_2O$　　　　　　D. $NaHCO_3$

66. 由 0.25 mol 的 $CuSO_4 \cdot 5H_2O$ 溶液 40 mL，10% 的 NaCl 溶液 20 mL 和 0.1 mol 的 HCl 溶液 0.8 mL 配成的溶液，可用以检测（　　）的耐蚀性。
　　A. 磷化膜　　　B. 氧化膜　　　C. 钝化膜　　　D. 皂化膜

67. 电泳涂装的四个过程中，电泳是第（　　）步。
　　A. 一　　　　　B. 二　　　　　C. 三　　　　　D. 四

68. 涂料取样的样品应放在（　　）。
　　A. 清洁干燥密封好的金属小瓶内　　B. 温度很低的试验箱内
　　C. 清洁干燥密封好的塑料小瓶内　　D. 温度很高的试验箱内

69. 高压无气喷涂设备最初采用的动力是（　　）。
　　A. 手动式　　　B. 气动式　　　C. 电动式　　　D. 机械式

70. 电泳涂装所发生的电化学物理现象是（　　）发生电解反应。
　　A. 水　　　　　B. 乳液　　　　C. 中和剂　　　D. 涂料

71. 高压无气喷涂设备开始使用于 20 世纪（　　）年代。
　　A. 50　　　　　B. 60　　　　　C. 70　　　　　D. 80

72. 下列选项中，（　　）对磷化效果没有影响。
　　A. 磷化物大小　　B. 总酸度　　　C. 促进剂含量　　D. 游离酸度

73. 阳极电泳涂层的防腐蚀性能比阴极电泳涂层的要（　　）。
　　A. 好一些　　　B. 优良　　　　C. 较差　　　　D. 相似

74. 涂料施工黏度太高会引起涂膜（　　）。
　　A. 附着力不好　　B. 不盖底　　　C. 严重橘皮　　　D. 流挂

75. 涂料产品验收若发现不符合质量标准时，则（　　）。
　　A. 该批产品判为不合格　　　　B. 加倍数量取样

C. 登记入库   D. 视情况而定

76. 测量电泳槽液 pH 值时，槽液温度应控制在（   ）℃。

     A. 20   B. 22   C. 25   D. 23

77. 涂料的遮盖力为 120 g 是指（   ）。

     A. 120 g/m²   B. 120 g/cm²   C. 120 g/dm²   D. 120 g/mm²

78. 对中间涂层具有的性能描述不正确的是（   ）。

     A. 中间涂层的附着力好、流平性好

     B. 中间涂层具有良好的防锈性能

     C. 中间涂层填充性好

     D. 中间涂层平整、光滑、易打磨

79. 按照易燃品的等级分类，油性腻子属于（   ）。

     A. 特级易燃品   B. 一级易燃品   C. 一般易燃品   D. 阻燃品

80. 聚氨酯漆大多是（   ）型涂料。

     A. 单组分自干   B. 双组分自干   C. 双组分烘干   D. 单组分烘干

81. 在各种涂料中，耐高温、低温性能最好的是（   ）树脂涂料。

     A. 环氧   B. 元素有机   C. 聚酯   D. 丙烯酸

82. 20 世纪 80 年代以来，我国大力推广应用的脱脂剂是（   ）。

     A. 碱液处理剂   B. 水剂清洗剂   C. 有机溶剂   D. 表面活性剂

83. 检查磷化液的总酸度和游离酸度，可以用（   ）mol 的 NaOH 标准液进行滴定。

     A. 0.1   B. 1   C. 10   D. 100

84. 当磷化液中的游离酸度低时，可加（   ）进行调整。

     A. 硝酸盐   B. 磷酸盐   C. 硫酸盐   D. 盐酸

85. 氧化铁是一种由（   ）、Fe_2O_3、Fe_3O_4 等组成的氧化物。

     A. $Fe(OH)_3$ B. FeO C. $FeSO_4$ D. Fe

86. 镁合金铸件在由重铬酸钾、硝酸、氯化铵组成的溶液中，进行氧化处理时，如果氧化膜表面发暗，说明溶液中的（   ）含量低。

     A. 重铬酸钾   B. 硝酸   C. 氯化铵   D. 三种都有

87. 配制氧化膜封闭处理时，在加入碳酸钠后，应将溶液加温到沸腾以便消除（   ）。

     A. CO B. CO_2 C. CO_3^{2-} D. H_2

88. 汽车用粉末涂料的技术指标中，（   ）不属于涂料性能。

     A. 粒度   B. 储存稳定性   C. 附着力   D. 遮盖力

89. 磷化液按组成成分可分为三个大系，下列选项中（   ）不属于三大系。

     A. 锌系   B. 铜系   C. 锰系   D. 钙系

90. 涂料产品取样主要分为五种类型，腻子属于（   ）型。

     A. D   B. C   C. B   D. A

91. 稀释及挥发太快，不会造成（   ）后果。

     A. 针孔   B. 散色   C. 橘皮   D. 泛白

92. 天然大漆的主要化学成分是（   ）。

     A. 苯酚   B. 漆酚   C. 乙酚   D. 甲酚

93. 醇酸树脂主要用于制造（　　　）。

    A. 环氧漆类   B. 酚醛漆类   C. 醇酸漆类   D. 聚氨酯类

94. 溶剂的沸点100～145℃是（　　　）。

    A. 低沸点   B. 中沸点   C. 高沸点   D. 较高沸点

95. 加速油漆漆膜固化的物质是（　　　）。

    A. 固化剂   B. 催干剂   C. 干燥剂   D. 絮凝剂

96. 化学式 CH_3CH_2OH 表示物质（　　　）。

    A. 甲醇   B. 乙醇   C. 丙醇   D. 丁醇

97. 建筑物内外墙的装饰通常采用的是（　　　）涂料。

    A. 油脂类   B. 天然树脂类   C. 水乳胶   D. 沥青类

98. 黑色金属表面磷化处理按处理温度可分为三个大类，其中中温磷化的温度范围为（　　　）℃。

    A. 10～20   B. 20～40   C. 40～60   D. 60～80

99. 工件涂装前一般需进行除油处理，油脂可分为可皂化和不可皂化两类，（　　　）属于不可皂化的油脂。

    A. 蓖麻油   B. 凡士林   C. 牛油   D. 猪油

100. 对焊缝进行防锈处理最有效的方法是（　　　）。

    A. 磷化处理   B. 电泳涂装   C. 采用焊缝密封胶   D. 钝化处理

101. 对有色金属腐蚀危害最严重的气体是（　　　）。

    A. 二氧化硫   B. 硫化氢   C. 二氧化碳   D. 一氧化碳

102. 氢氧化钠是一种（　　　），它是化学脱脂液中的主要成分。

    A. 碱性盐类   B. 强酸   C. 强碱   D. 弱碱

103. 不含（　　　）的纯铝或铝合金工件在氧化处理后，得到的氧化膜呈银白色、黄铜色或黄褐色。

    A. 锌   B. 铜   C. 镁   D. 钙

104. 镁合金工件在由重铬酸钾、铬酐、硫酸铵和醋酸组成的溶液中进行氧化处理时，如果溶液中加入的（　　　）少，将会造成溶液 pH 值升高，氧化能力减弱，甚至氧化膜层发暗发黑。

    A. 醋酸   B. 铬酐   C. 硫酸铵   D. 重铬酸钾

105. 电泳涂装的槽液工艺参数不包括（　　　）。

    A. 槽液温度   B. 槽液 pH 值

    C. 槽液固体分含量   D. 电导率

106. 涂料产品取样主要分为五种类型，乳液属于（　　　）型。

    A. A   B. B   C. C   D. D

107. 在喷涂时会出现涂膜中间厚，两边薄的现象，（　　　）不属于原因之一。

    A. 空气调整螺栓太松   B. 喷涂气压过低

    C. 涂料黏度过高   D. 涂料喷嘴过大

108. 空气喷涂最适用于喷涂（　　　）油漆。

    A. 单组分   B. 高黏度   C. 低黏度   D. 双组分

109. 醇酸腻子的代号是（　　　）。
　　　A. Q07-5　　　　B. C07-5　　　　C. G07-5　　　　D. D07-5
110. 铝及铝合金工件刷涂底漆是（　　　）。
　　　A. 铁红防锈底漆　　　　　　　　B. 锌黄环氧脂底漆
　　　C. 铁红环氧磁底漆　　　　　　　D. 醇酸底漆
111. 通常情况下铝合金阳极氧化的氧化液温度调整在（　　　）℃为宜。
　　　A. 13～18　　　　B. 18～22　　　　C. 22～28　　　　D. 28～32
112. 一般化学除锈液含有氯化钠 4%～5%，硫脲 0.3%～0.5% 和（　　　）18%～20%。
　　　A. 硫酸　　　　　B. 硝酸　　　　　C. 碳酸　　　　　D. 盐酸
113. 涂刷油漆膜过厚会造成漆膜（　　　）。
　　　A. 失光　　　　　B. 开裂　　　　　C. 起皱　　　　　D. 起泡
114. 下列哪些性能不属于涂料的力学性能（　　　）。
　　　A. 附着力　　　　B. 冲击强度　　　C. 柔韧性　　　　D. 硬度
115. $Ca(OH)_2$ 的相对分子质量的计算方法是（　　　）。
　　　A. (40+16+1)×2　　　　　　　　B. 40+(16+1)×2
　　　C. 40+16+1×2　　　　　　　　　D. (40+16)+1×2
116. 下面关于涂中间层的说法不正确的是（　　　）。
　　　A. 由于中间层界于底漆与面漆之间，其烘烤温度应高于底漆层的烘烤温度且低于面漆层的烘烤温度
　　　B. 选用中间层涂料时，应注意与底漆及面漆的配套性
　　　C. 在涂中间层涂料前应检查被涂底漆涂层表面的质量和清洁度应符合工艺要求
　　　D. 中间层打磨应有规律，打磨方向应一致，不应乱打磨，切忌将涂层打磨穿，露出底材
117. 混合溶剂中不包含（　　　）。
　　　A. 树脂　　　　　B. 助剂　　　　　C. 冲淡剂　　　　D. 真溶剂
118. 露天放置的钢铁设备在雨后表面上积水所产生的腐蚀称为（　　　）。
　　　A. 缝隙腐蚀　　　B. 积液腐蚀　　　C. 沉积物腐蚀　　D. 化学腐蚀
119. 采用涂料涂膜的金属防腐蚀方法属于（　　　）法。
　　　A. 钝态　　　　　B. 覆膜　　　　　C. 屏蔽　　　　　D. 化学
120. 下列化学式中，（　　　）是烧碱。
　　　A. $Ca(OH)_2$　　B. $NaOH$　　　C. Na_2CO_3　　D. Na_3PO_4
121. 矿物油能在一定条件下与碱形成（　　　）。
　　　A. 皂化液　　　　B. 乳化液　　　　C. 胶体溶液　　　D. 碱溶液
122. 用碳酸钠、苛性钠和（　　　），按一定比例配制成的碱性氧化液，可用于铝及铝合金工件的化学氧化处理。
　　　A. 氯化钠　　　　B. 铬酸钠　　　　C. 氟化钠　　　　D. 磷酸钠
123. 如果往磷化液中加入（　　　）g/L 硝酸盐，可将磷化液中的总酸度升高 10 点。
　　　A. 0.25～0.4　　　B. 2.5～4　　　　C. 25～40　　　　D. 250～400

124. 用于铝合金工件喷砂的砂料粒度最好在（　　）mm 以下。
    A. 1　　　　　　B. 1.5　　　　　　C. 2　　　　　　D. 2.5

125. 磷化处理溶液中有（　　）的存在，可改善磷化膜的结晶，使磷化膜细密、坚固。
    A. Cu^{2+}　　　　B. Zn^{2+}　　　　C. Ni^{2+}　　　　D. Ca^{2+}

126. 产品涂装前的表面状态应该具有（　　）表面。
    A. 非常光滑的　　　　　　　　B. 无锈蚀、无油污但相当粗糙的
    C. 一定的平整度和允许的粗糙度　　D. 非常光滑、一定的平整度

127. 色漆调配中有三原色的说法，（　　）不是三原色中的一项。
    A. 红　　　　　　B. 白　　　　　　C. 蓝　　　　　　D. 黄

128. 对一般涂料的常规性能检测不包括（　　）。
    A. 色差　　　　　B. 光泽　　　　　C. 耐蚀性　　　　D. 外观

129. 船底防污涂料可以防止海洋生物的黏附，是涂料的（　　）作用。
    A. 特殊　　　　　B. 装饰　　　　　C. 保护　　　　　D. 绝缘

130. 电解槽液固体分是指电泳涂料在（　　）℃下烘烤 1 h 所留下的不挥发物质。
    A. 110　　　　　B. 100　　　　　C. 90　　　　　　D. 80

131. 聚氨酯树脂的（　　）性能优于其他所有树脂。
    A. 附着力　　　　B. 耐候　　　　　C. 耐磨　　　　　D. 耐紫外线

132. C04－2 中的 C 是代表（　　）。
    A. 序号　　　　　B. 成膜物质　　　C. 基本名称　　　D. 溶剂

133. 在金属化学活动性顺序表中，（　　）介于铝和铁之间。
    A. 镁　　　　　　B. 锌　　　　　　C. 钙　　　　　　D. 镍

134. 涂料产品取样装入容器后，样品容器内应当留有（　　）的空隙。
    A. 5%　　　　　　B. 10%　　　　　C. 15%　　　　　D. 20%

135. 涂料盖底特性较差，与生产过程有关的原因是（　　）。
    A. 生产涂料时混入了水分　　　　B. 生产涂料时较潮湿
    C. 颜料分调配不准　　　　　　　D. 少加颜料，多加稀释剂

136. 对含有有毒颜料（如红丹、铅铬黄等）的颜料，应以（　　）为宜。
    A. 刷涂　　　　　B. 喷涂　　　　　C. 电泳　　　　　D. 浸涂

137. 电泳、静电喷涂、粉末静电喷涂工艺被称为涂装新技术，是因为（　　）。
    A. 这些涂装方法是从国外引进的
    B. 这些涂装方法以前没使用过
    C. 这些涂装方法是最新科学研究成果，且工艺先进、涂层具有优良性能
    D. 这些涂装方法成本低、质量好

138. 未经清理干净的工件表面（　　）磷化。
    A. 不能　　　　　B. 难以　　　　　C. 可以　　　　　D. 不确定

139. 腻子一般应刮在已涂好（　　）的表面上。
    A. 底漆　　　　　B. 中间层涂料　　C. 面漆　　　　　D. 金属表面

140. 调整油漆黏度时，涂－4 杯用于测定流出时间在（　　）s 以下的涂料产品。
    A. 90　　　　　　B. 120　　　　　C. 150　　　　　D. 180

141. 底漆层与面漆层之间是（　　　）。

    A. 腻子层　　　　B. 中间层　　　　C. 表层　　　　　D. 金属层

142. 空气喷涂是一种应用（　　　）的涂装方法。

    A. 最广泛　　　　B. 很少　　　　　C. 较多　　　　　D. 较少

143. 油漆制造时加入颜料过少，施工时加入稀释剂过多会造成漆膜（　　　）。

    A. 发黏　　　　　B. 不盖底　　　　C. 发白　　　　　D. 流挂

144. 电泳槽液的（　　　）是保证槽液稳定的重要参数。

    A. 电导率　　　　B. pH 值　　　　C. 固体分含量　　D. 有机溶剂含量

145. 电泳槽液的温度一般控制在 28～30℃之间，控制精度为（　　　）℃。

    A. ±0.5　　　　　B. ±1　　　　　　C. ±2　　　　　　D. ±3

146. 配色时，白色或黑色加入过多，则（　　　）。

    A. 黑色难于调整　　　　　　　　　B. 白色难于调整
    C. 都很容易调整　　　　　　　　　D. 都不容易调整

147. 在油基类中，树脂∶油＝（　　　）以下称为短油度。

    A. 1∶2　　　　　B. 1∶2.5　　　　C. 1∶3　　　　　D. 1∶4

148. 20 世纪 80 年代中期，我国新出现的涂装方法是（　　　）。

    A. 粉末涂装法　B. 阳极电泳法　C. 阴极电泳法　　D. 高压无气喷涂法

149. 涂料样品储存时应留有（　　　）信息。

    A. 生产批次、取样日期　　　　　　B. 生产厂家及批次
    C. 试验温度及湿度　　　　　　　　D. 生产厂家及试验温度

150. 通过改变压缩空气的压力来改变被喷砂件表面粗糙度是（　　　）喷砂的特点。

    A. 雾化　　　　　B. 水—气　　　　C. 水　　　　　　D. 机械

151. 镁合金工件在由重铬酸钾、铬酐、硫酸铵和醋酸组成的溶液中进行化学氧化处理时，所得到的氧化膜呈现（　　　）色。

    A. 金黄色到深棕　　　　　　　　　B. 草黄
    C. 深灰　　　　　　　　　　　　　D. 深棕

152. 电泳涂料是一种可分散的（　　　）。

    A. 胶体粒子　　B. 固体　　　　　C. 混合物质　　　D. 浑浊粒子

153. 高压静电喷涂中遇上喷涂复杂工件，因静电屏蔽影响喷涂效果时，一般通过调整（　　　）来协助静电喷涂取得良好效果。

    A. 工作电压　　　　　　　　　　　B. 工作气压
    C. 工作电流　　　　　　　　　　　D. 工作电压和工作气压

154. 采用高压水除锈时，高压水连续射流压力为（　　　）MPa。

    A. 0.2～0.8　　　B. 2～8　　　　　C. 20～80　　　　D. 200～800

155. 在磷化处理溶液中，必须加入（　　　），它有利于磷化膜的形成，并将影响磷化膜的晶核大小与晶核的数量。

    A. Fe^{2+}　　　　　B. Zn^{2+}　　　　　C. Ca^{2+}　　　　　D. PO_4^{3-}

156. 用扁形刷进行刷涂时，刷子蘸涂料不宜过多，但需要浸满全刷的（　　　）。

    A. 1/3　　　　　　B. 1/3～2/3　　　C. 1/2～2/3　　　D. 1/2

157. 油漆施工后放在高温条件下会使漆膜（　　）。
    A. 失光　　　　　B. 起皱　　　　　C. 颜色加深　　　　D. 起泡

158. 涂刷一般清漆要使用（　　）。
    A. 羊毛刷　　　　B. 特制刷　　　　C. 猪毛刷　　　　　D. 人造毛刷

159. 色漆调配中有三间色，（　　）不属于三间色。
    A. 紫色　　　　　B. 绿色　　　　　C. 黄色　　　　　　D. 橙色

160. 含碳量在2%以下的铁碳合金称为（　　）。
    A. 铁　　　　　　B. 钢　　　　　　C. 不锈钢　　　　　D. 碳钢

161. 油漆厂房内应当安装（　　）的照明电器。
    A. 防盗　　　　　B. 防潮　　　　　C. 防火　　　　　　D. 防爆

162. 油漆场内使用的200号溶剂汽油最高允许浓度为（　　）mg/m³。
    A. 150　　　　　 B. 250　　　　　 C. 350　　　　　　D. 450

163. 增加油漆的柔韧性，提高漆膜附着力的物质是（　　）。
    A. 消光剂　　　　B. 增塑剂　　　　C. 分散剂　　　　　D. 固化剂

164. 油漆中常用的油是（　　）。
    A. 动物油　　　　B. 植物油　　　　C. 干性油　　　　　D. 非皂化油

165. 腻子层不具备（　　）功能。
    A. 可配套溶剂使用调整黏度　　　　B. 较高的表面装饰性
    C. 吸油量小　　　　　　　　　　　D. 打磨性和填充性

166. （　　）的涂装效率最低。
    A. 高压无气喷涂法　　　　　　　　B. 刷涂
    C. 阴极电泳　　　　　　　　　　　D. 空气喷涂

167. 下列物质中，（　　）不属于有机化合物。
    A. 甲烷　　　　　B. 二甲苯　　　　C. 二氧化碳　　　　D. 二氯乙烷

168. 涂料在低温和高湿度环境中施工时，加入（　　）可以防止涂层"泛白"。
    A. 防结皮剂　　　B. 稀释剂　　　　C. 防潮剂　　　　　D. 耐紫外线剂

169. 铺设在地下的金属管道，长期在潮湿土壤中遭到腐蚀属于（　　）腐蚀。
    A. 化学　　　　　B. 电化学　　　　C. 电解　　　　　　D. 间隙

170. 喷涂中采用最普通的方法是（　　）。
    A. 空气喷涂法　　　　　　　　　　B. 高压无气喷涂法
    C. 静电喷涂法　　　　　　　　　　D. 粉末喷涂法

171. 挥发干燥的涂料有（　　）。
    A. 醇酸树脂类涂料　　　　　　　　B. 硝基涂料
    C. 热塑性粉末涂料　　　　　　　　D. 聚氨酯类涂料

172. 若漆刷已硬化，可将它浸在（　　）中，使漆膜松软，再用铲刀刮去漆皮。
    A. 强溶剂　　　　B. 水　　　　　　C. 漆液　　　　　　D. 稀释剂

173. 一般漆膜属于多层涂装，按涂层（coat）和烘干（bake）次数分类，双层三次烘干表示为（　　）。
    A. 3C2B　　　　 B. 2C3B　　　　　C. 3B2C　　　　　　D. 2B3C

174. 有机化合物都是（　　）。
    A. 含氮化合物　　B. 含硫化合物　　C. 含碳化合物　　D. 含磷化合物

175. 下列（　　）不是按油漆效果进行分类的。
    A. 绝缘漆　　　　B. 防腐漆　　　　C. 美术漆　　　　D. 导电漆

176. 按主要成膜物质分类，X代表（　　）。
    A. 纤维素漆类　　B. 油脂漆类　　　C. 硝基漆类　　　D. 聚氨酯类

177. 关于噪声的说法中正确的是（　　）。
    A. 噪声只有大到一定强度才对人有危害
    B. 音乐不能称为噪声
    C. 噪声对人身体的影响不大
    D. 噪声不可能被治理

178. 在黄色颜料中，着色力和遮盖力最好的是（　　）。
    A. 铅铬黄　　　　B. 锌铬黄　　　　C. 锶黄　　　　　D. 锌黄

179. （　　）树脂类涂料具有优良的耐高温和低温性能、电绝缘性、高防腐性与耐老化性，缺点是需高温烘干，附着力差。
    A. 聚氨酯　　　　B. 聚酯　　　　　C. 有机硅　　　　D. 醇酸

180. 关于电泳涂装的机理，下列说法正确的是（　　）。
    A. 电泳、电沉积、电渗、电解同时发生电化学、物理化学反应的过程
    B. 电泳、电沉积、电渗、电解依次反应过程
    C. 电解、电泳、电渗、电沉积分步反应过程
    D. 电泳、电沉积、电渗、电解同时发生反应的过程

181. 化学抛光时，溶液中氧化性的酸多采用（　　），而浓度大的酸多采用磷酸。
    A. 盐酸　　　　　B. 硝酸　　　　　C. 草酸　　　　　D. 硫酸

182. 由1%的（　　）和0.1%的酚酞酒精组成的点滴液，可用以检测镁合金工作表面氧化膜的耐蚀性。
    A. 氯化钠　　　　B. 碳酸钠　　　　C. 亚硝酸钠　　　D. 硫酸铜

183. 为防止金属腐蚀，下面哪一种措施不合适（　　）。
    A. 通过加入少量其他金属来抵抗各种腐蚀
    B. 在金属表面覆盖保护层
    C. 减少金属周围化学物质
    D. 给金属通电

184. 喷漆室相对擦净室来说，室内空气是（　　）。
    A. 正压　　　　　B. 微正压　　　　C. 负压　　　　　D. 等压

185. 轿车车身打磨后喷涂前采用（　　）擦净。
    A. 白纱布　　　　B. 黏性擦布　　　C. 擦净纸　　　　D. 破擦布

186. 自动喷涂机在油漆施工线上的优点为（　　）。
    A. 涂料使用量与手工喷涂相近
    B. 只是取代了人工喷涂，减少了人工作业
    C. 施工连续性强，稳定性好，可降低原料成本

D. 要求的空间比较小，节省动能

187. （　　）不是粉末喷涂的优点。

A. 减少环境污染　　　　　　　　B. 避免流挂堆积

C. 涂料损失少　　　　　　　　　D. 易得到薄涂层

188. 电泳槽液温度一般应控制在（　　）℃。

A. 25±1　　　　B. 28±1　　　　C. 32±1　　　　D. 30±1

189. 电泳涂装前，被涂件表面磷化层的微观状态以（　　）为好。

A. 颗粒状　　　　B. 针状　　　　C. 多孔　　　　D. 松枝状

三、计算题

1. 选用铝粉油漆涂刷喷烘房机房墙板一侧，长 16 m，高 3 m，问需要多少千克铝粉油漆？（已知每千克铝粉油漆能涂刷 16 m²）

2. 配置 5 L 质量分数为 15% 的 NaOH 溶液（密度为 1.22 g/cm³），请计算需要氢氧化钠和水各多少克？

3. 某家具厂生产的餐桌桌面长 2 m，宽 1.7 m，现有 120 张餐桌桌面需要返工重新喷涂，油漆是用 A 色漆和 B 色漆混合配置而成，比例为 A：B＝3：2，已知每千克油漆可喷涂面积为 16 m²，油漆喷涂的利用率为 60%。请问需要准备 A 色漆和 B 色漆各多少千克？

4. 某喷漆房长 40 m、宽 6 m，设计风速为 0.5 m/s，现有风机的送风量为 180 000 m³/h，请问要满足此喷房送风最少需要用几台风机（风量系数为 1.1）？

5. 现有油漆 300 g，固体含量为 53.1%，涂刷面积为 3.045 m²，漆膜厚度为多少微米？（已知漆膜干燥后的密度为 1.107 g/cm²）

6. 现涂刷客车外顶板需要 65 kg 的中灰醇酸漆，问配制此种油漆，需要白色醇酸漆和黑色醇酸漆各多少千克？（已知白色醇酸漆和黑色醇酸漆比例为 3：2）

7. 需要刷涂一块钢板，已知钢板的面积为 10 m²，要求双面刷涂，每千克漆可以刷涂 4 m² 表面。试计算刷涂此块钢板需要多少千克涂料？

8. 对某种板状工件喷漆，已知工件面积为 100 m²，着漆率为 20%，油漆中溶剂的质量分数为 30%，试计算喷涂 5 块膜厚为 30 μm 的板材需用多少油漆？（已知油漆密度为 0.95 kg/L）

9. 现有 200 kg 醇酸烤漆，其黏度在施工要求时为将原漆稀释 30%（质量分数），现要求加入某种助剂进行调制，助剂加入量为原漆的 1.5%（质量分数）。试求需加入多少助剂？

10. 将某种油漆原漆 100 kg 调制到施工黏度，按操作要求稀释率为 20%（体积比），试求需用多少升溶剂（原漆密度为 980 kg/m³）？

11. 有一个喷漆室，空气通过部位的面积为 140 m²，工艺要求风速为 0.5 m/s。试计算该喷漆室的排风量（风量系数取 1.1）。

12. 拟为某桥梁刷涂防锈漆，其总表面为 11 265 m²，每平方米约需油漆 0.8 L，共用 14 个油漆工刷漆，要求他们在 15 天内完成。请问他们每天每人要刷多大面积？每人每天使用多少油漆？

13. 用一坩埚称取 2.0～2.5 g 电泳槽液，此时坩埚与槽液的总质量为 22.562 8 g，此坩埚和槽液放在 120℃烘箱内加热 1 h，冷却后称得质量为 20.597 5 g。利用上述相同办法称取坩埚与槽液的总质量为 22.361 9 g，在 120℃烘箱内加热 1 h，冷却后称重为 20.540 6 g，试计算电泳槽液的固体分（两次用坩埚质量分别为 20.121 4 g 和 20.093 8 g）。

14. 有一 20 t 的电泳槽液，已知槽液的溶剂质量分数为 1.2%，欲将槽液的溶剂含量提高到质量分数为 1.5%。试求需要加入质量分数为 50% 的溶剂多少千克？

15. 某厂涂装车间对废油漆进行回收处理，其中每使用 1 kg 油漆则浪费 0.4 kg，其中有 20% 的废油漆被排风机排走，而废油漆处理剂对油漆的投料比例是 1:10。油漆车间每班生产 30 件工件，每件使用 2.5 kg 油漆，则每天两班将使用多少千克废漆处理剂？

16. 某油漆生产线自动输漆系统包括调漆罐和油漆管线，调漆罐的体积为 80 L，但只能使用 90% 的体积，油漆管线内体积为 65 L。现在有原漆需调节到工艺要求黏度并投入罐中，该漆稀释率为 30%。请问需要分别投入多少升溶剂和油漆才能将整个系统注满？

17. 某喷漆车间使用自动喷涂系统喷漆，自动喷涂机的着漆率为 85%，手工喷漆着漆率只有 30%，每辆车表面积为 80 m²，（湿）膜厚度为 50 μm，油漆密度为 0.98 g/cm³。请问涂装一辆车采用自动喷涂机比手动喷涂可省多少油漆？

四、简答题

1. 简述涂料的经济性。
2. 什么叫涂装"湿碰湿"施工法？
3. 油漆施工时预防中毒有哪些注意事项？
4. 涂装前表面处理的目的和作用是什么？
5. 腻子有哪些特性？
6. 选用底漆时，底漆应当具备什么样的性能？
7. 稀释剂的作用是什么？
8. 木制家具涂刷油漆有什么作用？
9. 简述内墙刷漆的方法和程序。
10. 金属家具用什么涂料涂装？
11. 简述油漆打磨时的注意事项。
12. 油漆施工过程出现"咬底"的原因有哪些？
13. 漆膜出现针孔的原因有哪些？
14. 油漆施工方法有哪些？
15. 在油漆中溶剂起什么作用？
16. 什么是水性漆？水性漆有哪些优点？
17. 简述高压无气喷涂法的喷涂原理。
18. 涂膜产生发花的原因有哪些？
19. 油漆只是涂料中的一种，为什么我们经常称涂料为油漆？
20. 挥发性油漆成膜的特点是什么？
21. 涂料检验样板制作的注意事项是什么？
22. 电泳涂装包括哪些化学过程？
23. 铝及铝合金化学氧化法易出现的缺陷有哪些？应当怎样避免？
24. 什么是色漆调配中的补色？
25. 浸涂工艺中影响浸涂液黏度的影响因素有哪些？
26. 使用刷涂方法刷涂油漆的操作方法？

27. 为什么说环氧树脂漆类是较好的防腐油漆？
28. 有机化合物区别于无机物的特殊性质有哪些？
29. 淋涂过程中的四个影响因素是什么？
30. 简述环氧粉末涂料的性能特点。
31. 什么是涂层的打磨性？
32. 简述自动滚涂工艺中常见问题的排除。
33. 简述涂料检验取样的五种类型并举例。
34. 简述混合溶剂的配置原则。
35. 铝及其合金为什么要进行表面处理？
36. 木制品的表面预处理方法有哪些？
37. 塑料制品涂装前表面处理的目的是什么？
38. 涂料有哪几种干燥形式？
39. 简述轿车涂层体系的涂装工艺过程。

理论知识试题答案

一、是非题

1. ×	2. √	3. √	4. √	5. ×	6. ×	7. √	8. √	9. ×
10. ×	11. ×	12. ×	13. ×	14. ×	15. √	16. √	17. ×	18. √
19. √	20. ×	21. √	22. √	23. ×	24. √	25. ×	26. ×	27. √
28. √	29. √	30. √	31. ×	32. ×	33. √	34. ×	35. ×	36. ×
37. √	38. √	39. ×	40. √	41. ×	42. ×	43. ×	44. √	45. √
46. ×	47. ×	48. ×	49. √	50. √	51. ×	52. ×	53. √	54. √
55. √	56. √	57. ×	58. ×	59. √	60. √	61. ×	62. ×	63. ×
64. √	65. √	66. √	67. ×	68. √	69. √	70. ×	71. ×	72. ×
73. √	74. √	75. √	76. ×	77. ×	78. ×	79. √	80. ×	81. ×
82. √	83. √	84. ×	85. √	86. ×	87. ×	88. ×	89. √	90. √
91. ×	92. √	93. ×	94. ×	95. √	96. √	97. ×	98. √	99. √
100. ×	101. ×	102. ×	103. ×	104. √	105. √	106. ×	107. √	108. ×
109. ×	110. √	111. ×	112. √	113. ×	114. ×	115. √	116. ×	117. ×
118. ×	119. √	120. √	121. √	122. ×	123. √	124. √	125. √	126. √
127. ×	128. ×	129. √	130. √	131. √	132. ×	133. ×	134. ×	135. √
136. √	137. √	138. √	139. √	140. √	141. ×	142. √	143. √	144. √
145. ×	146. ×	147. ×	148. √	149. √	150. √	151. ×	152. √	153. √
154. ×	155. √	156. ×	157. √	158. √	159. √	160. √	161. √	162. ×
163. √	164. √	165. √	166. √	167. ×	168. √	169. ×	170. ×	171. √
172. √	173. √	174. √	175. ×	176. ×	177. ×	178. √	179. √	180. √
181. √	182. ×	183. √	184. √	185. √	186. ×	187. √	188. ×	189. ×

二、选择题

1. C	2. B	3. A	4. B	5. C	6. B	7. B	8. C	9. A
10. C	11. A	12. A	13. C	14. A	15. C	16. B	17. A	18. C
19. A	20. A	21. C	22. C	23. A	24. B	25. A	26. D	27. A
28. C	29. D	30. B	31. C	32. A	33. C	34. C	35. C	36. D
37. D	38. B	39. A	40. C	41. B	42. C	43. C	44. A	45. A
46. A	47. A	48. B	49. C	50. D	51. C	52. A	53. A	54. C
55. B	56. B	57. C	58. C	59. B	60. B	61. A	62. A	63. C
64. A	65. A	66. A	67. B	68. A	69. B	70. A	71. B	72. A
73. C	74. C	75. B	76. C	77. A	78. B	79. C	80. B	81. A
82. B	83. A	84. B	85. B	86. B	87. A	88. C	89. B	90. A
91. B	92. B	93. C	94. B	95. A	96. B	97. B	98. B	99. B
100. C	101. A	102. C	103. B	104. A	105. A	106. B	107. A	108. C
109. B	110. B	111. B	112. A	113. B	114. A	115. B	116. A	117. A

118. B	119. B	120. B	121. B	122. B	123. C	124. A	125. C	126. C
127. B	128. C	129. A	130. A	131. C	132. B	133. B	134. A	135. D
136. A	137. C	138. B	139. A	140. C	141. B	142. A	143. B	144. B
145. B	146. A	147. A	148. C	149. A	150. B	151. A	152. A	153. D
154. B	155. A	156. C	157. B	158. A	159. C	160. A	161. D	162. C
163. B	164. C	165. B	166. B	167. C	168. C	169. B	170. A	171. B
172. A	173. B	174. C	175. C	176. B	177. A	178. A	179. C	180. A
181. B	182. A	183. D	184. B	185. B	186. C	187. D	188. B	189. A

三、计算题

1. 解：喷烘房内墙板面积为长×高，$S = 16 \text{ m} \times 3 \text{ m} = 48 \text{ m}^2$

已知每千克铝粉油漆能涂刷 16 m²

按计算公式：实际计算油漆量＝需要涂刷面积÷每千克油漆能涂刷的面积

$$= 48 \text{ m}^2 \div 16 \text{ m}^2/\text{kg}$$

$$= 3 \text{ kg}$$

答：需要铝粉油漆 3 kg。

2. 解：设需要 x 克氢氧化钠，则

$$x = 5 \times 1\,000 \text{ cm}^3 \times 1.22 \text{ g/cm}^3 \times 15\% = 915 \text{ g}$$

需要水的质量为

$$5 \times 1\,000 \text{ cm}^3 \times 1.22 \text{ g/cm}^3 - 915 = 5\,185 \text{ g}$$

答：需要氢氧化钠 915 g，需要水 5 185 g。

3. 解：需要喷涂的面积为：$2 \text{ m} \times 1.7 \text{ m} \times 120 = 408 \text{ m}^2$

需要油漆的质量为：$408 \text{ m}^2 \div 16 \text{ m}^2/\text{kg} \div 60\% = 42.5 \text{ kg}$

则需要 A 色漆的质量为：$42.5 \text{ kg} \times 3/5 = 25.5 \text{ kg}$

需要 A 色漆的质量为：$42.5 \text{ kg} - 25.5 \text{ kg} = 17 \text{ kg}$

答：需要采购 A 色漆 25.5 kg，B 色漆 17 kg。

4. 解：设喷房所需风量为 x m³/h

则 x ＝长×宽×风速×系数

$$= 40 \text{ m} \times 6 \text{ m} \times 0.5 \text{ m/s} \times 3\,600 \times 1.1$$

$$= 475\,200 \text{ m}^3/\text{h}$$

$$(475\,200 \text{ m}^3/\text{h}) / 180\,000 \text{ m}^3/\text{h} = 2.64$$

需取整数 3

答：满足送风要求最少要用 3 台风机。

5. 解：按计算公式：漆膜厚度＝（油漆实际消耗量×固体含量）／（油漆密度×涂刷面积米²）

$$漆膜厚度 = (300 \times 53.1\%) / (1.107 \times 3.045) \approx 47.3 \text{ } \mu\text{m}$$

答：漆厚度约为 47.3 μm。

6. 解：已知白色醇酸漆和黑色醇酸漆比例为 3∶2

$$65 \text{ kg} \div (3+2) = 65 \div 5 = 13 \text{ kg}$$

白色醇酸漆 $13 \times 3 \text{ kg} = 39 \text{ kg}$

黑色醇酸漆 $13×2\ kg＝26\ kg$

答：配制 65 kg 的中灰醇酸漆，需要白色醇酸漆 39 kg 和黑色醇酸漆 26 kg。

7. 解：设需要 x kg 涂料，则

$$4\ m^2×x\ kg＝10\ m^2×2$$
$$x＝5\ kg$$

答：刷涂此块钢板需要 5 kg 涂料。

8. 解：需用油漆量＝（100 m^2×5×30 μm×10^{-6}）/0.95 kg/L×1 000÷20％÷（1−30％）
$$＝112.8\ kg$$

答：需用油漆 112.8 kg。

9. 解：现在原漆重量为

$$200\ kg/（1＋30％）≈153.85\ kg$$

助剂加入量为

$$153.85\ kg×1.5％≈2.31\ kg$$

答：助剂加入量为 2.31 kg。

10. 解：使用溶剂量＝100 kg/980 kg/m^3×20％×1 000
$$≈20.41\ L$$

答：需用 20.41 L 溶剂

11. 解：140 m^2，风速为 0.5 m/s，风量系数为 1.1，设排风量为 x m^3/h 则 $x＝SvK×$ 3 600＝140 m^2×0.5 m/s×1.1×3 600＝277 200 m^3/h

答：该喷漆室排风量为 277 200 m^3/h。

12. 解：每天每人所刷的面积为

$$11\ 265\ m^2÷15÷14≈53.64\ m^2$$

每人每天使用油漆量为

$$53.64\ m^2×0.8\ L≈42.91\ L$$

答：每人每天需刷 53.64 m^2，每人每天使用油漆 42.91 L。

13. 解：设槽液的固体分为 w，第一次测得的固体分为 w_1，第二次测得固体分为 w_2，则由题意得 $w_1＝$（20.597 5 g−20.121 4 g）÷（22.562 8 g−20.121 4 g）

$$w_1＝19.5％$$
$$w_2＝（20.540\ 6\ g−20.093\ 8\ g）÷（22.361\ 9\ g−20.093\ 8\ g）$$
$$w_2＝19.7％$$

则 $w＝（w_1＋w_2）÷2＝$（19.5％＋19.7％）÷2
$$＝19.6％$$

答：电泳槽液的固体分平均含量为 19.6％（质量分数）。

14. 解：设需要加入质量分数为 50％的溶剂 x kg，
则 20 t×10^3×1.2％＋x×50％＝（20 t×10^3＋x）×1.5％

$$x≈123.71\ kg$$

答：需要加入质量分数为 50％的溶剂 123.71 kg。

15. 解：废漆处理剂使用量＝2×30×2.5 kg×0.4×（1−20％）×$\dfrac{1}{10}$

$$=4.8 \text{ kg}$$

答：每天两班废漆处理剂的使用量为 4.8 kg。

16. 解：油漆与溶剂的总体积为

$$80 \text{ L} \times 90\% + 65 \text{ L} = 137 \text{ L}$$

油漆的投入量为

$$137 \text{ L} / (1 + 30\%) \approx 105.38 \text{ L}$$

溶剂投入量为

$$137 \text{ L} - 105.38 \text{ L} = 31.62 \text{ L}$$

答：需投入溶剂和油漆分别为 31.62 L 和 105.38 L 才能将整个系统注满。

17. 解：手工喷涂一辆车的油漆使用量为

$$80 \text{ m}^2 \times 10^4 \times 50 \text{ μm} \times 10^{-4} \times 0.98 \text{ g/cm}^2 \div 30\% \approx 13\ 066.67 \text{ g}$$

采用自动喷涂机喷涂一辆车的油漆使用量为

$$80 \text{ m}^2 \times 10^4 \times 50 \text{ μm} \times 10^{-4} \times 0.98 \text{ g/cm}^3 \div 85\% = 4\ 611.76 \text{ g}$$

采用自动喷涂机比手工喷涂节省油漆量为

$$13\ 066.67 \text{ g} - 4\ 611.76 \text{ g} = 8\ 454.91 \text{ g}$$

答：采用自动喷涂机比手工喷涂可节省油漆 8 454.91 g。

四、简答题

1. 答：由于产品涂装对涂料的性能要求不一样，被选用涂料的经济性也就不一样。在选择涂料时，首先要根据产品涂装的质量要求，能用低档涂料的就不用高档涂料，能采用单一涂层或底层、面层的，就可以省去底层、中间涂层，这关系着产品涂装全过程的经济效益。

2. 答：所谓"湿碰湿"就是喷涂一道油漆后仅自干 15～30 min，等涂膜中的溶剂仅挥发一部分，漆膜尚湿时就喷涂第二道漆，然后进行一次烘干的喷涂方法。

3. 答：油漆施工时预防中毒应注意以下几点：

(1) 施工场地必须有良好的通风、照明、防毒、除尘等设备。

(2) 施工人员在喷涂作业时必须使用各种防护用具。

(3) 若皮肤上沾上油漆时，注意尽量不要用苯类溶剂擦洗。

(4) 除有机溶剂外，部分颜料也可引起急性或慢性中毒，在使用时必须使用正规合格的安全防护用品。

4. 答：涂装前表面处理的目的和作用有三个：

(1) 清除被涂物件表面的各种污垢，增加涂层与被涂物件的附着力。

(2) 修整被涂物件表面的缺陷，提供涂装需要的良好基体表面。

(3) 对被涂物件表面进行各种化学处理，提高涂层的附着力和耐腐蚀能力。

5. 答：腻子的基本特性有以下 5 点：

(1) 可配套溶剂调整黏度。

(2) 涂刮性好，易打磨。

(3) 干燥快、封闭性能强。

(4) 与低漆有良好的附着力，并能与上面涂层牢固结合。

(5) 吸油量小，能与油漆的色泽相近或一致。

6. 答：选用底漆时，底漆必须具备以下特性：

(1) 对经过预处理的表面具有良好的附着力，底漆漆膜应有良好的机械强度。

(2) 底漆本身必须是耐腐蚀的阻化剂，底漆层必须有良好的耐腐蚀性能、耐水性和抗化学试剂性。

(3) 底漆层与中间涂层或面漆层的配套性能良好。

(4) 所选用的底漆必须具备良好的施工性能。

7. 答：稀释剂是涂料配方中的一个重要组成部分，在制造、储存、施工方面多起着很重要的作用，归纳起来主要有以下几点：

(1) 溶解和稀释涂料中的成膜物质，降低涂料的黏度，以制成符合质量要求的涂装产品，并使其便于施工。

(2) 增加涂料的储存稳定性，防止成膜物质产生凝胶，在包装桶内充满溶剂蒸汽后，可减少涂料表面结皮的几率。

(3) 在涂料施工时，稀释剂可增加涂料对物体表面的润湿情况，使涂料易于渗透至物面空隙中去，使涂层又较好的附着力。

(4) 改善涂膜流平性，使涂膜厚薄均匀，避免刷痕和起皱现象，使涂层牢固并且平滑光亮。

8. 答：在木制家具上涂刷油漆是为了保护家具，可以防止木材因水分减少而伸缩变形产生裂缝，并可以防止木材霉烂、使其经久耐用，并达到美观的效果。

9. 答：刷漆前，先将墙面上的纸筋、泥灰等突出颗粒用刮刀铲去并除灰，然后涂一道清漆，等清漆干燥后用石灰膏填补缝隙，干燥后打磨涂底漆，等底漆干燥后打磨底漆，最后涂面漆。

10. 答：在金属家具涂装时要考虑对金属的保护，不能用金属漆以免发生电化学腐蚀，其次应考虑环保和油漆对人体的作用，金属家具涂装一般采用醇酸漆。

11. 答：常用的打磨方法有干打磨法和湿打磨法两种，干打磨法适用于硬而脆且装饰性要求不太高的表面，打磨后应当清除表面灰尘方可进行喷漆操作；湿打磨法一般用肥皂水做润滑剂，打磨后要用水冲洗，烘干后才能进行油漆喷涂。打磨时通常先用粗砂后用细砂，动作要均匀而平缓，对表面不宜用力施压。

12. 答：咬底是指后续涂层中的溶剂把底下涂层漆膜软化或溶解而咬起的现象，主要原因有两个：

(1) 底漆涂层在未完全干燥的情况下就进行后续涂层的喷涂。

(2) 两种相邻涂层不配套。

13. 答：漆膜出现针孔的原因可能有以下几点：油漆中含水分；漆膜过薄；调漆或涂刷时用力过大使涂料中含有气泡；表面处理不干净；油漆本身质量问题。

14. 答：油漆施工的方法有以下几种：①刷涂法；②浸涂法；③淋涂法；④辊涂法；⑤空气喷涂法；⑥高压无气喷涂法；⑦静电涂装法；⑧电泳涂装法；⑨粉末涂装法。

15. 答：溶剂是油漆配方种的一个重要组分，其在油漆中起溶解成膜物质和稀释的作用，在施工后溶剂能随着漆膜的干燥而均匀挥发，使被涂物件得到一个平整光滑的漆膜。

16. 答：凡是以水为主要溶剂或分散介质，使成膜物质溶解后均匀分散在水中的漆都是水性漆。水性漆的优点是以水为溶剂，可以大量节约有机溶剂，避免苯中毒，减少对环境的污染，施工安全，物件经除油除锈后不等水干即可施工。

17. 答：高压无气喷涂法是靠高压泵压送涂料，获得高压的涂料从小孔中喷出时，其速度非常高，但随着冲击空气和高压的急速下降，使体积骤然膨胀而分散雾化，高速地涂着在被涂物表面。

18. 答：涂膜产生发花的原因有以下几点：①涂料中的颜料分散不均匀或两种以上色漆混合时搅拌不均匀；②所用溶剂的溶解能力不足；③涂膜过厚，使得涂膜中的颜料产生悬浮漂移。

19. 答：涂料是一种有机高分子体混合物，涂覆于物体表面后能行成一层连续的涂膜，油漆是早期的涂料，主要是以植物和天然树脂为主要原料制成的，其作用与早期的生漆和桐油差不多，所以涂料一直被叫成"油漆"。

20. 答：挥发性油漆成膜主要是由于油漆中的溶剂受热挥发，使漆膜的黏度逐渐增加，由流动变成不流动而固化成膜，特点是漆中的主要成膜物质不起化学反应，其干燥速度取决于溶剂挥发的快慢。

21. 答：涂料检验样板制作注意事项如下：

(1) 测定或确认涂料黏度符合规定。

(2) 按工艺要求采用喷、浸、涂等方法，在清理合格的试板上涂布涂料。

(3) 按规定时间晾干。

(4) 按规定的干燥方式进行自干或烘干。

22. 答：电泳涂装的化学过程包括电泳、电沉积、电渗透和电解四个过程。

23. 答：铝合金化学氧化法易出现的缺陷及应对方法如下：

(1) 零件氧化后表面有亮点不生成氧化膜，主要原因是氧化前准备处理不彻底，零件表面有油污。加强氧化前处理即可。

(2) 零件夹具部位局部发黑，主要原因是零件与夹具之间没有绝缘好。在挂装零件时改善零件与夹具之间的绝缘即可。

(3) 工件表面没有氧化膜或者氧化膜很薄，主要是由于表面清理工作未做好或槽液中硼酸含量过高，解决办法是加强表面处理以及调整硼酸的含量。

(4) 膜层疏松，主要是氧化液中的氟化物含量过高、硼酸含量低或磷酸含量高造成的，解决的办法是调整铬酸的含量。

24. 答：两原色配成一个间色后的另一个原色称为补色。

25. 答：涂料黏度的变化可能有两种：

(1) 在浸涂过程中涂料中的固体分不断被工件带走会使得浸涂液的黏度不断降低。

(2) 由于涂料槽中液面较大，导致涂料中的溶剂挥发太快会导致黏度增大。

26. 答：使用刷涂方法刷涂油漆时，为了得到均匀、光亮、平滑的涂膜，不同施工面应当采用不同的刷涂手法，如：对垂直表面的施工，最后一遍刷涂方向应当是从上而下；水平表面的施工，最后一遍涂刷应当顺着光线照射的方向进行；木材表面的施工，最后一边涂刷应顺着木材的纹理进行。

27. 答：环氧树脂漆形成漆膜后，涂膜坚硬耐磨，机械性能高，柔韧性好，耐水抗热，并且具有良好的附着力，极强的绝缘性，抗潮性。所以，它是一类最好的防腐油漆。

28. 答：与无机物相比，有机化合物的特殊性质如下：

（1）绝大多数有机物受热易分解，且易燃烧，熔点、沸点都较低。

（2）大多数有机物难溶于水，易溶于酒精、汽油等有机溶剂。

（3）大多数有机物是非电解质，不易导电。

（4）有机物之间的反应比较缓慢，而且反应比较复杂，除了一个主要反应外，往往还伴随着许多副反应。

29．答：淋涂过程中的四个影响因素是：①涂料的黏度；②淋头的孔径；③传送带的速度；④涂料的压力。

30．答：环氧粉末涂料耐化学性能好，涂膜坚韧，与金属有良好的结合力，但不能过度烘烤，长期在户外使用易粉化和失去光泽。

31．答：涂层打磨性是指涂层表面经打磨后形成无光表面的性能，例如底涂层和腻子层，经过浮石、砂纸或其他研磨材料打磨后，能得到平滑无光泽的表面的性能。其另一个含义是使涂层能达到同一平滑度时的打磨难易程度。

32．答：工件经自动滚涂机涂上涂料，再经干造成膜，成品上涂膜的缺陷可以反映出滚涂过程中的故障：

（1）涂膜不均。涂料的均匀性、各辊子之间的平行情况以及各辊子表面的损伤缺陷均会影响涂膜的均匀性，涂装前仔细检查即可避免，在生产中出现问题时停机检查，调整各辊子间的距离。

（2）在工件中出现等距离的涂膜缺陷。多数是由于滚涂辊表面局部有异物或辊子表面有伤痕引起的，停机检查辊子，有异物立即清除，有缺陷的辊子应当立即更换。

（3）涂膜不光滑或涂膜过薄。涂料黏度太高会使涂膜流平困难，干燥后会出现不光滑的现象。传料辊与辊涂辊间的间隙过小会使涂膜过薄，所以调整好涂料的黏度及各辊子间的距离即可避免。

（4）同批产品色差明显。原因是由于涂料槽中的涂料搅拌不均匀引起的，涂料经充分搅拌均匀后可消除这类缺陷。

33．答：涂料产品取样主要分为五种类型：

A 型：单一均匀液相的流体，如清漆和稀释剂。

B 型：两个液相组成的液体，如乳液。

C 型：一个或两个液相与一个或多个固相一起组成的液体，如色漆和乳胶漆。

D 型：黏稠状，由一个或多个固相一起组成的液体，如腻子、厚浆涂料用油或清漆调制的颜料色浆及黏稠的树脂状物质。

E 型：粉末状，如粉末涂料。

34．答：配置混合溶剂应注意以下原则：

（1）配置成的混合溶剂对被稀释的涂料应有良好的溶解能力，与真溶剂相比的溶剂指数应接近或大于 1。

（2）在涂膜干燥过程中混合溶剂的挥发量应随涂膜的干燥均衡减少，溶剂挥发后涂膜应均一，应无白斑等缺陷。

（3）配置成的混合溶剂应均一、无色、透明，应无水分、机械混合物等杂质。

（4）要考虑经济效益，价格要低，使用便宜的冲淡剂来降低混合溶剂的成本。

35．答：铝是一种比较活泼的金属，纯铝在常温下的干燥空气中比较稳定，这是因为铝在空气中与氧发生作用，在铝表面生成一层薄而致密的氧化膜，其厚度为 $0.01 \sim 0.015 \, \mu m$，起到了保护作用。若在铝中加入 Mg、Cu、Zn 等元素制成铝合金后，虽然机械强度提高了，但耐蚀性能却下降了。这时可根据铝合金的使用环境要求，经过表面预处理（因为铝及其合金表面光滑，涂膜附着不牢，经过化学转化膜处理后，可以提高表面与涂层间的结合力），再涂装所需要的涂料即可予以保护。

36. 答：木制品的表面预处理方法常用的有以下几种：干燥、去毛刺、去松脂、去污物、漂白。其中，干燥包括自然干燥或在低温烘房、火炕中加热干燥；去毛刺包括砂磨法、火燎法；去松脂常用碱洗法和溶剂洗法；去污物可以采用砂磨法、溶剂清洗法、擦净法等；漂白常用氧化分解漂白、气体漂白、脱脂漂白、草酸漂白。

37. 答：由于大多数塑料的极性小、结晶度大、表面张力小、润湿性差、表面光滑，所以对涂膜的附着力小。表面处理的目的，就是通过一系列物理的或化学的方法，提高涂料对塑料表面的附着力，以减少塑料涂膜的各种缺陷。

38. 答：涂料的干燥方式有：自然干燥、加速干燥、烘烤干燥及照射固化四种方式。

39. 答：轿车涂层体系的基本涂装工艺过程为：手工预清理白车身→涂装前表面预处理→电泳涂漆→电泳涂膜烘干→涂焊缝密封胶→喷涂 PVC 车底涂料→PVC 烘干→贴隔热垫片→底漆打磨→中间涂装前擦净→喷涂中间涂层漆→中间涂层晾干→中间涂层烘干→中间涂层打磨→涂面漆前擦净→喷涂面漆→晾干→面漆烘干→检查修饰→合格车身注空腔蜡（不合格车身送返修线返修）。

技能考核试题与评分标准

【试题一】排障器钢板工件的涂装

1. 考核内容

(1) 按照工艺要求进行排障器钢板工件的前处理

考核要求：

1) 无油污，无锈迹，去焊渣、焊瘤，去灰尘、水分，屏蔽彻底等。

2) 满分 20 分，考试时间 20 min。

3) 正确使用工具和器具。

4) 遵守配件涂装前处理的有关规程。

(2) 按照工艺规程进行排障器钢板工件的喷涂底漆

考核要求：

1) 调漆正确。

2) 施工方法合理，涂层无缺陷，漆膜厚度为 60～80 μm。

3) 工具清洗及时。

4) 满分 20 分，考试时间 25 min。

5) 正确使用工具和器具。

6) 遵守配件涂装的有关规程。

(3) 按照工艺规程进行排障器钢板工件的腻子找补

考核要求：

1) 腻子调配、使用正确，按要求进行打磨施工。

2) 施工方法合理，腻子层无缺陷。

3) 满分 20 分，考试时间 20 min。

4) 正确使用工具和器具。

5) 遵守配件涂装的有关规程。

(4) 按照工艺规程进行排障器钢板工件的喷涂面漆

考核要求：

1) 调漆正确。

2) 施工方法合理，涂层无缺陷，漆膜总厚度为 140～180 μm。

3) 工具清洗及时。

4) 满分 30 分，考试时间 30 min。

5) 正确使用工具和器具。

6) 遵守配件涂装的有关规程。

2. 技能考核评分标准

(1) 按照工艺要求进行排障器钢板工件的前处理

评分标准：

序号	主要内容	具体考核要求	评分标准	配分	扣分	得分
1	除油	无油污，去灰尘、水分等	每处缺陷扣 2～4 分，扣完为止	8		
2	除锈	去焊渣、焊瘤，无锈迹、氧化皮、砂粒等	每处缺陷扣 2～4 分，扣完为止	8		
3	清理屏蔽	清理干净，屏蔽彻底等	每处缺陷扣 1～2 分，扣完为止	4		
备注			合计	20		
			考评员签字		年　月　日	

选择考核项目时应考虑的其他因素：

1）本项目满分 20 分。

2）本项目考核时间限定在 20 min。

3）正确使用工具和器具。

4）遵守配件涂装前处理的有关规程。

评分人：　　　年　月　日　　　　核分人：　　　年　月　日

（2）按照工艺规程进行排障器钢板工件的喷涂底漆

评分标准：

序号	主要内容	具体考核要求	评分标准	配分	扣分	得分
1	涂料调配	按工艺要求调配涂料	涂料调配方法不正确，扣 2～4 分	4		
2	设备工具使用	正确使用设备和工具	设备、工具使用不当，操作方法不正确，扣 2～6 分	6		
3	底漆喷涂	1. 施工方法合理 2. 涂层无漏喷、流挂等缺陷 3. 漆膜厚度为 60～80 μm	1. 施工方法不合理，扣 3～5 分 2. 每处缺陷扣 3～5 分，扣完为止 3. 漆膜厚度未达标，扣 5～10 分	10		
备注			合计	20		
			考评员签字		年　月　日	

选择考核项目时应考虑的其他因素：

1）本项目满分 20 分。

2）本项目考核时间限定在 25 min。

3）正确使用工具和器具。

4）遵守配件涂装的有关规程。

评分人：　　　年　月　日　　　　核分人：　　　年　月　日

（3）按照工艺规程进行排障器钢板工件的腻子找补

评分标准：

序号	主要内容	具体考核要求	评分标准	配分	扣分	得分
1	腻子调配	按工艺要求调配腻子	腻子调配方法不正确，扣2～4分	4		
2	设备工具使用	正确使用设备和工具	设备、工具使用不当，操作方法不正确，扣2～6分	6		
3	腻子涂刮和打磨	1. 施工方法合理 2. 涂刮腻子层良好	1. 施工方法不合理，扣3～5分 2. 腻子找补和打磨不到位或存在缺陷，每处缺陷扣3～5分，扣完为止	10		
备注			合计	20		
			考评员 签字		年　　月　　日	

选择考核项目时应考虑的其他因素：

1）本项目满分20分。

2）本项目考核时间限定在20 min。

3）正确使用工具和器具。

4）遵守配件涂装的有关规程。

评分人：　　　　年　　月　　日　　　　核分人：　　　　年　　月　　日

（4）按照工艺规程进行排障器钢板工件的喷涂面漆

评分标准：

序号	主要内容	具体考核要求	评分标准	配分	扣分	得分
1	涂料调配	按工艺要求调配涂料	涂料调配方法不正确，扣2～4分	4		
2	设备工具使用	正确使用设备和工具	设备、工具使用不当，操作方法不正确，扣2～6分	6		
3	面漆喷涂	1. 施工方法合理 2. 涂层丰满平整，无漏喷、流挂等缺陷 3. 漆膜总厚度为140～180 μm	1. 施工方法不合理，扣5～10分 2. 每处缺陷扣5～8分，扣完为止 3. 漆膜厚度未达标，扣5～10分	20		
备注			合计	30		
			考评员 签字		年　　月　　日	

选择考核项目时应考虑的其他因素：

1）本项目满分30分。

2）本项目考核时间限定在 30 min。

3）正确使用工具和器具。

4）遵守配件涂装的有关规程。

评分人：　　　年　月　日　　　核分人：　　　年　月　日

（5）在各项技能考核中，要遵守安全文明生产的有关规定

评分标准：

主要内容	具体考核要求	评分标准	配分	扣分	得分
安全文明生产	1. 劳动保护用品穿戴整齐 2. 涂装工具佩带齐全 3. 遵守操作规程 4. 尊重考评员，讲文明礼貌 5. 考试结束要清理现场	1. 各项考试中，违反安全文明生产考核要求的任何一项扣 2 分，扣完为止 2. 考生在不同的技能试题考核中，违反安全文明生产考核要求同一项内容的，要累计扣分 3. 当考评员发现考生有重大事故隐患时，要立即予以制止，并每次扣考生安全文明生产总分 5 分	10		
备注		合计	10		
		考评员签字		年　月　日	

否定项：要求遵守考场纪律，不能出现重大事故。出现严重违反考场纪律或发生重大事故，本次技能考核视为不合格。

选择考核项目时应考虑的其他因素：

1）本项目满分 10 分。

2）本内容为中级涂装工的必考内容之一，考核时应现场评分。

3）本项目为第一类否定项。

评分人：　　　年　月　日　　　核分人：　　　年　月　日

3．工具、材料和设备的准备

准备仅针对 1 名考生而言，鉴定所（站）应根据考生人数确定具体数量。

（1）按照工艺要求进行排障器钢板工件的前处理

序号	名称	型号与规格	单位	数量	备注
1	砂纸	1♯、80♯、120♯	张	若干	
2	铲刀	自定	把	1	自带
3	刮刀	自定	把	1	自带
4	签字笔	自定	支	1	自带
5	劳保用品	工作鞋、工作服等	套	1	自带

（2）按照工艺规程进行排障器钢板工件的喷涂底漆

序号	名称	型号与规格	单位	数量	备注
1	底漆	云母环氧型 RAL3012	kg	1	
2	底漆固化剂		kg	0.2	
3	底漆稀释剂		kg	1	
4	空气喷枪	PQ—2	把	1	自带
5	漆刷	自定	把	1	自带
6	劳保用品	工作鞋、工作服等	套	1	自带

（3）按照工艺规程进行排障器钢板工件的腻子找补

序号	名称	型号与规格	单位	数量	备注
1	腻子	环氧合成树脂	kg	0.5	
2	原子灰		kg	0.5	
3	砂纸	80＃、120＃、180＃、240＃	张	若干	
4	铲刀	自定	把	1	自带
5	刮刀	自定	把	1	自带
6	劳保用品	工作鞋、工作服等	套	1	自带

（4）按照工艺规程进行排障器钢板工件的喷涂面漆

序号	名称	型号与规格	单位	数量	备注
1	面漆	丙烯酸改性聚氨酯型 RAL7022	kg	1	
2	面漆固化剂		kg	0.4	
3	面漆稀释剂		kg	1	
4	空气喷枪	PQ—2	把	1	自带
5	漆刷	自定	把	1	自带
6	劳保用品	工作鞋、工作服等	套	1	自带

4. 注意事项

（1）具体考核要求：

1）考试中工件应竖直放置。

2）请按照所提供的考试工件和考场所准备的设备、设施、各种材料和工具以及现场环境，按照 1C1B 油漆（颜色临考制定）的喷漆工艺，对需要涂装的工件表面进行处理和喷涂。喷漆结束后，请把工件送入烘烤炉，并达到干燥温度（考试地点的工艺材料要求）之后即可。喷漆考试结束，应达到操作过程中的正确性、涂膜外观质量和涂膜特性质量的优良性。

(2) 否定项说明：若考生发生下列情况之一，则应及时终止其考试，考生该试题成绩计为零分。

1）喷错颜色。

2）携带含油类物质进行操作。

3）严重违反安全操作规程进行操作。

4）严重磕碰工具、工件的行为。

【试题二】导风板工件的涂装

1. 考核内容

(1) 按照工艺要求进行导风板工件的前处理

考核要求：

1）无油污，无锈迹，去焊渣、焊瘤，去灰尘、水分，屏蔽彻底等。

2）满分 20 分，考试时间 20 min。

3）正确使用工具和器具。

4）遵守配件涂装前处理的有关规程。

(2) 按照工艺规程进行导风板工件的底漆喷涂

考核要求：

1）调漆正确。

2）施工方法合理，涂层无缺陷，漆膜厚度为 $40\sim60\ \mu m$。

3）工具清洗及时。

4）满分 20 分，考试时间 25 min。

5）正确使用工具和器具。

6）遵守配件涂装的有关规程。

(3) 按照工艺规程进行导风板工件的腻子找补

考核要求：

1）腻子调配、使用正确，按要求进行打磨施工。

2）施工方法合理，腻子层无缺陷。

3）满分 20 分，考试时间 20 min。

4）正确使用工具和器具。

5）遵守配件涂装的有关规程。

(4) 按照工艺规程进行导风板工件的面漆喷涂

考核要求：

1）调漆正确。

2）施工方法合理，涂层无缺陷，漆膜总厚度为 $80\sim100\ \mu m$。

3）工具清洗及时。

4）满分 30 分，考试时间 25 min。

5）正确使用工具和器具。

6）遵守配件涂装的有关规程。

2. 技能考核评分标准

(1) 按照工艺要求进行导风板工件的前处理

评分标准：

序号	主要内容	具体考核要求	评分标准	配分	扣分	得分
1	除油	无油污，去灰尘、水分等	每处缺陷扣2~4分，扣完为止	8		
2	除锈	去焊渣、焊瘤，无锈迹、氧化皮、砂粒等	每处缺陷扣2~4分，扣完为止	8		
3	清理屏蔽	清理干净，屏蔽彻底等	每处缺陷扣1~2分，扣完为止	4		
备注			合计	20		
			考评员 签字		年 月 日	

选择考核项目时应考虑的其他因素：

1）本项目满分20分。

2）本项目考核时间限定在 20 min。

3）正确使用工具和器具。

4）遵守配件涂装前处理的有关规程。

评分人：　　　年　月　日　　　　核分人：　　　年　月　日

（2）按照工艺规程进行导风板工件的底漆喷涂

评分标准：

序号	主要内容	具体考核要求	评分标准	配分	扣分	得分
1	涂料调配	按工艺要求调配涂料	涂料调配方法不正确，扣2~4分	4		
2	设备工具使用	正确使用设备和工具	设备、工具使用不当，操作方法不正确，扣2~6分	6		
3	底漆喷涂	1. 施工方法合理 2. 涂层无漏喷、流挂等缺陷 3. 漆膜厚度为40~60 μm	1. 施工方法不合理，扣3~5分 2. 每处缺陷扣3~5分，扣完为止 3. 漆膜厚度未达标，扣5~10分	10		
备注			合计	20		
			考评员 签字		年 月 日	

选择考核项目时应考虑的其他因素：

1）本项目满分20分。

2）本项目考核时间限定在 25 min。

3）正确使用工具和器具。

4）遵守配件涂装的有关规程。

评分人：　　　年　月　日　　　　核分人：　　　年　月　日

（3）按照工艺规程进行导风板工件的腻子找补

评分标准：

序号	主要内容	具体考核要求	评分标准	配分	扣分	得分
1	腻子调配	按工艺要求调配腻子	腻子调配方法不正确，扣2~4分	4		
2	设备工具使用	正确使用设备和工具	设备、工具使用不当，操作方法不正确，扣2~6分	6		
3	腻子涂刮和打磨	1. 施工方法合理 2. 涂刮腻子层良好	1. 施工方法不合理，扣3~5分 2. 腻子找补和打磨不到位或存在缺陷，每处缺陷扣3~5分，扣完为止	10		
			合计	20		
备注			考评员 签字		年　月　日	

选择考核项目时应考虑的其他因素：

1）本项目满分20分。

2）本项目考核时间限定在20 min。

3）正确使用工具和器具。

4）遵守配件涂装的有关规程。

评分人：　　　年　月　日　　　核分人：　　　年　月　日

（4）按照工艺规程进行导风板工件的面漆喷涂

评分标准：

序号	主要内容	具体考核要求	评分标准	配分	扣分	得分
1	涂料调配	按工艺要求调配涂料	涂料调配方法不正确，扣2~4分	4		
2	设备工具使用	正确使用设备和工具	设备、工具使用不当，操作方法不正确，扣2~6分	6		
3	面漆喷涂	1. 施工方法合理 2. 涂层丰满平整，无漏喷、流挂等缺陷 3. 漆膜总厚度为 80~100 μm	1. 施工方法不合理，扣5~10分 2. 每处缺陷扣5~8分，扣完为止 3. 漆膜厚度未达标，扣5~10分	20		
			合计	30		
备注			考评员 签字		年　月　日	

选择考核项目时应考虑的其他因素：

1）本项目满分30分。

2）本项目考核时间限定在 25 min。

3）正确使用工具和器具。

4）遵守配件涂装的有关规程。

评分人： 年 月 日 核分人： 年 月 日

（5）在各项技能考核中，要遵守安全文明生产的有关规定

评分标准：

主要内容	具体考核要求	评分标准	配分	扣分	得分
安全文明生产	1. 劳动保护用品穿戴整齐 2. 涂装工具佩带齐全 3. 遵守操作规程 4. 尊重考评员，讲文明礼貌 5. 考试结束要清理现场	1. 各项考试中，违反安全文明生产考核要求的任何一项扣 2 分，扣完为止 2. 考生在不同的技能试题考核中，违反安全文明生产考核要求同一项内容的，要累计扣分 3. 当考评员发现考生有重大事故隐患时，要立即予以制止，并每次扣考生安全文明生产总分 5 分	10		
备注		合计	10		
		考评员 签字		年 月 日	

否定项：要求遵守考场纪律，不能出现重大事故。出现严重违反考场纪律或发生重大事故，本次技能考核视为不合格。

选择考核项目时应考虑的其他因素：

1）本项目满分 10 分。

2）本内容为中级涂装工的必考内容之一，考核时应现场评分。

3）本项目为第一类否定项。

评分人： 年 月 日 核分人： 年 月 日

3. 工具、材料和设备的准备

准备仅针对 1 名考生而言，鉴定所（站）应根据考生人数确定具体数量。

（1）按照工艺要求进行导风板工件的前处理

序号	名称	型号与规格	单位	数量	备注
1	砂纸	1＃、80＃、120＃	张	若干	
2	铲刀	自定	把	1	自带
3	刮刀	自定	把	1	自带
4	签字笔	自定	支	1	自带
5	劳保用品	工作鞋、工作服等	套	1	自带

（2）按照工艺规程进行导风板工件的底漆喷涂

序号	名称	型号与规格	单位	数量	备注
1	底漆	云母环氧型 RAL3012	kg	1	
2	底漆固化剂		kg	0.2	
3	底漆稀释剂		kg	1	
4	空气喷枪	PQ－2	把	1	自带
5	漆刷	自定	把	1	自带
6	劳保用品	工作鞋、工作服等	套	1	自带

（3）按照工艺规程进行导风板工件的腻子找补

序号	名称	型号与规格	单位	数量	备注
1	腻子	环氧合成树脂	kg	0.5	
2	原子灰		kg	0.5	
3	砂纸	80＃、120＃、180＃、240＃	张	若干	
4	铲刀	自定	把	1	自带
5	刮刀	自定	把	1	自带
6	劳保用品	工作鞋、工作服等	套	1	自带

（4）按照工艺规程进行导风板工件的面漆喷涂

序号	名称	型号与规格	单位	数量	备注
1	面漆	丙烯酸改性聚氨酯型 RAL7022	kg	1	
2	面漆固化剂		kg	0.4	
3	面漆稀释剂		kg	1	
4	空气喷枪	PQ－2	把	1	自带
5	漆刷	自定	把	1	自带
6	劳保用品	工作鞋、工作服等	套	1	自带

4. 注意事项

（1）具体考核要求：

1）考试中工件应竖直放置。

2）请按照所提供的考试工件和考场所准备的设备、设施、各种材料和工具以及现场环境，按照 1C1B 油漆（颜色临考制定）的喷漆工艺，对需要涂装的工件表面进行处理和喷涂。喷漆结束后，请把工件送入烘烤炉，并达到干燥温度（考试地点的工艺材料要求）之后即可。喷漆考试结束，应达到操作过程中的正确性、涂膜外观质量和涂膜特性质量的优良性。

（2）否定项说明：若考生发生下列情况之一，则应及时终止其考试，考生该试题成绩计为零分。

1）喷错颜色。

2）携带含油类物质进行操作。

3）严重违反安全操作规程进行操作。

4）严重磕碰工具、工件的行为。

【试题三】受电弓导杆工件的涂装

1. 考核内容

（1）按照工艺要求进行受电弓导杆工件的前处理

考核要求：

1）无油污，无锈迹，去焊渣、焊瘤，去灰尘、水分，屏蔽彻底等。

2）满分 20 分，考试时间 30 min。

3）正确使用工具和器具。

4）遵守配件涂装前处理的有关规程。

（2）按照工艺规程进行受电弓导杆工件的底漆喷涂

考核要求：

1）调漆正确。

2）施工方法合理，涂层无缺陷，漆膜厚度为 30～60 μm。

3）工具清洗及时。

4）满分 20 分，考试时间 30 min。

5）正确使用工具和器具。

6）遵守配件涂装的有关规程。

（3）按照工艺规程进行受电弓导杆工件的腻子找补

考核要求：

1）腻子调配、使用正确，按要求进行打磨施工。

2）施工方法合理，腻子层无缺陷。

3）满分 20 分，考试时间 60 min。

4）正确使用工具和器具。

5）遵守配件涂装的有关规程。

（4）按照工艺规程进行受电弓导杆工件的面漆喷涂

考核要求：

1）调漆正确。

2）施工方法合理，涂层无缺陷，漆膜总厚度为 60～120 μm。

3）工具清洗及时。

4）满分 30 分，考试时间 60 min。

5）正确使用工具和器具。

6）遵守配件涂装的有关规程。

2. 技能考核评分标准

（1）按照工艺要求进行受电弓导杆工件的前处理

评分标准：

序号	主要内容	主要考核要求	评分标准	配分	扣分	得分
1	准备工作	工作前将所需工具和材料准备好，运至现场	工作前没有将所需工具和材料准备好，运至现场，扣1分	1		
2	除油	1. 用擦拭布或漆刷沾稀释剂或用喷枪和稀释剂除油 2. 除油时，应按一定的顺序进行	1. 没有除油，扣2分 2. 除油方法不正确，扣1分 3. 除油顺序凌乱，扣1分	4		
3	除锈	1. 用砂布打磨除锈 2. 除锈时，应按一定的顺序进行 3. 应等稀释剂自然干燥或用高压风吹干后才进行除锈	1. 没有除锈，扣1分 2. 除锈方法不正确，扣1分 3. 除锈顺序凌乱，扣1分 4. 稀释剂没有干燥就除锈，扣1分	4		
4	去灰	1. 用高压风吹灰 2. 用擦拭布去灰 3. 去灰时，应按一定的顺序进行	1. 没有用高压风去灰，扣1分 2. 没有用擦拭布去灰，扣1分 3. 去灰方法不正确，扣1分	3		
5	前处理质量	表面无油污，无锈迹，无焊渣，无灰尘、水分等问题	检查前处理质量，若有油污、锈迹、焊渣、灰尘、水分等问题，每处扣2分，扣完为止	8		
			合计	20		
备注			考评员签字		年　月　日	

选择考核项目时应考虑的其他因素：

1）本项目满分 20 分。

2）本项目考核时间限定在 30 min。

评分人：　　　　年　月　日　　　　核分人：　　　　年　月　日

（2）按工艺规程进行受电弓导杆工件的底漆喷涂

评分标准：

序号	主要内容	主要考核要求	评分标准	配分	扣分	得分
1	调底漆	1. 检查涂料型号、名称、出厂日期及稀释剂的配套性 2. 计算工件面积，估算用料量基本准确 3. 正确使用涂—4杯，正确使用秒表	1. 没有检查涂料型号、名称、出厂日期及稀释剂的配套性，扣1分 2. 没有计算工件面积或计算错误，扣0.5分；估算用料量少于或多过30%，扣0.5分 3. 不会使用涂—4杯，或使用方法不正确，扣1分	5		

序号	主要内容	主要考核要求	评分标准	配分	扣分	得分
1	调底漆	4. 油漆搅拌均匀 5. 调配的黏度符合工艺要求 6. 过滤油漆	4. 没有搅拌油漆或搅拌不均匀，扣1分 5. 油漆黏度不符合工艺要求，扣0.5分 6. 没有过滤油漆，扣0.5分			
2	用PQ—2喷枪喷漆	1. 死角部位预喷或预刷 2. 调试PQ—2型喷枪 3. 正确使用PQ—2型喷枪 4. 按一定顺序喷涂	1. 没有预喷或预刷死角部位，扣1分 2. 没有调试喷枪，扣1分 3. 喷枪使用方法不正确，扣2分 4. 喷涂顺序凌乱，扣1分	5		
3	干燥	自干或烘干，干燥（温度）时间符合工艺要求，可适于腻子找补	干燥程度不符合工艺要求，扣1分	1		
4	喷涂质量	涂层均匀、丰满，无缺陷，附着力优于1级，涂膜厚度为30～60 μm	1. 涂膜不均匀，丰满度不好，出现流挂、粗糙、起皱、漏涂、针孔等质量问题，每一处扣2分，扣完6分为止 2. 涂层附着力差于1级，扣1分 3. 涂层厚度不达标，扣2分	9		
			合计	20		
备注			考评员签字		年　月　日	

选择考核项目时应考虑的其他因素：

1）本项目满分20分。

2）本项目考核时间限定在30 min。

评分人：　　　年　月　日　　　核分人：　　　年　月　日

（3）按工艺规程进行受电弓导杆工件的腻子找补。

评分标准：

序号	主要内容	主要考核要求	评分标准	配分	扣分	得分
1	打磨底漆	1. 用320#水砂纸打磨底漆 2. 打磨时按一定的顺序，方法、姿势正确 3. 不打磨露底 4. 需全面均匀打磨 5. 灰尘（水迹）清理干净	1. 没有打磨底漆，扣1分 2. 砂纸选用错误，扣0.5分 3. 打磨顺序凌乱，方法、姿势不正确，扣0.5分 4. 打磨露底，扣0.5分 5. 局部打磨，扣0.5分 6. 没有清理灰尘（水迹）或清理不干净，扣1分	4		

序号	主要内容	主要考核要求	评分标准	配分	扣分	得分
2	调聚酯腻子	1. 检查腻子型号、名称、出厂日期及固化剂的配套性 2. 比例正确 3. 估算用料量基本准确 4. 腻子搅拌均匀	1. 没有检查腻子型号、名称、出厂日期及固化剂的配套性，扣0.5分 2. 比例不正确，扣1分 3. 估算用料量少于或多过30%，扣0.5分 4. 没有搅拌腻子或搅拌不均匀，扣1分	3		
3	找补腻子	1. 正确使用工具，找补方法、姿势正确 2. 找补按一定的顺序 3. 基底缺陷全部找补 4. 基本没有腻子掉落地上	1. 使用工具不正确，找补方法、姿势不正确，扣1分 2. 找补顺序凌乱，扣1分 3. 漏找补，扣0.5分 4. 找补时不节约材料，腻子掉落地面较多，扣0.5分	3		
4	干燥	自干或烘干，干燥（温度）时间符合工艺要求，可适于面漆喷涂	干燥程度不符合工艺要求，扣1分	1		
5	找补质量	腻子平整、光滑、丰满，符合质量要求	腻子刮涂不平整，有漏刮、刀痕、堆积、针孔、开裂等不良现象，每处扣2分，扣完为止	9		
			合计	20		
备注			考评员 签字		年 月 日	

选择考核项目时应考虑的其他因素：

1）本项目满分20分。

2）本项目考核时间限定在60 min。

评分人：　　　年　　月　　日　　　　核分人：　　　年　　月　　日

（4）按工艺规程进行受电弓导杆工件的面漆喷涂。

评分标准：

序号	主要内容	主要考核要求	评分标准	配分	扣分	得分
1	打磨腻子	1. 先用320#水砂纸打磨找补腻子的部位，再用400#水砂纸打磨整个工件表面 2. 打磨时按一定的顺序，方法、姿势正确 3. 不打磨露底	1. 没有打磨腻子，扣1分 2. 没有打磨整个工件表面，扣1分 3. 砂纸选用错误，扣0.5分 4. 打磨顺序凌乱，方法、姿势不正确，扣0.5分	5		

序号	主要内容	主要考核要求	评分标准	配分	扣分	得分
1	打磨腻子	4. 需全面均匀打磨 5. 灰尘（水迹）清理干净	5. 打磨露底，扣0.5分 6. 局部打磨，扣0.5分 7. 没有清理灰尘（水迹）或清理不干净，扣1分			
2	调面漆	1. 检查涂料型号、名称、出厂日期及稀释剂的配套性 2. 估算用料量基本准确 3. 正确使用涂－4杯，正确使用秒表 4. 油漆搅拌均匀 5. 调配的黏度符合工艺要求 6. 过滤油漆	1. 没有检查涂料型号、名称、出厂日期及稀释剂的配套性，扣1分 2. 估算用料量少于或多过30%，扣1分 3. 不会使用涂－4杯，或使用方法不正确，扣1分 4. 没有搅拌油漆或搅拌不均匀，扣1分 5. 油漆黏度不符合工艺要求，扣1分 6. 没有过滤油漆，扣1分	6		
3	用PQ－2喷枪喷漆	1. 死角部位预喷或预刷 2. 调试PQ－2型喷枪 3. 正确使用PQ－2型喷枪 4. 按一定顺序喷涂	1. 没有预喷或预刷死角部位，扣1分 2. 没有调试喷枪，扣1分 3. 喷枪使用方法不正确，扣2分 4. 喷涂顺序凌乱，扣1分	5		
4	干燥	自干或烘干，干燥（温度）时间符合工艺要求	干燥程度不符合工艺要求，扣1分	1		
5	喷涂质量	涂层均匀、丰满，无缺陷，涂膜厚度为30～60 μm	1. 涂膜不均匀，丰满度不好，出现流挂、粗糙、起皱、针孔、漏涂等质量问题，每处扣2分，扣完10分为止 2. 涂层厚度不达标，扣3分	13		
			合计	30		
备注			考评员签字		年　月　日	

选择考核项目时应考虑的其他因素：

1）本项目满分30分。

2）本项目考核时间限定在60 min。

评分人：　　　　年　月　日　　　　核分人：　　　　年　月　日

（5）在各项技能考核中，要遵守安全文明生产的有关规定

评分标准：

主要内容	考核要求	评分标准	配分	扣分	得分
安全文明生产	1. 劳动保护用品穿戴整齐 2. 涂装工具佩带齐全 3. 遵守操作规程 4. 尊重考评员，讲文明礼貌 5. 考试结束要清理现场	1. 各项考试中，违反安全文明生产考核要求的任何一项扣2分，扣完为止 2. 考生在不同的技能试题考核中，违反安全文明生产考核要求同一项内容的，要累计扣分 3. 当考评员发现考生有重大事故隐患时，要立即予以制止，并每次扣考生安全文明生产总分5分	10		
备注		合计	10		
		考评员 签字		年　月　日	

否定项：要求遵守考场纪律，不能出现重大事故。出现严重违反考场纪律或发生重大事故，本次技能考核视为不合格。

选择考核项目时应考虑的其他因素：

1）本项目满分10分。

2）本内容为中级涂装工的必考内容之一，考核时应现场评分。

3）本项目为第一类否定项。

评分人：　　　年　月　日　　　　　　核分人：　　　年　月　日

3. 工具、材料和设备的准备

准备仅针对1名考生而言，鉴定所（站）应根据考生人数确定具体数量。

（1）按照工艺要求进行受电弓导杆工件的前处理

序号	名称	型号与规格	单位	数量	备注
1	砂纸	1#、80#、120#	张	若干	
2	铲刀	自定	把	1	自带
3	刮刀	自定	把	1	自带
4	签字笔	自定	支	1	自带
5	劳保用品	工作鞋、工作服等	套	1	自带

（2）按照工艺规程进行受电弓导杆工件的底漆喷涂

序号	名称	型号与规格	单位	数量	备注
1	底漆	云母环氧型 RAL3012	kg	2	
2	底漆固化剂		kg	0.4	
3	底漆稀释剂		kg	2	

序号	名称	型号与规格	单位	数量	备注
4	空气喷枪	PQ—2	把	1	自带
5	漆刷	自定	把	1	自带
6	劳保用品	工作鞋、工作服等	套	1	自带

（3）按照工艺规程进行受电弓导杆工件的腻子找补

序号	名称	型号与规格	单位	数量	备注
1	腻子	环氧合成树脂	kg	1	
2	原子灰		kg	0.5	
3	砂纸	80#、120#、180#、240#	张	若干	
4	铲刀	自定	把	1	自带
5	刮刀	自定	把	1	自带
6	劳保用品	工作鞋、工作服等	套	1	自带

（4）按照工艺规程进行受电弓导杆工件的面漆喷涂

序号	名称	型号与规格	单位	数量	备注
1	面漆	丙烯酸改性聚氨酯型 RAL9001	kg	2	
2	面漆固化剂		kg	0.8	
3	面漆稀释剂		kg	2	
4	空气喷枪	PQ—2	把	1	自带
5	漆刷	自定	把	1	自带
6	劳保用品	工作鞋、工作服等	套	1	自带

4. 注意事项

（1）具体考核要求：

1）考试中工件应竖直放置。

2）请按照所提供的考试工件和考场所准备的设备、设施、各种材料和工具以及现场环境，按照 1C1B 油漆（颜色临考制定）的喷漆工艺，对需要涂装的工件表面进行处理和喷涂。喷漆结束后，请把工件送入烘烤炉，并达到干燥温度（考试地点的工艺材料要求）之后即可。喷漆考试结束，应达到操作过程中的正确性、涂膜外观质量和涂膜特性质量的优良性。

（2）否定项说明：若考生发生下列情况之一，则应及时终止其考试，考生该试题成绩计为零分。

1）喷错颜色。

2）携带含油类物质进行操作。

3）严重违反安全操作规程进行操作。

4）严重磕碰工具、工件的行为。

【试题四】侧墙过滤器工件的涂装

1. 考核内容

(1) 按照工艺要求进行侧墙过滤器工件的前处理

考核要求：

1）无油污，无锈迹，去焊渣、焊瘤，去灰尘、水分，屏蔽彻底等。

2）满分20分，考试时间60 min。

3）正确使用工具和器具。

4）遵守配件涂装前处理的有关规程。

(2) 按照工艺规程进行侧墙过滤器工件的底漆喷涂

考核要求：

1）调漆正确。

2）施工方法合理，涂层无缺陷，漆膜厚度为 $90 \sim 140 \ \mu m$。

3）工具清洗及时。

4）满分20分，考试时间30 min。

5）正确使用工具和器具。

6）遵守配件涂装的有关规程。

(3) 按照工艺规程进行侧墙过滤器工件的腻子找补

考核要求：

1）腻子调配、使用正确，按要求进行打磨施工。

2）施工方法合理，腻子层无缺陷。

3）满分20分，考试时间60 min。

4）正确使用工具和器具。

5）遵守配件涂装的有关规程。

(4) 按照工艺规程进行侧墙过滤器工件的面漆喷涂

考核要求：

1）调漆正确。

2）施工方法合理，涂层无缺陷，漆膜厚度为 $60 \sim 100 \ \mu m$。

3）工具清洗及时。

4）满分30分，考试时间60 min。

5）正确使用工具和器具。

6）遵守配件涂装的有关规程。

2. 技能考核评分标准

(1) 按工艺要求进行侧墙过滤器工件的前处理

评分标准：

序号	主要内容	具体考核要求	评分标准	配分	扣分	得分
1	准备工作	工作前将所需工具和材料准备好，运至现场	工作前没有将所需工具和材料准备好，运至现场，扣1分	1		

序号	主要内容	具体考核要求	评分标准	配分	扣分	得分
2	除油	1. 用擦拭布或漆刷沾稀释剂或用喷枪和稀释剂除油 2. 除油时,应按一定的顺序进行	1. 没有除油,扣2分 2. 除油方法不正确,扣1分 3. 除油顺序凌乱,扣1分	4		
3	除锈	1. 用砂布打磨除锈 2. 除锈时,应按一定的顺序进行 3. 应等稀释剂自然干燥或用高压风吹干后才进行除锈	1. 没有除锈,扣1分 2. 除锈方法不正确,扣1分 3. 除锈顺序凌乱,扣1分 4. 稀释剂没有干燥就除锈,扣1分	4		
4	去灰	1. 用高压风吹灰 2. 用擦拭布去灰尘 3. 去灰时,应按一定的顺序进行	1. 没有用高压风去灰,扣1分 2. 没有用擦拭布去灰,扣1分 3. 去灰方法不正确,扣1分	3		
5	前处理质量	表面无油污,无锈迹,无焊渣,无灰尘、水分等问题	检查前处理质量,若有油污、锈迹、焊渣、灰尘、水分等问题,每处扣2分,扣完为止	8		
			合计	20		
备注			考评员 签字		年　月　日	

选择考核项目时应考虑的其他因素:

1)本项目满分20分。

2)本项目考核时间限定在60 min。

评分人: 　　年　月　日　　　核分人: 　　年　月　日

(2)按工艺规程进行侧墙过滤器工件的底漆喷涂

评分标准:

序号	主要内容	主要考核要求	评分标准	配分	扣分	得分
1	调底漆	1. 检查涂料型号、名称、出厂日期及固化剂、稀释剂的配套性 2. 计算工件面积,估算用料量基本准确 3. 正确使用涂一4杯,正确使用秒表 4. 油漆搅拌均匀 5. 调配的黏度符合工艺要求 6. 过滤油漆	1. 没有检查涂料型号、名称、出厂日期及固化剂、稀释剂的配套性,扣1分 2. 没有计算工件面积或计算错误,扣0.5分。估算用料量少于或多过30%,扣0.5分 3. 不会使用涂一4杯,或使用方法不正确,扣1分 4. 没有搅拌油漆或搅拌不均匀,扣1分 5. 油漆黏度不符合工艺要求,扣0.5分 6. 没有过滤油漆,扣0.5分	5		

序号	主要内容	主要考核要求	评分标准	配分	扣分	得分
2	用PQ－2喷枪喷漆	1. 死角部位预喷或预刷 2. 调试PQ－2型喷枪 3. 正确使用PQ－2型喷枪 4. 按一定顺序喷涂	1. 没有预喷或预刷死角部位，扣1分 2. 没有调试喷枪，扣1分 3. 喷枪使用方法不正确，扣2分 4. 喷涂顺序凌乱，扣1分	5		
3	干燥	自干或烘干，干燥（温度）时间符合工艺要求，可适于腻子找补	干燥程度不符合工艺要求，扣1分	1		
4	喷涂质量	涂层均匀、丰满，无缺陷，附着力优于1级，涂膜厚度为90～140 μm	1. 涂膜不均匀，丰满度不好，出现流挂、粗糙、起皱、漏涂、针孔等质量问题，每一处扣2分，扣完6分为止 2. 涂层附着力差于1级，扣1分 3. 涂层厚度不达标，扣2分	9		
			合计	20		
备注			考评员签字		年　月　日	

选择考核项目时应考虑的其他因素：

1）本项目满分20分。

2）本项目考核时间限定在30 min。

评分人：　　　年　月　日　　　　　核分人：　　　年　月　日

（3）按工艺规程进行侧墙过滤器工件的腻子找补

评分标准：

序号	主要内容	主要考核要求	评分标准	配分	扣分	得分
1	打磨底漆	1. 用320#水砂纸打磨底漆 2. 打磨时按一定的顺序，方法、姿势正确 3. 不打磨露底 4. 需全面均匀打磨 5. 灰尘（水迹）清理干净	1. 没有打磨底漆，扣1分 2. 砂纸选用错误，扣0.5分 3. 打磨顺序凌乱，方法、姿势不正确，扣0.5分 4. 打磨露底，扣0.5分 5. 局部打磨，扣0.5分 6. 没有清理灰尘（水迹）或清理不干净，扣1分	4		
2	调聚酯腻子	1. 检查腻子型号、名称、出厂日期及固化剂的配套性 2. 比例正确 3. 估算用料量基本准确	1. 没有检查腻子型号、名称、出厂日期及固化剂的配套性，扣0.5分 2. 比例不正确，扣1分	3		

序号	主要内容	主要考核要求	评分标准	配分	扣分	得分
2	调聚酯腻子	4. 腻子搅拌均匀	3. 估算用料量少于或多过 30%，扣 0.5 分 4. 没有搅拌腻子或搅拌不均匀，扣 1 分			
3	找补腻子	1. 正确使用工具，找补方法、姿势正确 2. 找补按一定的顺序 3. 基底缺陷全部找补 4. 基本没有腻子掉落地上	1. 使用工具不正确，找补方法、姿势不正确，扣 1 分 2. 找补顺序凌乱，扣 1 分 3. 漏找补，扣 0.5 分 4. 找补时不节约材料，腻子掉落地面较多，扣 0.5 分	3		
4	干燥	自干或烘干，干燥（温度）时间符合工艺要求，可适于面漆喷涂	干燥程度不符合工艺要求，扣 1 分	1		
5	找补质量	腻子平整、光滑、丰满，符合质量要求	腻子刮涂不平整，有漏刮、刀痕、堆积、针孔、开裂等不良现象，每处扣 2 分，扣完为止	9		
备注			合计	20		
			考评员 签字		年　月　日	

选择考核项目时应考虑的其他因素：

1）本项目满分 20 分。

2）本项目考核时间限定在 60 min。

评分人：　　　年　月　日　　　　核分人：　　　年　月　日

（4）按工艺规程进行侧墙过滤器工件的面漆喷涂

评分标准：

序号	主要内容	主要考核要求	评分标准	配分	扣分	得分
1	打磨腻子	1. 先用 320# 水砂纸打磨找补腻子的部位，再用 400# 水砂纸打磨整个工件表面 2. 打磨时按一定的顺序，方法、姿势正确 3. 不打磨露底 4. 需全面均匀打磨 5. 灰尘（水迹）清理干净	1. 没有打磨腻子，扣 1 分 2. 没有打磨整个工件表面，扣 1 分 3. 砂纸选用错误，扣 0.5 分 4. 打磨顺序凌乱，方法、姿势不正确，扣 0.5 分 5. 打磨露底，扣 0.5 分 6. 局部打磨，扣 0.5 分 7. 没有清理灰尘（水迹）或清理不干净，扣 1 分	5		

序号	主要内容	主要考核要求	评分标准	配分	扣分	得分
2	调面漆	1. 检查涂料型号、名称、出厂日期及固化剂、稀释剂的配套性 2. 估算用料量基本准确 3. 正确使用涂—4杯，正确使用秒表 4. 油漆搅拌均匀 5. 调配的黏度符合工艺要求 6. 过滤油漆	1. 没有检查涂料型号、名称、出厂日期及固化剂、稀释剂的配套性，扣1分 2. 估算用料量少于或多过30%，扣1分 3. 不会使用涂—4杯，或使用方法不正确，扣1分 4. 没有搅拌油漆或搅拌不均匀，扣1分 5. 油漆黏度不符合工艺要求，扣1分 6. 没有过滤油漆，扣1分	6		
3	用PQ—2喷枪喷漆	1. 死角部位预喷或预刷 2. 调试PQ—2型喷枪 3. 正确使用PQ—2型喷枪 4. 按一定顺序喷涂	1. 没有预喷或预刷死角部位，扣1分 2. 没有调试喷枪，扣1分 3. 喷枪使用方法不正确，扣2分 4. 喷涂顺序凌乱，扣1分	5		
4	干燥	自干或烘干，干燥（温度）时间符合工艺要求	干燥程度不符合工艺要求，扣1分	1		
5	喷涂质量	涂层均匀、丰满，无缺陷，涂膜厚度为60～100 μm	1. 涂膜不均匀，丰满度不好，出现流挂、粗糙、起皱、针孔、漏涂等质量问题，每一处扣2分，扣完10分为止 2. 涂层厚度不达标，扣3分	13		
			合计	30		
备注			考评员签字		年　月　日	

选择考核项目时应考虑的其他因素：

1）本项目满分30分。

2）本项目考核时间限定在60 min。

评分人：　　　年　月　日　　　　　核分人：　　　年　月　日

（5）在各项技能考核中，要遵守安全文明生产的有关规定

评分标准：

主要内容	主要考核要求	评分标准	配分	扣分	得分
安全文明生产	1. 劳动保护用品穿戴整齐 2. 涂装工具佩带齐全 3. 遵守操作规程 4. 尊重考评员，讲文明礼貌 5. 考试结束要清理现场	1. 各项考试中，违反安全文明生产考核要求的任何一项扣 2 分，扣完为止 2. 考生在不同的技能试题考核中，违反安全文明生产考核要求同一项内容的，要累计扣分 3. 当考评员发现考生有重大事故隐患时，要立即予以制止，并每次扣考生安全文明生产总分 5 分	10		
备注		合计	10		
		考评员 签字		年　月　日	

否定项：要求遵守考场纪律，不能出现重大事故。出现严重违反考场纪律或发生重大事故，本次技能考核视为不合格。

选择考核项目时应考虑的其他因素：

1）本项目满分 10 分。

2）本内容为中级涂装工的必考内容之一，考核时应现场评分。

3）本项目为第一类否定项。

评分人：　　　年　月　日　　　　核分人：　　　年　月　日

3．工具、材料和设备的准备

准备仅针对 1 名考生而言，鉴定所（站）应根据考生人数确定具体数量。

（1）按照工艺要求进行侧墙过滤器工件的前处理

序号	名称	型号与规格	单位	数量	备注
1	砂纸	1♯、80♯、120♯	张	若干	
2	铲刀	自定	把	1	自带
3	刮刀	自定	把	1	自带
4	签字笔	自定	支	1	自带
5	劳保用品	工作鞋、工作服等	套	1	自带

（2）按照工艺规程进行侧墙过滤器工件的底漆喷涂

序号	名称	型号与规格	单位	数量	备注
1	底漆	云母环氧型 RAL3012	kg	3	
2	底漆固化剂		kg	0.6	
3	底漆稀释剂		kg	3	

序号	名称	型号与规格	单位	数量	备注
4	空气喷枪	PQ—2	把	1	自带
5	漆刷	自定	把	1	自带
6	劳保用品	工作鞋、工作服等	套	1	自带

（3）按照工艺规程进行侧墙过滤器工件的腻子找补

序号	名称	型号与规格	单位	数量	备注
1	腻子	环氧合成树脂	kg	2	
2	原子灰		kg	1	
3	砂纸	80＃、120＃、180＃、240＃	张	若干	
4	铲刀	自定	把	1	自带
5	刮刀	自定	把	1	自带
6	劳保用品	工作鞋、工作服等	套	1	自带

（4）按照工艺规程进行侧墙过滤器工件的面漆喷涂

序号	名称	型号与规格	单位	数量	备注
1	面漆	丙烯酸改性聚氨酯型 RAL5002	kg	3	
2	面漆固化剂		kg	1.2	
3	面漆稀释剂		kg	3	
4	空气喷枪	PQ—2	把	1	自带
5	漆刷	自定	把	1	自带
6	劳保用品	工作鞋、工作服等	套	1	自带

4. 注意事项

（1）具体考核要求：

1）考试中工件应竖直放置。

2）请按照所提供的考试工件和考场所准备的设备、设施、各种材料和工具以及现场环境，按照 1C1B 油漆（颜色临考制定）的喷漆工艺，对需要涂装的工件表面进行处理和喷涂。喷漆结束后，请把工件送入烘烤炉，并达到干燥温度（考试地点的工艺材料要求）之后即可。喷漆考试结束，应达到操作过程中的正确性、涂膜外观质量和涂膜特性质量的优良性。

（2）否定项说明：若考生发生下列情况之一，则应及时终止其考试，考生该试题成绩计为零分。

1）喷错颜色。

2）携带含油类物质进行操作。

3）严重违反安全操作规程进行操作。

4）严重磕碰工具、工件的行为。

【试题五】电器屏柜工件的涂装

1. 考核内容

（1）按照工艺要求进行电器屏柜工件的前处理

考核要求：

1）无油污，无锈迹，去焊渣、焊瘤，去灰尘、水分，屏蔽彻底等。

2）满分 20 分，考试时间 45 min。

3）正确使用工具和器具。

4）遵守配件涂装前处理的有关规程。

（2）按照工艺规程进行电器屏柜工件的底漆喷涂

考核要求：

1）调漆正确。

2）施工方法合理，涂层无缺陷，漆膜厚度为 $90 \sim 140 \mu m$。

3）工具清洗及时。

4）满分 20 分，考试时间 30 min。

5）正确使用工具和器具。

6）遵守配件涂装的有关规程。

（3）按照工艺规程进行电器屏柜工件的腻子找补

考核要求：

1）腻子调配、使用正确，按要求进行打磨施工。

2）施工方法合理，腻子层无缺陷。

3）满分 20 分，考试时间 30 min。

4）正确使用工具和器具。

5）遵守配件涂装的有关规程。

（4）按照工艺规程进行电器屏柜工件的面漆喷涂

考核要求：

1）调漆正确。

2）施工方法合理，涂层无缺陷，漆膜厚度为 $60 \sim 100 \mu m$。

3）工具清洗及时。

4）满分 30 分，考试时间 30 min。

5）正确使用工具和器具。

6）遵守配件涂装的有关规程。

2. 技能考核评分标准

（1）按工艺规程进行电器屏柜工件的前处理

评分标准：

序号	主要内容	主要考核要求	评分标准	配分	扣分	得分
1	准备工作	工作前将所需工具和材料准备好，运至现场	工作前没有将所需工具和材料准备好，运至现场，扣1分	1		

序号	主要内容	主要考核要求	评分标准	配分	扣分	得分
2	除油	1. 用擦拭布或漆刷沾稀释剂或用喷枪和稀释剂除油 2. 除油时，应按一定的顺序进行	1. 没有除油，扣2分 2. 除油方法不正确，扣1分 3. 除油顺序凌乱，扣1分	4		
3	除锈	1. 用砂布打磨除锈 2. 除锈时，应按一定的顺序进行 3. 应等稀释剂自然干燥或用高压风吹干后才进行除锈	1. 没有除锈，扣1分 2. 除锈方法不正确，扣1分 3. 除锈顺序凌乱，扣1分 4. 稀释剂没有干燥就除锈，扣1分	4		
4	去灰	1. 用高压风吹灰 2. 用擦拭布去灰尘 3. 去灰时，应按一定的顺序进行	1. 没有用高压风去灰，扣1分 2. 没有用擦拭布去灰，扣1分 3. 去灰方法不正确，扣1分	3		
5	前处理质量	表面无油污，无锈迹，无焊渣，无灰尘、水分等问题	检查前处理质量，若有油污、锈迹、焊渣、灰尘、水分等问题，每处扣2分，扣完为止	8		
			合计	20		
备注			考评员 签字		年　月　日	

选择考核项目时应考虑的其他因素：

1）本项目满分20分。

2）本项目考核时间限定在45 min。

评分人：　　　　年　　月　　日　　　　　核分人：　　　　年　　月　　日

（2）按工艺规程进行电器屏柜工件的底漆喷涂

评分标准：

序号	主要内容	主要考核要求	评分标准	配分	扣分	得分
1	调底漆	1. 检查涂料型号、名称、出厂日期及固化剂、稀释剂的配套性 2. 计算工件面积，估算用料量基本准确 3. 正确使用涂－4杯，正确使用秒表 4. 油漆搅拌均匀 5. 调配的黏度符合工艺要求 6. 过滤油漆	1. 没有检查涂料型号、名称、出厂日期及固化剂、稀释剂的配套性，扣1分 2. 没有计算工件面积或计算错误，扣0.5分；估算用料量少于或多过30%，扣0.5分 3. 不会使用涂－4杯，或使用方法不正确，扣1分 4. 没有搅拌油漆或搅拌不均匀，扣1分 5. 油漆黏度不符合工艺要求，扣0.5分 6. 没有过滤油漆，扣0.5分	5		

序号	主要内容	主要考核要求	评分标准	配分	扣分	得分
2	用 PQ-2 喷枪喷漆	1. 死角部位预喷或预刷 2. 调试 PQ-2 型喷枪 3. 正确使用 PQ-2 型喷枪 4. 按一定顺序喷涂	1. 没有预喷或预刷死角部位，扣 1 分 2. 没有调试喷枪，扣 1 分 3. 喷枪使用方法不正确，扣 2 分 4. 喷涂顺序凌乱，扣 1 分	5		
3	干燥	自干或烘干，干燥（温度）时间符合工艺要求，可适于腻子找补	干燥程度不符合工艺要求，扣 1 分	1		
4	喷涂质量	涂层均匀、丰满，无缺陷，附着力优于 1 级，涂膜厚度为 90~140 μm	1. 涂膜不均匀，丰满度不好，出现流挂、粗糙、起皱、漏涂、针孔等质量问题，每处扣 2 分，扣完 6 分为止 2. 涂层附着力差于 1 级，扣 1 分 3. 涂层厚度不达标，扣 2 分	9		
			合计	20		
备注			考评员 签字		年　月　日	

选择考核项目时应考虑的其他因素：

1）本项目满分 20 分。

2）本项目考核时间限定在 30 min。

评分人：　　　年　月　日　　　　　核分人：　　　年　月　日

（3）按工艺规程，进行电器屏柜工件的腻子找补

评分标准：

序号	主要内容	主要考核要求	评分标准	配分	扣分	得分
1	打磨底漆	1. 用 320# 水砂纸打磨底漆 2. 打磨时按一定的顺序，方法、姿势正确 3. 不打磨露底 4. 需全面均匀打磨 5. 灰尘（水迹）清理干净	1. 没有打磨底漆，扣 1 分 2. 砂纸选用错误，扣 0.5 分 3. 打磨顺序凌乱，方法、姿势不正确，扣 0.5 分 4. 打磨露底，扣 0.5 分 5. 局部打磨，扣 0.5 分 6. 没有清理灰尘（水迹）或清理不干净，扣 1 分	4		
2	调聚酯腻子	1. 检查腻子型号、名称、出厂日期及固化剂的配套性 2. 比例正确 3. 估算用料量基本准确	1. 没有检查腻子型号、名称、出厂日期及固化剂的配套性，扣 0.5 分 2. 比例不正确，扣 1 分	3		

序号	主要内容	主要考核要求	评分标准	配分	扣分	得分
2	调聚酯腻子	4. 腻子搅拌均匀	3. 估算用料量少于或多过30%，扣0.5分 4. 没有搅拌腻子或搅拌不均匀，扣1分			
3	找补腻子	1. 正确使用工具，找补方法、姿势正确 2. 找补按一定的顺序 3. 基底缺陷全部找补 4. 基本没有腻子掉落地上	1. 使用工具不正确，找补方法、姿势不正确，扣1分 2. 找补顺序凌乱，扣1分 3. 漏找补，扣0.5分 4. 找补时不节约材料，腻子掉落地面较多，扣0.5分	3		
4	干燥	自干或烘干，干燥（温度）时间符合工艺要求，可适于面漆喷涂	干燥程度不符合工艺要求，扣1分	1		
5	找补质量	腻子平整、光滑、丰满，符合质量要求	腻子刮涂不平整，有漏刮、刀痕、堆积、针孔、开裂等不良现象，每处扣2分，扣完为止	9		
备注			合计	20		
			考评员签字		年　月　日	

选择考核项目时应考虑的其他因素：

1）本项目满分20分。

2）本项目考核时间限定在30 min。

评分人：　　年　月　日　　　　　核分人：　　年　月　日

（4）按工艺规程进行电器屏柜工件的面漆喷涂

评分标准：

序号	主要内容	考核要求	评分标准	配分	扣分	得分
1	打磨腻子	1. 先用320#水砂纸打磨找补腻子的部位，再用400#水砂纸打磨整个工件表面 2. 打磨时按一定的顺序，方法、姿势正确 3. 不打磨露底 4. 需全面均匀打磨 5. 灰尘（水迹）清理干净	1. 没有打磨腻子，扣1分 2. 没有打磨整个工件表面，扣1分 3. 砂纸选用错误，扣0.5分 4. 打磨顺序凌乱，方法、姿势不正确，扣0.5分 5. 打磨露底，扣0.5分 6. 局部打磨，扣0.5分 7. 没有清理灰尘（水迹）或清理不干净，扣1分	5		

序号	主要内容	考核要求	评分标准	配分	扣分	得分
2	调面漆	1. 检查涂料型号、名称、出厂日期及固化剂、稀释剂的配套性 2. 估算用料量基本准确 3. 正确使用涂—4杯，正确使用秒表 4. 油漆搅拌均匀 5. 调配的黏度符合工艺要求 6. 过滤油漆	1. 没有检查涂料型号、名称、出厂日期及固化剂、稀释剂的配套性，扣1分 2. 估算用料量少于或多过30%，扣1分 3. 不会使用涂—4杯，或使用方法不正确，扣1分 4. 没有搅拌油漆或搅拌不均匀，扣1分 5. 油漆黏度不符合工艺要求，扣1分 6. 没有过滤油漆，扣1分	6		
3	用PQ—2喷枪喷漆	1. 死角部位预喷或预刷 2. 调试PQ—2型喷枪 3. 正确使用PQ—2型喷枪 4. 按一定顺序喷涂	1. 没有预喷或预刷死角部位，扣1分 2. 没有调试喷枪，扣1分 3. 喷枪使用方法不正确，扣2分 4. 喷涂顺序凌乱，扣1分	5		
4	干燥	自干或烘干，干燥（温度）时间符合工艺要求	干燥程度不符合工艺要求，扣1分	1		
5	喷涂质量	涂层均匀、丰满，无缺陷，涂膜厚度为60～100 μm	1. 涂膜不均匀，丰满度不好，出现流挂、粗糙、起皱、针孔、漏涂等质量问题，每处扣2分，扣完10分为止 2. 涂层厚度不达标，扣3分	13		
备注			合计	30		
		考评员签字		年　月　日		

选择考核项目时应考虑的其他因素：

1）本项目满分30分。

2）本项目考核时间限定在30 min。

评分人：　　　年　月　日　　　　核分人：　　　年　月　日

(5) 在各项技能考核中，要遵守安全文明生产的有关规定

评分标准：

主要内容	考核要求	评分标准	配分	扣分	得分
安全文明生产	1. 劳动保护用品穿戴整齐 2. 涂装工具佩带齐全 3. 遵守操作规程 4. 尊重考评员，讲文明礼貌 5. 考试结束要清理现场	1. 各项考试中，违反安全文明生产考核要求的任何一项扣 2 分，扣完为止 2. 考生在不同的技能试题考核中，违反安全文明生产考核要求同一项内容的，要累计扣分 3. 当考评员发现考生有重大事故隐患时，要立即予以制止，并每次扣考生安全文明生产总分 5 分	10		
备注		合计	10		
		考评员 签字		年　月　日	

否定项：要求遵守考场纪律，不能出现重大事故。出现严重违反考场纪律或发生重大事故，本次技能考核视为不合格。

选择考核项目时应考虑的其他因素：

1）本项目满分 10 分。

2）本内容为中级涂装工的必考内容之一，考核时应现场评分。

3）本项目为第一类否定项。

评分人：　　　　年　月　日　　　　核分人：　　　　年　月　日

3. 工具、材料和设备的准备

准备仅针对 1 名考生而言，鉴定所（站）应根据考生人数确定具体数量。

（1）按照工艺要求进行电器屏柜工件的前处理

序号	名称	型号与规格	单位	数量	备注
1	砂纸	1♯、80♯、120♯	张	若干	
2	铲刀	自定	把	1	自带
3	刮刀	自定	把	1	自带
4	签字笔	自定	支	1	自带
5	劳保用品	工作鞋、工作服等	套	1	自带

（2）按照工艺规程进行电器屏柜工件的底漆喷涂

序号	名称	型号与规格	单位	数量	备注
1	底漆	云母环氧型 RAL3012	kg	2	
2	底漆固化剂		kg	0.4	
3	底漆稀释剂		kg	2	

序号	名称	型号与规格	单位	数量	备注
4	空气喷枪	PQ—2	把	1	自带
5	漆刷	自定	把	1	自带
6	劳保用品	工作鞋、工作服等	套	1	自带

（3）按照工艺规程进行电器屏柜工件的腻子找补

序号	名称	型号与规格	单位	数量	备注
1	腻子	环氧合成树脂	kg	2	
2	原子灰		kg	1	
3	砂纸	80♯、120♯、180♯、240♯	张	若干	
4	铲刀	自定	把	1	自带
5	刮刀	自定	把	1	自带
6	劳保用品	工作鞋、工作服等	套	1	自带

（4）按照工艺规程进行电器屏柜工件的面漆喷涂

序号	名称	型号与规格	单位	数量	备注
1	面漆	丙烯酸改性聚氨酯型 RAL7004	kg	2	
2	面漆固化剂		kg	0.8	
3	面漆稀释剂		kg	2	
4	空气喷枪	PQ—2	把	1	自带
5	漆刷	自定	把	1	自带
6	劳保用品	工作鞋、工作服等	套	1	自带

4. 注意事项

（1）具体考核要求：

1）考试中工件应竖直放置。

2）请按照所提供的考试工件和考场所准备的设备、设施、各种材料和工具以及现场环境，按照1C1B油漆（颜色临考制定）的喷漆工艺，对需要涂装的工件表面进行处理和喷涂。喷漆结束后，请把工件送入烘烤炉，并达到干燥温度（考试地点的工艺材料要求）之后即可。喷漆考试结束，应达到操作过程中的正确性、涂膜外观质量和涂膜特性质量的优良性。

（2）否定项说明：若考生发生下列情况之一，则应及时终止其考试，考生该试题成绩计为零分。

1）喷错颜色。

2）携带含油类物质进行操作。

3）严重违反安全操作规程进行操作。

4）严重磕碰工具、工件的行为。

【试题六】木板和漆合板工件的涂装

1. 考核内容

(1) 按照工艺要求进行木板表面刷涂色漆

考核要求：

1) 调漆操作、去油脂、腻子调配、打磨、擦净、刷漆操作。

2) 施工方法合理，腻子层无缺陷，漆膜厚度为 40~60 μm。

3) 满分 45 分，考试时间 120 min（含干燥时间）。

4) 正确使用工具和器具。

5) 遵守配件涂装前处理的有关规程。

(2) 按照工艺规程进行漆合板表面刷涂清漆

考核要求：

1) 腻子调配、使用正确，按要求进行打磨施工，调漆正确。

2) 施工方法合理，涂层无缺陷。

3) 漆膜总厚度为 80~100 μm。

4) 工具清洗及时。

5) 满分 45 分，考试时间 120 min（含干燥时间）。

6) 正确使用工具和器具。

7) 遵守配件涂装的有关规程。

2. 技能考核评分标准

(1) 按照工艺要求进行木板表面刷涂色漆

评分标准：

序号	主要内容	具体考核要求	评分标准	配分	扣分	得分
1	除油	无油污，去灰尘、水分等	每处缺陷扣 2 分，扣完为止	4		
2	清理屏蔽	清理干净，屏蔽彻底等	每处缺陷扣 1~2 分，扣完为止	3		
3	腻子调配	按工艺要求调配腻子	腻子调配方法不正确，扣 2~4 分	4		
4	设备工具使用	正确使用设备和工具	设备、工具使用不当，操作方法不正确，扣 2~5 分	5		
5	腻子涂刮和打磨	1. 施工方法合理 2. 涂刮腻子层良好	1. 施工方法不合理，扣 3~5 分 2. 腻子涂刮和打磨不到位或存在缺陷，每处缺陷扣 2~3 分，扣完为止	5		
6	涂料调配	按工艺要求调配涂料	涂料调配方法不正确，扣 2~4 分	4		
7	色漆刷涂	1. 施工方法合理 2. 涂层平整光滑，无漏涂、流挂等缺陷 3. 漆膜厚度为 40~60 μm	1. 施工方法不合理，扣 5~10 分 2. 每处缺陷扣 5~8 分，扣完为止 3. 漆膜厚度未达标，扣 5~10 分	20		
			合计	45		
备注			考评员 签字		年　月　日	

选择考核项目时应考虑的其他因素：

1）本项目满分 45 分。

2）本项目考核时间限定在 120 min。

3）正确使用工具和器具。

4）遵守配件涂装的有关规程。

评分人：　　　　年　月　日　　　　　核分人：　　　　年　月　日

（2）按照工艺规程进行漆合板表面刷涂清漆

评分标准：

序号	主要内容	考核要求	评分标准	配分	扣分	得分
1	清理屏蔽	清理干净，屏蔽彻底等	每处缺陷扣 1～2 分，扣完为止	5		
2	腻子调配	按工艺要求调配腻子	腻子调配方法不正确，扣 2～5 分	5		
3	设备工具使用	正确使用设备和工具	设备、工具使用不当，操作方法不正确，扣 2～5 分	5		
4	腻子涂刮和打磨	1．施工方法合理 2．涂刮腻子层良好	1．施工方法不合理，扣 3～5 分 2．腻子涂刮和打磨不到位或存在缺陷，每处缺陷扣 3～5 分，扣完为止	5		
5	涂料调配	按工艺要求调配涂料	涂料调配方法不正确，扣 2～4 分	5		
6	清漆刷涂	1．施工方法合理 2．涂层平整光滑，无漏涂、流挂等缺陷 3．漆膜总厚度为 80～100 μm	1．施工方法不合理，扣 5～10 分 2．每处缺陷扣 5～8 分，扣完为止 3．漆膜厚度未达标，扣 5～10 分	20		
			合计	45		
备注		考评员签字			年　月　日	

选择考核项目时应考虑的其他因素：

1）本项目满分 45 分。

2）本项目考核时间限定在 120 min。

3）正确使用工具和器具。

4）遵守配件涂装的有关规程。

评分人：　　　　年　月　日　　　　　核分人：　　　　年　月　日

（3）在各项技能考核中，要遵守安全文明生产的有关规定

评分标准：

主要内容	具体考核要求	评分标准	配分	扣分	得分
安全文明生产	1. 劳动保护用品穿戴整齐 2. 涂装工具佩带齐全 3. 遵守操作规程 4. 尊重考评员，讲文明礼貌 5. 考试结束要清理现场	1. 各项考试中，违反安全文明生产考核要求的任何一项扣2分，扣完为止 2. 考生在不同的技能试题考核中，违反安全文明生产考核要求同一项内容的，要累计扣分 3. 当考评员发现考生有重大事故隐患时，要立即予以制止，并每次扣考生安全文明生产总分5分	10		
备注		合计	10		
		考评员 签字		年　月　日	

否定项：要求遵守考场纪律，不能出现重大事故。出现严重违反考场纪律或发生重大事故，本次技能考核视为不合格。

选择考核项目时应考虑的其他因素：

1）本项目满分10分。

2）本内容为中级涂装工的必考内容之一，考核时应现场评分。

3）本项目为第一类否定项。

评分人：　　　　年　　月　　日　　　　　核分人：　　　　年　　月　　日

3. 工具、材料和设备的准备

准备仅针对1名考生而言，鉴定所（站）应根据考生人数确定具体数量。

（1）按照工艺要求进行木板表面刷涂色漆

序号	名称	型号与规格	单位	数量	备注
1	木板	长×宽＝600 mm×600 mm	块	1	
2	色漆	丙烯酸改性聚氨酯型	kg	1	
3	色漆固化剂		kg	0.4	
4	色漆稀释剂		kg	1	
5	腻子	环氧合成树脂	kg	0.5	
6	砂纸	80＃、120＃、180＃、240＃	张	若干	自带
7	铲刀	自定	把	若干	自带
8	刮刀	自定	把	若干	自带
9	漆刷	自定	把	若干	自带
10	签字笔	自定	支	1	自带
11	电风吹机	＜500 W	个	1	良好
12	除尘布		块	若干	自带
13	劳保用品	工作鞋帽、工作服等	套	1	自带

（2）按照工艺规程进行漆合板表面刷涂清漆

序号	名称	型号与规格	单位	数量	备注
1	漆合板	长×宽=600 mm×600 mm	块	1	
2	清漆	丙烯酸改性聚氨酯型	kg	1	
3	清漆固化剂		kg	0.7	
4	清漆稀释剂		kg	1	
5	腻子	环氧合成树脂	kg	0.5	
6	砂纸	80#、120#、180#、240#	张	若干	自带
7	铲刀	自定	把	若干	自带
8	刮刀	自定	把	若干	自带
9	漆刷	自定	把	若干	自带
10	签字笔	自定	支	1	自带
11	电风吹机	<900 W	个	1	良好
12	除尘布		块	若干	自带
13	劳保用品	工作鞋帽、工作服等	套	1	自带

4. 注意事项

（1）具体考核要求：

1）考试中工件应竖直放置。

2）请按照所提供的考试工件和考场所准备的设备、设施、各种材料和工具以及现场环境，按照 1 C1 B 油漆（颜色临考制定）的刷漆工艺，对需要涂装的工件表面进行处理和刷涂。刷漆结束后，请把工件送入烘烤炉，并达到干燥温度（考试地点的工艺材料要求）之后即可。刷漆考试结束，应达到操作过程中的正确性、涂膜外观质量和涂膜特性质量的优良性。

（2）否定项说明：若考生发生下列情况之一，则应及时终止其考试，考生该试题成绩计为零分。

1）喷错颜色。

2）携带含油类物质进行操作。

3）严重违反安全操作规程进行操作。

4）严重磕碰工具、工件的行为。

【试题七】木器工件涂装及现场问答

1. 考核内容

（1）木器工件涂刷腻子、打磨、喷漆

考核要求：

1）腻子调配、使用正确，按要求进行打磨施工，调漆正确。

2）施工方法合理，涂层无缺陷。

3）漆膜总厚度为 80~100 μm。

4）工具清洗及时。

5）满分 50 分，考试时间 120 min（含烘烤时间）。

6）正确使用工具和器具。

7）遵守配件涂装的有关规程。

（2）请考生现场回答下列涂装工操作问题

试题1　根据木器工件的特点所采取的干燥方式有哪些？

监考老师参考答案：由于木器工件的多孔性，易于吸水和排水，具有干缩湿胀的特点，易造成涂膜发生起泡、开裂、脱落和回黏等现象，所以新木器工件需要干燥到适当程度，一般含水分为 8%～12% 时才能涂漆。木器工件的干燥方式一般是自然晾干或低温烘干两种。

试题2　什么是涂料的流平性？

监考老师参考答案：涂料的流平性指涂料适应涂刷的能力，涂料涂刷在物体表面上成膜时，通过液体的表面张力，涂痕印逐渐消失而形成无刷痕的涂层。涂料的档次越高，其流平性越好，刷痕印越小。

2．技能考核评分标准

（1）木器工件涂刮腻子、打磨、喷漆

评分标准：

序号	主要内容	具体考核要求	评分标准	配分	扣分	得分
1	清理屏蔽	清理干净，屏蔽彻底等	每处缺陷扣 1～2 分，扣完为止	5		
2	腻子调配	按工艺要求调配腻子	腻子调配方法不正确，扣 2～5 分	5		
3	设备工具使用	正确使用设备和工具	设备、工具使用不当，操作方法不正确，扣 2～5 分	5		
4	腻子涂刮和打磨	1. 施工方法合理 2. 涂刮腻子层良好	1. 施工方法不合理，扣 3～5 分 2. 腻子涂刮和打磨不到位或存在缺陷，每处缺陷扣 3～5 分，扣完为止	5		
5	涂料调配	按工艺要求调配涂料	涂料调配方法不正确，扣 2～4 分	5		
6	喷涂面漆	1. 施工方法合理 2. 涂层平整光滑，无漏涂、流挂等缺陷 3. 漆膜总厚度为 80～100 μm	1. 施工方法不合理，扣 5～10 分 2. 每处缺陷扣 5～8 分，扣完为止 3. 漆膜厚度未达标，扣 5～10 分	25		
			合计	50		
备注		考评员 签字		年　　月　　日		

选择考核项目时应考虑的其他因素：

1）本项目满分 50 分。

2）本项目考核时间限定在 120 min。

3）正确使用工具和器具。

4）遵守配件涂装的有关规程。

评分人：　　　　年　　月　　日　　　　核分人：　　　　年　　月　　日

（2）请考生现场回答下列涂装工操作问题

评分标准：

序号	问题	具体考核要求	评分标准	配分	扣分	得分
1	根据木器工件的特点所采取的干燥方式有哪些？	参考答案：由于木器工件的多孔性，易于吸水和排水，具有干缩湿胀的特点，易造成涂膜发生起泡、开裂、脱落和回黏等现象，所以新木器工件需要干燥到适当程度，一般含水分在 8%～12% 时才能涂漆。木器工件的干燥方式一般是自然晾干或低温烘干两种	根据参考答案酌情给分，对回答不出或文不对题者不给分	20		
2	什么是涂料的流平性？	参考答案：涂料的流平性指涂料适应涂刷的能力，涂料涂刷在物体表面上成膜时，通过液体的表面张力，涂痕印逐渐消失而形成无刷痕的涂层。涂料的档次越高，其流平性越好，刷痕印越小	根据参考答案酌情给分，对回答不出或文不对题者不给分	20		
			合计	40		
备注		考评员签字			年 月 日	

选择考核项目时应考虑的其他因素：

1）本项目满分 40 分。

2）本项目考核时间限定在 10 min。

评分人： 年 月 日 核分人： 年 月 日

（3）在各项技能考核中，要遵守安全文明生产的有关规定

评分标准：

主要内容	考核要求	评分标准	配分	扣分	得分
安全文明生产	1. 劳动保护用品穿戴整齐 2. 涂装工具佩带齐全 3. 遵守操作规程 4. 尊重考评员，讲文明礼貌 5. 考试结束要清理现场	1. 各项考试中，违反安全文明生产考核要求的任何一项扣 2 分，扣完为止 2. 考生在不同的技能试题考核中，违反安全文明生产考核要求同一项内容的，要累计扣分 3. 当考评员发现考生有重大事故隐患时，要立即予以制止，并每次扣考生安全文明生产总分 5 分	10		
		合计	10		
备注		考评员签字			年 月 日

否定项：要求遵守考场纪律，不能出现重大事故。出现严重违反考场纪律或发生重大事故，本次技能考核视为不合格。

选择考核项目时应考虑的其他因素：

1）本项目满分 10 分。

2）本内容为中级涂装工的必考内容之一，考核时应现场评分。

3）本项目为第一类否定项。

评分人：　　　年　月　日　　　　核分人：　　　年　月　日

3. 工具、材料和设备的准备

准备仅针对 1 名考生而言，鉴定所（站）应根据考生人数确定具体数量。

按照工艺要求进行木器工件涂刮腻子、打磨、喷漆

序号	名称	型号与规格	单位	数量	备注
1	木板	长×宽＝600 mm×600 mm	块	1	
2	面漆	丙烯酸改性聚氨酯型	kg	1	
3	面漆固化剂		kg	0.7	
4	面漆稀释剂		kg	1	
5	腻子	环氧合成树脂	kg	0.5	
6	砂纸	80＃、120＃、180＃、240＃	张	若干	自带
7	铲刀	自定	把	若干	自带
8	刮刀	自定	把	若干	自带
9	空气喷枪	PQ－2	把	若干	自带
10	签字笔	自定	支	1	自带
11	电吹风机	＜900 W	个	1	良好
12	除尘布		块	若干	自带
13	劳保用品	工作鞋帽、工作服等	套	1	自带

4. 注意事项

（1）具体考核要求：

1）考试中工件应竖直放置。

2）请按照所提供的考试工件（木板）和考场所准备的设备、设施、各种材料和工具以及现场环境，按照油漆（颜色临考制定）的刷漆工艺，对需要涂装的工件表面进行处理和涂装。涂装结束后，请把工件低温烘干，并达到表面干燥温度（考试地点的工艺材料要求）之后即可。涂装考试结束，应达到操作过程中的正确性、涂膜外观质量和涂膜特性质量的优良性。

3）回答问题按照监考老师参考答案，根据考生酌情给分，对回答不出或文不对题者不给分，回答问题必须有两名或三名监考老师评分，并签名才能有效。

（2）否定项说明：若考生发生下列情况之一，则应及时终止其考试，考生该试题成绩计为零分。

1）携带含油类物质进行操作。

2) 严重违反安全操作规程进行操作。

3) 严重磕碰工具、工件的行为。

【试题八】铝合金客室门工件涂装及现场问答

1. 考核内容

(1) 按照工艺要求进行铝合金客室门工件的前处理

考核要求：

1) 无油污，无锈迹，去焊渣、焊瘤，去灰尘、水分、屏蔽彻底等。

2) 满分 30 分，考试时间 20 min。

3) 正确使用工具和器具。

4) 遵守配件涂装前处理的有关规程。

(2) 按照工艺规程进行铝合金客室门工件的底漆喷涂

考核要求：

1) 调漆正确。

2) 施工方法合理，涂层无缺陷，漆膜厚度为 60～80 μm。

3) 工具清洗及时。

4) 满分 30 分，考试时间 25 min。

5) 正确使用工具和器具。

6) 遵守配件涂装的有关规程。

(3) 请考生现场回答下列中级涂装工操作问题

试题 1　简述涂料有哪些特殊功能？

监考老师参考答案：涂料有耐高温、耐低温、伪装、示温、防毒、防震、防污、抗红外线辐射、防燃烧、密封、绝缘、导电、抗气流冲刷等多种特殊功能。

试题 2　简述涂料的经济性有哪些？

监考老师参考答案：由于产品涂装对涂料的性能要求不一样，被选用涂料的经济性也就不一样。在选择涂料时，首先要根据产品涂装的质量要求，能用低档涂料的就不用高档涂料，能采用单一涂层或底层、面层的，就可以省去底层、中间涂层，它关系着产品涂装全过程的经济效益。

2. 技能考核评分标准

(1) 按照工艺要求进行铝合金客室门工件的前处理

评分标准：

序号	主要内容	考核要求	评分标准	配分	扣分	得分
1	除油	无油污，去灰尘、水分等	每处缺陷扣 2～4 分，扣完为止	12		
2	除锈	去焊渣、焊瘤，无锈迹、氧化皮、砂粒等	每处缺陷扣 2～4 分，扣完为止	12		
3	清理屏蔽	清理干净，屏蔽彻底等	每处缺陷扣 1～2 分，扣完为止	6		
			合计	30		
备注		考评员签字		年　月　日		

选择考核项目时应考虑的其他因素：

1）本项目满分 30 分。

2）本项目考核时间限定在 20 min。

3）正确使用工具和器具。

4）遵守配件涂装前处理的有关规程。

评分人： 年 月 日 核分人： 年 月 日

（2）按照工艺规程进行铝合金客室门工件的底漆喷涂

评分标准：

序号	主要内容	考核要求	评分标准	配分	扣分	得分
1	涂料调配	按工艺要求调配涂料	涂料调配方法不正确，扣 2～4 分	4		
2	设备工具使用	正确使用设备和工具	设备、工具使用不当，操作方法不正确，扣 2～6 分	6		
3	底漆喷涂	1. 施工方法合理 2. 涂层无漏喷、流挂等缺陷 3. 漆膜厚度为 60～80 μm	1. 施工方法不合理，扣 3～5 分 2. 每处缺陷扣 3～5 分，扣完为止 3. 漆膜厚度不达标，扣 5～10 分	20		
			合计	30		
备注			考评员 签字		年 月 日	

选择考核项目时应考虑的其他因素：

1）本项目满分 30 分。

2）本项目考核时间限定在 25 min。

3）正确使用工具和器具。

4）遵守配件涂装的有关规程。

评分人： 年 月 日 核分人： 年 月 日

（3）请考生现场回答下列中级涂装工操作问题

评分标准：

序号	问题	考核要求	评分标准	配分	扣分	得分
1	简述涂料有哪些特殊功能？	参考答案：涂料有耐高温、耐低温、伪装、示温、防毒、防震、防污、抗红外线辐射、防燃烧、密封、绝缘、导电、抗气流冲刷等多种特殊功能	根据参考答案酌情给分，对回答不出或文不对题者不给分	15		

序号	问题	考核要求	评分标准	配分	扣分	得分
2	简述涂料的经济性有哪些？	参考答案：由于产品涂装对涂料的性能要求不一样，被选用涂料的经济性也就不一样。在选择涂料时，首先要根据产品涂装的质量要求，能用低档涂料的就不用高档涂料，能采用单一涂层或底层、面层的，就可以省去底层、中间涂层，它关系着产品涂装全过程的经济效益	根据参考答案酌情给分，对回答不出或文不对题者不给分	15		
			合计	30		
备注			考评员签字		年　月　日	

选择考核项目时应考虑的其他因素：

1）本项目满分 30 分。

2）本项目考核时间限定在 10 min。

评分人：　　　　年　月　日　　　　　核分人：　　　　年　月　日

（4）在各项技能考核中，要遵守安全文明生产的有关规定

评分标准：

主要内容	考核要求	评分标准	配分	扣分	得分
安全文明生产	1. 劳动保护用品穿戴整齐 2. 涂装工具佩带齐全 3. 遵守操作规程 4. 尊重考评员，讲文明礼貌 5. 考试结束要清理现场	1. 各项考试中，违反安全文明生产考核要求的任何一项扣 2 分，扣完为止 2. 考生在不同的技能试题考核中，违反安全文明生产考核要求同一项内容的，要累计扣分 3. 当考评员发现考生有重大事故隐患时，要立即予以制止，并每次扣考生安全文明生产总分 5 分	10		
		合计	10		
备注		考评员签字		年　月　日	

否定项：要求遵守考场纪律，不能出现重大事故。出现严重违反考场纪律或发生重大事故，本次技能考核视为不合格。

选择考核项目时应考虑的其他因素：

1）本项目满分 10 分。

2）本内容为中级涂装工的必考内容之一，考核时应现场评分。

3）本项目为第一类否定项。

评分人：　　　年　月　日　　　核分人：　　　年　月　日

3．工具、材料和设备的准备

准备仅针对1名考生而言，鉴定所（站）应根据考生人数确定具体数量。

（1）按照工艺要求进行铝合金客室门工件的前处理

序号	名称	型号与规格	单位	数量	备注
1	砂纸	1＃、80＃、120＃	张	若干	
2	铲刀	自定	把	1	自带
3	刮刀	自定	把	1	自带
4	签字笔	自定	支	1	自带
5	劳保用品	工作鞋、工作服等	套	1	自带

（2）按照工艺规程进行铝合金客室门工件的底漆喷涂

序号	名称	型号与规格	单位	数量	备注
1	底漆	锌铬黄底漆 RAL3012	kg	1	
2	底漆固化剂		kg	0.2	
3	底漆稀释剂		kg	1	
4	空气喷枪	PQ－2	把	1	自带
5	漆刷	自定	把	1	自带
6	劳保用品	工作鞋、工作服等	套	1	自带

4．注意事项

（1）具体考核要求：

1）考试中工件应竖直放置。

2）请按照所提供的考试工件（铝合金客室门）和考场所准备的设备、设施、各种材料和工具以及现场环境，按照1C1B油漆（颜色临考制定）的喷漆工艺，对需要涂装的工件表面进行处理和喷涂。喷漆结束后，请把工件进行烘烤，并达到干燥温度（考试地点的工艺材料要求）之后即可。喷漆考试结束，应达到操作过程中的正确性、涂膜外观质量和涂膜特性质量的优良性。

3）回答问题按照监考老师参考答案，根据考生酌情给分，对回答不出或文不对题者不给分，回答问题必须有两名或三名监考老师评分，并签名才能有效。

（2）否定项说明：若考生发生下列情况之一，则应及时终止其考试，考生该试题成绩计为零分。

1）携带含油类物质进行操作。

2）严重违反安全操作规程进行操作。

3）严重磕碰工具、工件的行为。